U0217031

高等职业教育系列教材

数字电子技术基础

张志良　主　编

华天京　副主编

邵　菁
　　　　参　编
张慧莉

机 械 工 业 出 版 社

本书内容包括数字逻辑基础、逻辑门电路、组合逻辑电路、触发器、时序逻辑电路、脉冲波的产生与变换电路、数模转换和模数转换电路、半导体存储器与可编程逻辑器件、数字电路基础实验和数字电路综合应用。

本书根据职业技术教育要求和学生特点编写，内容覆盖面较宽，但难度较浅。在阐明基本概念的基础上，用较多篇幅介绍具体的数字集成电路及其应用。习题丰富，共有 1000 余道，可布置性好。并在与之配套的《数字电子技术学习指导与习题解答》中给出全部解答，便于教学和学生自学。

"基础实验"可由学生利用面包板、简易电源、集成块和少量电子元件在课余练习和完成。"综合应用"可作为课程设计选题，可行性好。

本书适用于高等职业技术教育电子类专业"数字电子技术"课程教材，也可用于其他专业、其他类型学校同类课程使用，并可供工程技术人员学习参考。

图书在版编目（CIP）数据

数字电子技术基础/张志良主编. —北京：机械工业出版社，2007.7（2024.1 重印）
（高等职业教育系列教材）
ISBN 978-7-111-21516-5

Ⅰ. 数…　Ⅱ. 张…　Ⅲ. 数字电路–电子技术–高等学校：
技术学校–教材　Ⅳ. TN79

中国版本图书馆 CIP 数据核字（2007）第 070778 号

机械工业出版社（北京市百万庄大街 22 号　邮政编码 100037）
责任编辑：王　颖
责任印制：单爱军
北京虎彩文化传播有限公司印刷
2024 年 1 月第 1 版第 17 次印刷
184mm×260mm · 16.25 印张 · 402 千字
标准书号：ISBN 978 - 7 - 111 - 21516 - 5
定价：39.90 元

高等职业教育系列教材
电子类专业编委会成员名单

主　　任　曹建林

副 主 任　（按姓氏笔画排序）

　　　　　　于宝明　　王钧铭　　任德齐　　华永平　　刘　松　　孙　萍
　　　　　　孙学耕　　杨元挺　　杨欣斌　　吴元凯　　吴雪纯　　张中洲
　　　　　　张福强　　俞　宁　　郭　勇　　曹　毅　　梁永生　　董维佳
　　　　　　蒋蒙安　　程远东

委　　员　（按姓氏笔画排序）

　　　　　　丁慧洁　　王卫兵　　王树忠　　王新新　　牛百齐　　吉雪峰
　　　　　　朱小祥　　庄海军　　关景新　　孙　刚　　李菊芳　　李朝林
　　　　　　李福军　　杨打生　　杨国华　　肖晓琳　　何丽梅　　余　华
　　　　　　汪赵强　　张静之　　陈　良　　陈子聪　　陈东群　　陈必群
　　　　　　陈晓文　　邵　瑛　　季顺宁　　郑志勇　　赵航涛　　赵新宽
　　　　　　胡　钢　　胡克满　　闫立新　　姚建永　　聂开俊　　贾正松
　　　　　　夏玉果　　夏西泉　　高　波　　高　健　　郭　兵　　郭雄艺
　　　　　　陶亚雄　　黄永定　　黄瑞梅　　章大钧　　商红桃　　彭　勇
　　　　　　董春利　　程智宾　　曾晓宏　　詹新生　　廉亚因　　蔡建军
　　　　　　谭克清　　戴红霞　　魏　巍　　瞿文影

秘 书 长　胡毓坚

出 版 说 明

《国家职业教育改革实施方案》（又称"职教 20 条"）指出：到 2022 年，职业院校教学条件基本达标，一大批普通本科高等学校向应用型转变，建设 50 所高水平高等职业学校和 150 个骨干专业（群）；建成覆盖大部分行业领域、具有国际先进水平的中国职业教育标准体系；从 2019 年开始，在职业院校、应用型本科高校启动"学历证书+若干职业技能等级证书"制度试点（即 1+X 证书制度试点）工作。在此背景下，机械工业出版社组织国内 80 余所职业院校（其中大部分院校入选"双高"计划）的院校领导和骨干教师展开专业和课程建设研讨，以适应新时代职业教育发展要求和教学需求为目标，规划并出版了"高等职业教育系列教材"丛书。

该系列教材以岗位需求为导向，涵盖计算机、电子、自动化和机电等专业，由院校和企业合作开发，多由具有丰富教学经验和实践经验的"双师型"教师编写，并邀请专家审定大纲和审读书稿，致力于打造充分适应新时代职业教育教学模式、满足职业院校教学改革和专业建设需求、体现工学结合特点的精品化教材。

归纳起来，本系列教材具有以下特点：

1）充分体现规划性和系统性。系列教材由机械工业出版社发起，定期组织相关领域专家、院校领导、骨干教师和企业代表召开编委会年会和专业研讨会，在研究专业和课程建设的基础上，规划教材选题，审定教材大纲，组织人员编写，并经专家审核后出版。整个教材开发过程以质量为先，严谨高效，为建立高质量、高水平的专业教材体系奠定了基础。

2）工学结合，围绕学生职业技能设计教材内容和编写形式。基础课程教材在保持扎实理论基础的同时，增加实训、习题、知识拓展以及立体化配套资源；专业课程教材突出理论和实践相统一，注重以企业真实生产项目、典型工作任务、案例等为载体组织教学单元，采用项目导向、任务驱动等编写模式，强调实践性。

3）教材内容科学先进，教材编排展现力强。系列教材紧随技术和经济的发展而更新，及时将新知识、新技术、新工艺和新案例等引入教材；同时注重吸收最新的教学理念，并积极支持新专业的教材建设。教材编排注重图、文、表并茂，生动活泼，形式新颖；名称、名词、术语等均符合国家标准和规范。

4）注重立体化资源建设。系列教材针对部分课程特点，力求通过随书二维码等形式，将教学视频、仿真动画、案例拓展、习题试卷及解答等教学资源融入到教材中，使学生的学习课上课下相结合，为高素质技能型人才的培养提供更多的教学手段。

由于我国高等职业教育改革和发展的速度很快，加之我们的水平和经验有限，因此在教材的编写和出版过程中难免出现疏漏。恳请使用本系列教材的师生及时向我们反馈相关信息，以利于我们今后不断提高教材的出版质量，为广大师生提供更多、更适用的教材。

机械工业出版社

前　言

"数字电子技术"是工科专业非常重要的专业基础课，随着电子技术和高职教育的发展，"数字电子技术"课程的教学出现了一些令人关注的新情况：

（1）各种专用功能大规模集成电路大量涌现，中小规模数字集成电路单独应用越来越少，而是作为单元电路集成在专用功能大规模集成电路之中。

（2）智能化单片机技术的发展，使软件替代硬件功能成为可能。例如计数、延时、波形发生、组合逻辑功能等。

为此，教材和教学重点也应根据新情况作相应调整。主要有以下几点：

（1）在理解基本原理的基础上，侧重结论和结论的应用。例如，门电路的电压传输特性、输入伏安特性、输入负载特性、输出拉电流负载特性和输出灌电流负载特性对门电路的应用很重要，但分析起来较复杂，我们只需要记住这些特性的结论和学会结论的应用。

（2）在理解基本概念的基础上，侧重数字集成电路外部特性分析，淡化内部的具体电路结构。例如与或非门电路、触发器、计数器的基本概念很重要，但由分立元件组成门电路、由门电路组成触发器、由触发器组成计数器的具体电路结构就不需深入展开。A/D、D/A 转换、存储器很重要，但只需熟悉其应用特点，具体电路结构就不需深入展开；又因其主要用于微机系统，甚至已植入单片机芯片内部，在数字电路中单独应用就不需要展开。

（3）在理解基本概念的基础上，重视具体数字集成电路芯片的应用。高职教育的要求是培养应用型人材，重点应放在"应用"上。"应用"就必然涉及到具体的数字集成电路芯片。不知道具体的集成电路芯片，仅停留在"基本概念"阶段，培养应用型人材是一句空话。"基本概念"虽然能概括同类型同功能数字集成电路芯片，将其上升至理论的高度；但熟悉具体数字集成电路芯片的应用，又能进一步促进理解"基本概念"，并且举一反三，更深刻地真正掌握"基本概念"。

（4）改变习题可布置性差的状况。以往教材的习题中，有的已经老化，有的较复杂，不能适应当前高职学生的特点，可布置性差。

根据以上情况，本书在编写时，力求注意到了以下几点：

（1）在阐明基本概念的基础上，用较多篇幅介绍具体的典型的数字集成电路及其应用。

（2）文字叙述注重条理化，使学生容易理解、容易记忆，也便于教师教学。对学生不易理解和容易混淆的概念，给出较为详尽的解说，便于学生自学。

（3）习题编排注意广（基本上每一基础概念均有针对性习题）、浅（单一概念多，判断题、填空题、选择题多，模仿题多，更适应于当前高职学生的特点，可布置性好）、实用（有典型应用和实际应用价值）和量多（共有 1000 余道）。并在与之配套的《数字电子技术学习指导与习题解答》中给出全部解答，既便于学生练习，又便于教师选用和批改作业。

（4）增加了"数字电路基础实验"和"数字电路综合应用"两章，"基础实验"用于本课程的基本实验，其中多数可由学生利用面包板、简易电源、集成块和少量电子元件在课余练习和完成，经济可行。"综合应用"作为课程设计选题，内容有简单有复杂，便于老师和学生选用。

本书由上海电子信息职业技术学院高级讲师张志良任主编，华天京任副主编，邵菁、张慧莉参编。其中第 1、2、3 章由华天京编写，第 4、6 章由张慧莉编写，第 5、7 章由邵菁编写，其余部分由张志良编写并统稿。上海电子信息职业技术学院沈新宝、洪志刚、谭克清老师审阅了部分书稿。

限于编者水平，书中错误不妥之处，请读者批评指正。为配合教学，本书提供免费电子教案，读者可在 www.cmpedu.com 上下载。

编者

目　录

第1章 数字逻辑基础

本章要点
- 数字电路的特点
- 脉冲波形参数
- 二进制数和十六进制数
- 基本逻辑运算与、或、非
- 逻辑代数的基本定律、规则和常用公式
- 逻辑函数及其表示方法
- 公式法化简逻辑函数
- 卡诺图化简逻辑函数

1.1 数字电路概述

1.1.1 数字电路与模拟电路

电子电路根据其处理的信号不同可以分为模拟电子电路和数字电子电路。

1. 模拟信号(analog signals)和模拟电路(Analog Circuit)

在时间上和数值上都是连续变化的信号,称为模拟信号,如音频信号、视频信号、温度信号等。模拟信号电压波形如图 1-1a 所示。

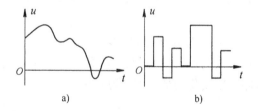

a)   b)

图 1-1 模拟信号和数字信号

a) 模拟信号 b) 数字信号

处理模拟信号的电子电路称为模拟电路,如各类放大器、稳压电路等。

2. 数字信号(digital signals)和数字电路(Digital Circuit)

在时间上和数值上都是离散(变化不连续)的信号,称为数字信号,如脉冲方波、计算机和手机中的信号等。数字信号电压波形如图 1-1b 所示。

处理数字信号的电子电路称为数字电路。如各类门电路、触发器、寄存器等。

3. 数字电路的特点

① 数字电路内部的晶体管(包括单、双极型)主要工作在饱和导通或截止状态;模拟电路内部的晶体管主要工作在放大状态。

② 数字电路的信号只有两种状态:高电平和低电平,分别对应于(或代表)二进制数中的 1 和 0,表示信号的有或无,便于数据处理。

③ 数字电路结构相对简单,功耗较低,便于集成。

④ 数字电路抗干扰能力强。其原因是利用脉冲信号的有无传递 1 和 0 的数字信息,高低电平间容差较大,幅度较小的干扰不足以改变信号的有无状态。

⑤ 数字电路不仅能完成数值运算,而且还能进行逻辑运算和比较判断,从而在计算机系统中得到广泛应用。

4. 数字电路的分类

① 按电路的组成结构可分为分列元件电路和集成电路。目前分列元件组成的数字电路已彻底淘汰,本书只分析研究集成数字电路。

② 按数字电路集成度可分为小规模(SSI)、中规模(MSI)、大规模(LSI)和超大规模(VLSI)集成电路。

③ 按集成电路内部器件可分为双极型和单极型。双极型数字集成电路有 TTL、ECL、I^2L、HTL 等;单极型数字集成电路有 NMOS、CMOS、HCMOS 等。

④ 按电路的逻辑功能可分为组合逻辑电路和时序逻辑电路。

5. 数字电路应用概述

数字电路已十分广泛地应用于数字通信、自动控制、家用电器、仪器仪表、计算机等各个领域,如手机、电脑、数字视听设备、数码相机等。数字电路的发展标志着电子技术发展进入了一个新的阶段,当今电子技术的飞速发展是以数字化作为主要标志的。当然这并不是说数字化可以代替一切,信号的放大、转换和功能的执行等都离不开模拟电路,模拟电路是电子技术的基础,两者互为依存,互相促进,缺一不可。

1.1.2 脉冲波形参数

数字电路信号中,研究的对象是一些不连续的突变的电信号,作用时间很短,所以也称为脉冲信号。

脉冲信号波形形状很多,主要有方波、矩形波、三角波、锯齿波等,现以图 1-2 矩形波为例,说明其波形参数。

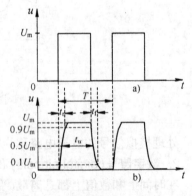

图 1-2　矩形脉冲参数
a) 理想波形　b) 实际波形

① 脉冲幅度 U_m。脉冲电压变化的最大值,即脉冲波从波底至波顶之间的电压。

② 上升时间 t_r。脉冲波前沿从 $0.1U_m$ 上升到 $0.9U_m$ 所需的时间。

③ 下降时间 t_f。脉冲波后沿从 $0.9U_m$ 下降到 $0.1U_m$ 所需的时间。

④ 脉冲宽度 t_w。脉冲波从上升沿的 $0.5U_m$ 至下降沿 $0.5U_m$ 所需的时间。

⑤ 脉冲周期 T。在周期性脉冲信号中,任意两个相邻脉冲上升沿(或下降沿)之间的时间间隔。

⑥ 重复频率 f(单位:Hz)。每秒脉冲信号出现的次数,即脉冲周期的倒数:$f = 1/T$。

⑦ 占空比 q。脉冲宽度与脉冲周期的比值,$q = t_w/T$。

【复习思考题】

1.1 什么叫模拟信号？什么叫数字信号？

1.2 数字电路内部的晶体管主要工作在何种工作状态？这种工作状态有何特点？

1.3 为什么数字电路抗干扰能力强？

1.4 与模拟电路相比,数字电路主要有什么特点？

1.5 画出矩形脉冲波形,并根据波形说明脉冲波形参数。

【相关习题】

判断题:1.1~1.3;填空题:1.28~1.34;选择题:1.64~1.66。

1.2 数制与编码

1.2.1 二进制数和十六进制数

数制即计数进位制。人们习惯于用十进制数,但有些场合也用其他进制数,如时间计数时,分秒的进位用60,即60进制。在数字电路和计算机中,通常采用二进制数和十六进制数。

1. 十进制数(Decimal Number)

主要特点:

① 基数是10。有10个数码(数符):0、1、2、3、4、5、6、7、8、9。

② 进位规则是"逢十进一"。

所谓基数,是指计数制中所用到数码的个数。如十进制共有0~9十个数码,基数是10,进位规则是"逢十进一"。当基数为M时,便是"逢M进一"。在进位计数制中常用"基数"来区别不同的进位数。

十进制整数,其数值可表达为

$$[N]_{10} = d_{i-1} \times 10^{i-1} + d_{i-2} \times 10^{i-2} + \cdots + d_1 \times 10^1 + d_0 \times 10^0 = \sum_{n=0}^{i-1} d_n \times 10^n \quad (1\text{-}1)$$

$[N]_{10}$中的下标10说明数N是十进制数,十进制数也可用$[N]_D$表示。更多情况下,下标10或D省略不标。

10^{i-1}、10^{i-2}、$\cdots$、10^1、10^0称为十进制数各数位的权。

例如,$1234 = 1 \times 10^3 + 2 \times 10^2 + 3 \times 10^1 + 4 \times 10^0$

2. 二进制数(Binary Number)

主要特点:

① 基数是2。只有两个数码:0和1。

② 进位规则是"逢二进一"。

二进制整数,其数值可表达为

$$[N]_2 = b_{i-1} \times 2^{i-1} + b_{i-2} \times 2^{i-2} + \cdots + b_1 \times 2^1 + b_0 \times 2^0 = \sum_{n=0}^{i-1} b_n \times 2^n \quad (1\text{-}2)$$

$[N]_2$中的下标2说明数N是二进制数,二进制数也可用NB表示,尾缀B一般不能省略。

2^{i-1}、2^{i-2}、$\cdots$、2^1、2^0称为二进制数各数位的权。

例如,$10101011 \text{ B} = 1 \times 2^7 + 0 \times 2^6 + 1 \times 2^5 + 0 \times 2^4 + 1 \times 2^3 + 0 \times 2^2 + 1 \times 2^1 + 1 \times 2^0 = 171$

为什么要在数字电路和计算机中采用二进制数呢？

① 二进制数只有两个数码 0 和 1,可以代表两个不同的稳定状态,如灯泡的亮和暗、继电器的合和开、信号的有和无、电平的高和低、晶体管的饱和导通和截止。因此,可用电路来实现两种状态。

② 二进制基本运算规则简单,操作方便。

但是二进制数也有其缺点,数值较大时,位数过多,不便于书写和识别。因此,在数字系统中又常用十六进制数来表示二进制数。

3. 十六进制数(Hexadecimal Number)

主要特点:

① 基数是 16。有 16 个数码:0、1、…、9、A、B、C、D、E、F。其中 A、B、C、D、E、F 分别代表 10、11、12、13、14、15。

② 进位规则是"逢十六进一"。

十六进制整数,其数值可表达为

$$[N]_{16} = h_{i-1} \times 16^{i-1} + h_{i-2} \times 16^{i-2} + \cdots + h_1 \times 16^1 + h_0 \times 16^0 = \sum_{n=0}^{i-1} h_n \times 16^n \qquad (1\text{-}3)$$

$[N]_{16}$ 中的下标 16 说明数 N 是十六进制数,十六进制数也可用 N H 表示,尾缀 H 一般不能省略。

16^{i-1}、16^{i-2}、…、16^1、16^0 称为十六进制数各位的权。

例如,AB H $= 10 \times 16^1 + 11 \times 16^0 = 160 + 11 = 171$

十六进制数与二进制数相比,大大缩小了位数,缩短了字长。一个 4 位二进制数只需要用 1 位十六进制数表示,一个 8 位二进制数只需用 2 位十六进制数表示,转换极其方便,例如上例中 AB H $= 10101011$ B $= 171$。

十六进制数、二进制数、十进制数对应关系表如表 1-1 所示。

表 1-1　十六进制数、二进制数和十进制数对应关系表

十进制数	十六进制数	二进制数	十进制数	十六进制数	二进制数
0	00H	0000B	11	0BH	1011B
1	01H	0001B	12	0CH	1100B
2	02H	0010B	13	0DH	1101B
3	03H	0011B	14	0EH	1110B
4	04H	0100B	15	0FH	1111B
5	05H	0101B	16	10H	0001 0000B
6	06H	0110B	17	11H	0001 0001B
7	07H	0111B	18	12H	0001 0010B
8	08H	1000B	19	13H	0001 0011B
9	09H	1001B	20	14H	0001 0100B
10	0AH	1010B	21	15H	0001 0101B

需要指出的是,除二进制数、十六进制数外,早期数字系统中还推出过八进制数,现早已淘汰不用。

1.2.2　不同进制数间相互转换

1. 二进制数、十六进制数转换为十进制数

二进制数、十六进制数转换为十进制数只需按式(1-2)、式(1-3)展开相加即可。为了便于

快速转换,读者应熟记二进制数和十六进制数部分常用位权(如表1-2所示),对进一步学习数字电路后续内容大有帮助。

2. 十进制整数转换为二进制数

十进制整数转换为二进制数用"除2取余法"。即用2依次去除十进制整数及除后所得的商,直到商为0止,并依次记下除2时所得余数,第一个余数是转换成二进制数的最低位,最后一个余数是最高位。

表1-2 常用位权

$2^2 = 4$	$2^5 = 32$	$2^8 = 256$	$16^2 = 256$
$2^3 = 8$	$2^6 = 64$	$2^9 = 512$	$16^3 = 4096$
$2^4 = 16$	$2^7 = 128$	$2^{10} = 1024$	$16^4 = 65536$

【例1-1】将十进制数41转换为二进制数。

解:

```
          余数  低位
  2 | 41    1    ↑
  2 | 20    0    |
  2 | 10    0    |
  2 |  5    1    |
  2 |  2    0    |
  2 |  1    1    |
       0         高位
```

因此,41 = 101001B

3. 十进制整数转换为十六进制数

十进制整数转换为十六进制数用"除16取余法",方法与"除2取余法"相同。

【例1-2】将十进制数8125转换为十六进制数。

解:

```
           余数    低位
 16 | 8125  13(D)   ↑
 16 |  509  11(B)   |
 16 |   31  15(F)   |
 16 |    1    1     |
        0           高位
```

因此,8125 = 1FBDH

4. 二进制数与十六进制数相互转换

前述4位二进制数与1位十六进制数有一一对应关系,如表1-1所示。相互转换时,只要用相应的数值代换即可。二进制数整数转换为十六进制数时,应从低位开始自右向左每4位一组,最后不足4位用零补足。

【例1-3】11100010011100 B = $\underset{3}{0011}\ \underset{8}{1000}\ \underset{9}{1001}\ \underset{C}{1100}$ B = 389C H

【例1-4】5DFE H = $\underset{5}{101}\ \underset{D}{1101}\ \underset{F}{1111}\ \underset{E}{1110}$ B = 1011101111111110 B

1.2.3 二进制数加减运算

1. 二进制数加法运算

运算规则:① $0 + 0 = 0$

② $0+1=1+0=1$

③ $1+1=10$,向高位进位1

运算方法:两个二进制数相加时,先将相同权位对齐,然后按运算规则从低到高逐位相加,若低位有进位,则必须同时加入。

【例1-5】计算 10100101 B + 11000011 B

解:　　 1 0 1 0 0 1 0 1　 B　加数

　　+　 1 1 0 0 0 0 1 1　 B　加数

　　　1 0 1 1 0 1 0 0 0　 B　和

因此,10100101 B + 11000011 B = 101101000 B

2. 二进制数减法运算

运算规则:① $0-0=0$

　　　　　② $1-0=1$

　　　　　③ $1-1=0$

　　　　　④ $0-1=1$,向高位借位1

运算方法:两个二进制数相减时,先将相同权位对齐,然后按运算规则从低到高逐位相减。不够减时可向高位借位,借1当2。

【例1-6】计算 10100101 B – 11000011 B

解:　　　　 1 0 1 0 0 1 0 1　 B　被减数

　　　 － 1 1 0 0 0 0 1 1　 B　减数

　借位1　　 1 1 1 0 0 0 1 0　 B　差

因此,10100101 B － 11000011 B = 11100010 B(借位1)

读者可能感到奇怪的是,二进制数减法怎么会出现差值比被减数和减数还要大的现象?在数字电路和计算机中,无符号二进制数减法可无条件向高位借位,不出现负数(二进制负数另有表达方法,不在本书讨论范围)。实际上该减法运算是 110100101 B – 11000011 B。

3. 二进制数移位

二进制数移位可分为左移和右移。左移时,若低位移进位为0,相当于该二进制数乘2;右移时,若高位移进位为0,移出位作废,相当于该二进制数除以2。

例如,1010 B 左移后变为 10100 B,10100 B = 1010 B × 2;1010 B 右移后变为 0101 B,0101 B = 1010 B/2。

1.2.4　BCD 码(Binary Coded Decimal)

人们习惯上是用十进制数,而数字系统必须用二进制数分析处理,这就产生了二－十进制代码,也称为 BCD 码。BCD 码种类较多,有 8421 码、2421 码和余3码等,其中 8421 BCD 码最为常用。8421 BCD 码用 $[N]_{8421BCD}$ 表示,常简化为 $[N]_{BCD}$。

1. 编码方法

BCD 码是十进制数,逢十进一,只是数符 0~9 用 4 位二进制码 0000~1001 表示而已。8421 BCD 码每4位以内按二进制进位;4位与4位之间按十进制进位。其与十进制数之间的对应关系如表1-3所示。

但是4位二进制数可有16种状态,其中1010、1011、1100、1101、1110 和 1111 六种状态舍去不用,且不允许出现,这6种数码称为非法码或冗余码。

2. 转换关系

（1）BCD 码与十进制数相互转换

由表 1-3 可知，十进制数与 8421 BCD 码转换十分简单，只要把数符 0~9 与 0000~1001 对应互换就行了。

【例 1-7】 $[010010010001]_{BCD} = [\underset{4}{\underline{0100}}\ \underset{9}{\underline{1001}}\ \underset{1}{\underline{0001}}]_{BCD} = 491$

【例 1-8】 $786 = [\underset{7}{\underline{0111}}\ \underset{8}{\underline{1000}}\ \underset{6}{\underline{0110}}]_{BCD} = [011110000110]_{BCD}$

（2）BCD 码与二进制数相互转换

8421 BCD 码与二进制数之间不能直接转换，通常需先转换为十进制数，然后再转换。

【例 1-9】 将二进制数 01000011B 转换为 8421 BCD 码。

解：$01000011\ B = 67 = [01100111]_{BCD}$

需要指出的是，决不能把 $[01100111]_{BCD}$ 误认为 01100111 B，二进制码 01100111 B 的值为 103，而 $[01100111]_{BCD}$ 的值为 67。显然，两者是不一样的。

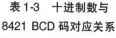

表 1-3　十进制数与 8421 BCD 码对应关系

十进制数	8421 BCD 码
0	0000
1	0001
2	0010
3	0011
4	0100
5	0101
6	0110
7	0111
8	1000
9	1001

【复习思考题】

1.6　为什么要在数字系统中采用二进制数？

1.7　二进制数有什么缺点？如何改善？

1.8　二进制数减法，为什么有时差值会大于被减数？

1.9　什么叫 BCD 码？为什么在数字系统中要引入 BCD 码？

1.10　BCD 码与二进制码有否区别？如何转换？

【相关习题】

判断题：1.4~1.13；填空题：1.35~1.38；选择题：1.69~1.69；分析计算题：1.80~1.88。

1.3　逻辑代数基础

逻辑代数又称布尔（Boole）代数，是研究逻辑电路的数学工具。逻辑代数与数学代数不同，逻辑代数不是研究变量大小之间的关系，而是分析研究变量之间的逻辑关系。

1.3.1　基本逻辑运算

逻辑运算共有三种基本运算：与、或、非。

1. 逻辑与和与运算（AND）

（1）逻辑关系

逻辑与关系可用图 1-3 说明。只有当 A、B 两个开关同时闭合时，灯 F 才会点亮。即只有当决定某种结果的条件全部满足时，这个结果才能产生。

（2）逻辑表达式

$$F = A \cdot B = AB$$

其中"·"表示逻辑与，"·"号也可省略。有些技术资料中也

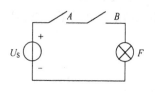

图 1-3　逻辑与关系示意图

有用 $A \wedge B$、$A \cap B$ 表示逻辑与。逻辑与也称为逻辑乘。

（3）运算规则

① $0 \cdot 0 = 0$

② $0 \cdot 1 = 1 \cdot 0 = 0$

③ $1 \cdot 1 = 1$

上述运算规则可归纳为：有 0 出 0，全 1 出 1。

（4）逻辑电路符号

逻辑与的国家标准符号如图 1-4 所示，矩形框表示门电路，方框中的"&"表示逻辑与。

图 1-4　逻辑与国家标准符号

2. 逻辑或和或运算（OR）

（1）逻辑关系

逻辑或可用图 1-5 说明，A、B 两个开关中，只需要有一个闭合，灯 F 就会点亮。即决定某种结果的条件中，只需其中一个条件满足，这个结果就能产生。

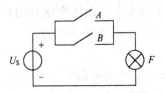

图 1-5　逻辑或关系示意图

（2）逻辑表达式

$$F = A + B$$

其中"+"表示逻辑或，有些技术资料中也有用 $A \vee B$、$A \cup B$ 表示逻辑或。逻辑或也称为逻辑加。

（3）运算规则

① $0 + 0 = 0$

② $0 + 1 = 1 + 0 = 1$

③ $1 + 1 = 1$

上述运算规则可归纳为：有 1 出 1，全 0 出 0。

图 1-6　逻辑或国家标准符号

（4）逻辑电路符号

逻辑或电路符号可用图 1-6 表示，矩形框中的"≥1"表示逻辑或。

3. 逻辑非和非运算

（1）逻辑关系

逻辑非可用图 1-7 说明，只有当开关 A 断开时，灯 F 才会点亮；开关 A 闭合时，灯 F 反而不亮。即条件和结果总是相反。

图 1-7　逻辑非关系示意图

（2）逻辑表达式

$F = \overline{A}$

$\overline{A}$ 读作"A 非"。

（3）运算规则

① $A = 0, F = 1$

② $A = 1, F = 0$

（4）逻辑电路符号

逻辑非符号可用图 1-8a 表示,矩形框中的"1"表示逻辑值相同,小圆圈表示非逻辑。

图 1-8　逻辑非国家标准符号

4. 复合逻辑运算

除与、或、非基本逻辑运算外,广泛应用的还有复合逻辑运算,由两种或两种以上逻辑运算组成,如表 1-4 所示。在此基础上,还可组合成更复杂的逻辑运算。

需要指出的是,多种逻辑运算组合在一起时,其运算次序应按如下规则进行:

① 有括号时,先括号内,后括号外;

② 有非号时应先进行非运算;

③ 同时有逻辑与和逻辑或时,应先进行与运算。

例如,表 1-4 中异或运算逻辑表达式中,应先进行 B 和 A 的非运算;再进行 $A\overline{B}$ 和 $\overline{A}B$ 的与运算,最后进行 $A\overline{B}$ 和 $\overline{A}B$ 之间的或运算。

表 1-4　复合逻辑门

名　称	逻辑符号	逻辑表达式
与非门	A、B 接 & 门	$F = \overline{AB}$
或非门	A、B 接 ≥1 门	$F = \overline{A + B}$
与或非门	A、B、C、D 接 & 和 ≥1 门	$F = \overline{AB + CD}$
异或门	A、B 接 =1 门	$F = A \oplus B = A\overline{B} + \overline{A}B$
同或门	A、B 接 =1 门	$F = A \odot B = AB + \overline{A}\overline{B}$

1.3.2　逻辑代数

1. 逻辑代数的基本定律

① $0 - 1$ 律:$A \cdot 0 = 0$　　　　　$A + 1 = 1$

② 自等律:$A \cdot 1 = A$　　　　　$A + 0 = A$

③ 重叠律:$A \cdot A = A$　　　　　$A + A = A$

④ 互补律:$A \cdot \overline{A} = 0$　　　　　$A + \overline{A} = 1$

⑤ 交换律:$A \cdot B = B \cdot A$　　　　$A + B = B + A$

⑥ 结合律:$A \cdot (B \cdot C) = (A \cdot B) \cdot C$　　$A + (B + C) = (A + B) + C$

⑦ 分配律:$A \cdot (B + C) = AB + AC$　　$A + B \cdot C = (A + B)(A + C)$

⑧ 吸收律:$A(A + B) = A$　　　　$A + AB = A$

⑨ 反演律:$\overline{AB} = \overline{A} + \overline{B}$　　　　$\overline{A + B} = \overline{A}\ \overline{B}$

⑩ 非非律:$\overline{\overline{A}} = A$

2. 逻辑代数三项规则

逻辑代数除上述基本定律外,还有三项重要规则。

9

（1）代入规则

在任一逻辑等式中，若将等式两边所有出现同一变量的地方，代之以一个逻辑函数，则此等式仍然成立。

例如，若将 $F = BC$ 代入 $\overline{AB} = \overline{A} + \overline{B}$ 中的 B，证明等式仍然成立。

等式左边 $= \overline{A(BC)} = \overline{A} + \overline{BC} = \overline{A} + \overline{B} + \overline{C}$

等式右边 $= \overline{A} + \overline{BC} = \overline{A} + \overline{B} + \overline{C}$

所以，等式成立。

上述证明还可以推广到 n 个变量的情况：

$$\overline{A_1 + A_2 + \cdots + A_n} = \overline{A_1} \cdot \overline{A_2} \cdot \cdots \cdot \overline{A_n}$$

$$\overline{A_1 \cdot A_2 \cdot \cdots \cdot A_n} = \overline{A_1} + \overline{A_2} + \cdots + \overline{A_n}$$

（2）反演规则

若将原函数 F 中的原变量变为反变量，反变量变为原变量，"·"变为"+"，"+"变为"·"，"1"变为"0"，"0"变为"1"，则得到的新函数为原函数的反函数 $\overline{F}$。

例如异或门，$F = A\overline{B} + \overline{A}B$，求其反函数同或门时可得：

$$\overline{F} = (\overline{A} + B) \cdot (A + \overline{B}) = A\overline{A} + \overline{A}\,\overline{B} + AB + B\overline{B} = AB + \overline{A}\,\overline{B}$$

（3）对偶规则

若将逻辑函数中的"·"变为"+"，"+"变为"·"，"1"变为"0"，"0"变为"1"，则得到的新函数与原来的函数成对偶关系。

例如上述基本定律①～⑨中的两个公式均符合对偶规则。

3. 逻辑代数常用公式

在逻辑代数的运算、化简和变换中，除上述基本定律、规则外，还经常用到以下公式。

（1）$A + \overline{A}B = A + B$

证明：根据分配律，$A + \overline{A}B = (A + \overline{A}) \cdot (A + B) = 1 \cdot (A + B) = A + B$

上式的含义是：如果两个乘积项，其中一个乘积项的部分因子恰是另一个乘积项的补，则该乘积项中的这部分因子是多余的。

（2）$AB + A\overline{B} = A$

证明：$AB + A\overline{B} = A(B + \overline{B}) = A \cdot 1 = A$

上式的含义是：如果两个乘积项中的部分因子互补，其余部分相同，则可合并为公有因子。

（3）$AB + \overline{A}C + BC = AB + \overline{A}C$

证明：$AB + \overline{A}C + BC = AB + \overline{A}C + (A + \overline{A})BC = AB + \overline{A}C + ABC + \overline{A}BC = AB(1 + C) + \overline{A}C(1 + B) = AB \cdot 1 + \overline{A}C \cdot 1 = AB + \overline{A}C$

上式的含义是：如果两个乘积项中的部分因子互补（例如 A 和 $\overline{A}$），而这个乘积项中的其余因子（例如 B 和 C）都是第三乘积项中的因子，则这个第三乘积项是多余的。

【例 1-10】求证：$AB + BCD + \overline{A}C + \overline{B}C = AB + C$

证明：$AB + BCD + \overline{A}C + \overline{B}C = AB + \overline{A}C + \overline{B}C + BCD + \overline{B}C$

$\qquad = AB + \overline{A}C + \overline{B}C + \overline{B}C$

$\qquad = AB + \overline{A}C + C$

$\qquad = AB + C$

10

【例1-11】化简：$F = (\bar{A} + \bar{B})(\bar{A} + \bar{C} + D)(A + \bar{C})(B + \bar{C})$

解：先求 F 的对偶式 F'

$$F' = \bar{A}\,\bar{B} + \bar{A}\,\bar{C}D + A\,\bar{C} + B\,\bar{C}$$

$$\quad = \bar{A}\,\bar{B} + A\,\bar{C} + \bar{B}\,\bar{C} + B\,\bar{C} + \bar{A}\,\bar{C}D = \bar{A}\,\bar{B} + A\,\bar{C} + \bar{C} + \bar{A}\,\bar{C}D$$

$$\quad = \bar{A}\,\bar{B} + \bar{C}(A + 1 + \bar{A}D)$$

$$\quad = \bar{A}\,\bar{B} + \bar{C}$$

再求 F' 的对偶式 F

$$F = (\bar{A} + \bar{B})\bar{C}$$

说明：上述化简也可按分配律展开为与或表达式，再加以化简。

【复习思考题】

1.11　逻辑代数中的"1"和"0"与数学代数中的"1"和"0"有否区别？

1.12　逻辑代数中的逻辑乘与数学代数中的乘法有否区别？

1.13　逻辑代数中的逻辑加与数学代数中的加法有否区别？

1.14　画出三种基本逻辑运算的逻辑电路符号。

1.15　多种逻辑运算组合在一起时，其运算次序有什么规则？

1.16　什么叫反演规则？逻辑代数中最常用的反演公式是哪个？

【相关习题】

判断题：1.14 ~ 1.15；填空题：1.39 ~ 1.52；选择题：1.70 ~ 1.74；分析计算题：1.89 ~ 1.92。

1.4　逻辑函数

1.4.1　逻辑函数及其表示方法

1. 逻辑函数定义

输入输出变量为逻辑变量的函数称为逻辑函数。

在数字电路中，逻辑变量只有逻辑 0 和逻辑 1 两种取值，它们之间没有大小之分，不同于数学中的 0 和 1 。

逻辑函数的一般表达式可写为：$F = f(A, B, C, \cdots)$　　　　　　(1-4)

2. 逻辑函数的表示方法

逻辑函数的表示方法主要有真值表、逻辑表达式、逻辑电路图、卡诺图和波形图等。

（1）真值表

真值表是将输入逻辑变量各种可能的取值和相应的函数值排列在一起而组成的表格。

现以三人多数表决逻辑为例，说明真值表的表示方法。

设三人为 A、B、C，同意为 1，不同意为 0；表决为 Y，有 2 人或 2 人以上同意，表决通过，通过为 1，否决为 0。因此，ABC 为输入量，Y 为输出量。列出输入输出量之间关系的表格如表1-5 所示。

表1-5　三人多数表决真值表

输　　入			输　　出
A	B	C	Y
0	0	0	0
0	0	1	0
0	1	0	0
0	1	1	1
1	0	0	0
1	0	1	1
1	1	0	1
1	1	1	1

列真值表时,应将逻辑变量所有可能取值列出。例如,2 个逻辑变量可列出 4 种状态:00、01、10、11;3 个逻辑变量可列出 8 种状态:000、001、010、011、100、101、110、111;n 个逻辑变量可列出 2^n 种状态,按 $0 \to (2^n - 1)$ 排列。既不能遗漏,又不能重复。

用真值表表示逻辑函数,直观明了。但变量较多时,较繁琐。

（2）逻辑表达式

逻辑表达式是用各逻辑变量相互间与、或、非逻辑运算组合表示的逻辑函数,相当于数学中的代数式、函数式。

如上述三人多数表决通过的逻辑表达式为:

$$Y = \overline{A}BC + A\overline{B}C + AB\overline{C} + ABC$$

上式表示,A、B、C 三人在投票值为 011、101、110、111 时表决通过,即 $Y = 1$。

书写逻辑表达式的方法是:把真值表中逻辑值为 1 的所有项相加（或）;每一项中,A、B、C 的关系为"与",变量值为 1 时取原码,变量值为 0 时取反码。

（3）逻辑电路图

逻辑电路图是用规定的逻辑电路符号连接组成的电路图。

逻辑电路图可按逻辑表达式中各变量之间与、或、非逻辑关系用逻辑电路符号连接组成。图 1-9 为三人多数表决逻辑电路图。

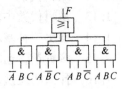

图 1-9　三人多数表决
逻辑电路图

（4）卡诺图

卡诺图是按一定规则画出的方格图,是真值表的另一种形式,主要用于化简逻辑函数,其画法将在 1.4.3 节详述。

（5）波形图

波形图是逻辑函数输入变量每一种可能出现的取值与对应的输出值按时间顺序依次排列的图形,也称为时序图。波形图可通过实验观察,在逻辑分析仪和一些计算机仿真软件工具中,常用这种方法给出分析结果。图 1-10 为三人多数表决逻辑函数波形图。

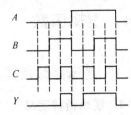

图 1-10　三人多数表决
波形图

真值表、逻辑表达式、逻辑电路图、卡诺图和波形图具有对应关系,可相互转换。对同一逻辑函数,真值表、卡诺图和波形图具有唯一性;逻辑表达式和逻辑电路图可有多种不同的表达形式。

3. 最小项表达式

上述三人多数表决真值表中的所有输入变量的组合称为最小项,3 变量有 8 个最小项,n 个逻辑变量有 2^n 个最小项。最小项主要有以下特点:

① 每项都包括了所有输入逻辑变量。

② 每个逻辑变量均以原变量或反变量形式出现一次。

将最小项按序编号,并使其编号值与变量组合值对应一致,记作 m_i。如上述三人多数表决逻辑表达式中出现的最小项为 m_3、m_5、m_6 和 m_7。

由最小项组成的逻辑表达式称为最小项表达式。最小项表达式可用下式表示:

$$F(A, B, C, \cdots) = \sum m_i \qquad (1-5)$$

如上述三人多数表决逻辑最小项表达式为

$$F(A, B, C) = \sum m(3, 5, 6, 7) = m_3 + m_5 + m_6 + m_7$$

逻辑函数除最小项表达式外,还有最大项表达式,因应用不广,本书不予展开。

4. 逻辑函数相等概念

逻辑函数的逻辑表达式和逻辑电路图往往不是唯一的,但真值表是唯一的。因此,若两个逻辑函数具有相同的真值表,则认为该两个逻辑函数相等。

例如,上述三人多数表决逻辑函数也可表达为 $F = AB + BC + CA$。因为 $F = AB + BC + CA$ $= AB(C + \bar{C}) + BC(A + \bar{A}) + CA(B + \bar{B}) = ABC + AB\bar{C} + \bar{A}BC + A\bar{B}C$。

图1-11a为三人多数表决 $F = AB + BC + CA$ 的逻辑电路图,显然比图1-9简洁,成为最简与或表达式。

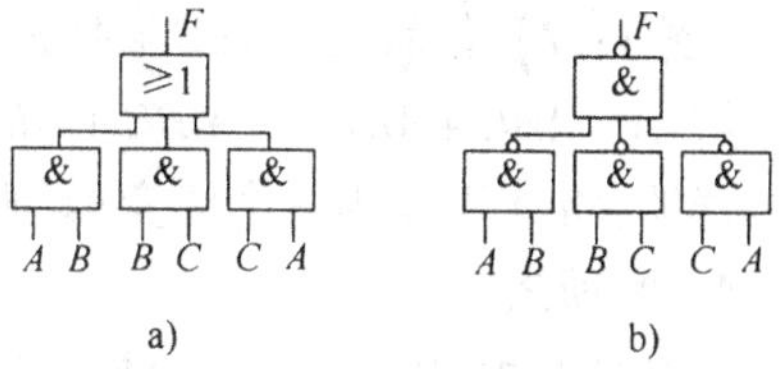

符合最简与或表达式的条件是:

① 乘积项个数最少。

② 每个乘积项中变量最少。

图1-11 三人多数表决逻辑电路

a) $F = AB + BC + CA$ b) $F = \overline{\overline{AB} \cdot \overline{BC} \cdot \overline{CA}}$

除此以外,还有多种逻辑表达式和逻辑电路可完成三人多数表决功能。例如,根据非非律和反演律,$F = AB + BC + CA = \overline{\overline{AB + BC + CA}} = \overline{\overline{AB} \cdot \overline{BC} \cdot \overline{CA}}$,图1-11b为其逻辑电路图。

因此,逻辑函数的逻辑表达式和逻辑电路图可有多种形式。当然,我们希望得到最简逻辑表达式和逻辑电路,这就需要对逻辑函数化简。

1.4.2 公式法化简逻辑函数

变换和化简逻辑表达式,一般可有两种方法:公式法和卡诺图法。

公式法化简逻辑函数是运用逻辑代数公式,消去多余的"与"项及"与"项中多余的因子。公式法化简一般有以下几种方法:并项法、吸收法、消去法和配项法。

1. 并项法

并项法是利用 $AB + A\bar{B} = A$ 将两个乘积项合并为一项,合并后消去一个互补的变量。

【例1-12】化简 $A\bar{B}C + A\bar{B}\bar{C}$

解:$A\bar{B}C + A\bar{B}\bar{C} = A\bar{B}(C + \bar{C}) = A\bar{B}$

【例1-13】化简 $A(B + C) + A \cdot \overline{B + C}$

解:$A(B + C) + A \cdot \overline{B + C} = A[(B + C) + (\overline{B + C})] = A$

说明:将 $(B + C)$ 看作一个变量,$(B + C)$ 与 $(\overline{B + C})$ 互补。

2. 吸收法

吸收法是利用公式 $A + AB = A$ 吸收多余的乘积项。

【例1-14】化简 $\bar{A}B + \bar{A}BC$

解:$\bar{A}B + \bar{A}BC = \bar{A}B$

说明:将 $\bar{A}B$ 看作是一个变量。

【例1-15】化简:$AD + BCD + A\bar{C}D + D + EF$

解:$AD + BCD + A\bar{C}D + D + EF = D(A + BC + A\bar{C} + 1) + EF = D + EF$

说明:若多个乘积项中有一个单独变量,那么其余含有该变量原变量的乘积项都可以被吸收。

3. 消去法

消去法是利用 $A + \overline{A}B = A + B$ 消去多余的因子。

【例1-16】 化简：$A + \overline{A}B + \overline{A}C$

解：$A + \overline{A}B + \overline{A}C = A + B + C$

说明：若多个乘积项中有一个是单独变量，且其余乘积项中含有该变量的反变量因子，则该反变量因子可以消去。

【例1-17】 化简：$\overline{A} + ABC + ADE$

解：$\overline{A} + ABC + ADE = \overline{A} + BC + DE$

说明：将 $\overline{A}$ 看作为一个原变量，则 A 是 $\overline{A}$ 的反变量。

4. 配项法

配项法是利用 $X + \overline{X} = 1$，将某乘积项一项拆成两项，然后再与其他项合并，消去多余项。有时多出一项后，反而有利于化简逻辑函数。

【例1-18】 化简：$A\overline{B} + B\overline{C} + \overline{B}C + \overline{A}B$

解：$A\overline{B} + B\overline{C} + \overline{B}C + \overline{A}B = A\overline{B}(C + \overline{C}) + (A + \overline{A})B\overline{C} + \overline{B}C + \overline{A}B$

$= A\overline{B}C + A\overline{B}\,\overline{C} + AB\overline{C} + \overline{A}B\overline{C} + \overline{B}C + \overline{A}B = \overline{B}C + A\overline{C} + \overline{A}B$

另解：$A\overline{B} + B\overline{C} + \overline{B}C + \overline{A}B = A\overline{B} + B\overline{C} + (A + \overline{A})\overline{B}C + \overline{A}B(C + \overline{C})$

$= A\overline{B} + B\overline{C} + A\overline{B}C + \overline{A}\,\overline{B}C + \overline{A}BC + \overline{A}B\overline{C} = A\overline{B} + B\overline{C} + \overline{A}C$

上述两种解法表明，用公式法化简，方法和结果都不是唯一的。

配项法的另一种方法是利用公式 $AB + \overline{A}C = AB + \overline{A}C + BC$，增加一项再化简。

【例1-19】 化简：$AB + BCD + \overline{A}C + \overline{B}C$

解：$AB + BCD + \overline{A}C + \overline{B}C$

$= AB + \overline{A}C + \overline{B}C + BCD + \overline{B}C$

$= AB + \overline{A}C + BCD + C$

$= AB + C$

1.4.3 卡诺图化简逻辑函数

1. 卡诺图

卡诺图是根据真值表按相邻原则排列而成的方格图，是真值表的另一种形式，主要有如下特点：

① n 变量卡诺图有 2^n 个方格，每个方格对应一个最小项。

② 相邻两个方格所代表的最小项只有一个变量不同。

图1-12a、b分别为3变量和4变量逻辑函数卡诺图，其中 m_i 为最小项编号。二变量较简，不需要用卡诺图；5变量及5变量以上卡诺图较繁杂，且与3变量、4变量原理相同，也不予研究，本书例题和习题全部为3变量或4变量卡诺图。

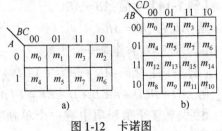

图1-12　卡诺图

a) 3变量　b) 4变量

2. 卡诺圈合并

卡诺图的主要功能是合并相邻项。其方法是将最小项为1(称为1方格)的相邻项圈起来,称为卡诺圈。一个卡诺圈可以包含多个1方格,一个卡诺圈可以将多个1方格合并为一项。因此,卡诺图可以化简逻辑函数。

(1) 3变量卡诺圈合并

图1-13为3变量卡诺图。其中:

图1-13a,变量AB必须取0;变量C既可取0,又可取1,属无关项。因此$F = \overline{A}\,\overline{B}$。

图1-13b,左右两个最小项为1的方格应看作为相邻项,可合并。变量AC必须取0;变量B既可取0,又可取1,属无关项。因此,$F = \overline{A}\,\overline{C}$。

图1-13c,变量BC必须取1;变量A既可取0,又可取1,属无关项。因此,$F = BC$。

图1-13d,变量B必须取0;变量AC既可取0,又可取1,属无关项。因此$F = \overline{B}$。

图1-13e,变量A必须取0;变量BC既可取0,又可取1,属无关项。因此,$F = \overline{A}$。

图1-13f,左右4个最小项为1的方格应看作为相邻项,可合并。变量C必须取0;变量AB既可取0,又可取1,属无关项。因此,$F = \overline{C}$。

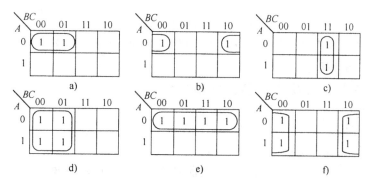

图1-13 3变量卡诺圈合并

a) $F = \overline{A}\,\overline{B}$ b) $F = \overline{A}\,\overline{C}$ c) $F = BC$ d) $F = \overline{B}$ e) $F = \overline{A}$ f) $F = \overline{C}$

(2) 4变量卡诺圈合并

图1-14为4变量卡诺图。其中:

图1-14a,变量BC必须取0;变量AD既可取0,又可取1,属无关项。因此$F = \overline{B}\,\overline{C}$。

图1-14b,变量B必须取1;变量D必须取0;变量AC既可取0,又可取1,属无关项。因此,$F = B\overline{D}$。

图1-14c,上下左右4个角最小项为1的方格应看作为相邻项,可合并。变量BD必须取0;变量AC既可取0,又可取1,属无关项。因此,$F = \overline{B}\,\overline{D}$。

图1-14d,变量CD必须取1;变量AB既可取0,又可取1,属无关项。因此,$F = CD$。

图1-14e,变量A必须取0;变量C必须取1;变量BD既可取0,又可取1,属无关项。因此,$F = \overline{A}C$。

图1-14f,左右4个最小项为1的方格应看作为相邻项,可合并。变量D必须取0;变量ABC既可取0,又可取1,属无关项。因此,$F = \overline{D}$。

图1-14g,上下4个最小项为1的方格应看作为相邻项,可合并。变量B必须取0;变量ACD既可取0,又可取1,属无关项。因此,$F = \overline{B}$。

图1-14h,变量 D 必须取1;变量 ABC 既可取0,又可取1,属无关项。因此,$F=D$。

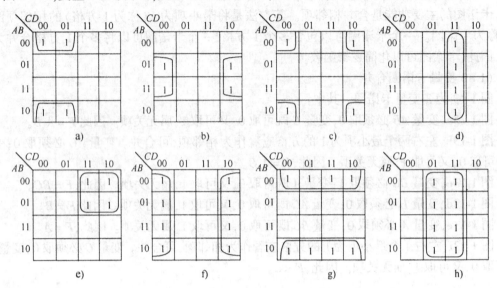

图 1-14　4 变量卡诺圈合并

a) $F=\bar{B}\,\bar{C}$　b) $F=B\bar{D}$　c) $F=\bar{B}\bar{D}$　d) $F=CD$　e) $F=\bar{A}C$　f) $F=\bar{D}$　g) $F=\bar{B}$　h) $F=D$

3. 卡诺图化简逻辑函数

利用卡诺圈合并,可化简逻辑函数。步骤如下:

(1) 画卡诺图

(2) 化简卡诺图

化简卡诺图要遵循以下规则:

① 卡诺圈内的 1 方格应尽可能多,卡诺圈越大,消去的乘积项数越多。但卡诺圈内的 1 方格个数必须为 2^n 个,即 2、4、8、16 等,不能是其他数字。

② 卡诺圈的个数应尽可能少,卡诺圈数即与或表达式中的乘积项数。

③ 每个卡诺圈中至少有一个 1 方格不属于其他卡诺圈。

④ 不能遗漏任何一个 1 方格。若某个 1 方格不能与其他 1 方格合并,可单独作为一个卡诺圈。

(3) 根据化简后的卡诺图写出与或逻辑表达式

需要说明的是:

① 若卡诺图为最简(即按上述规则化简至不能再继续合并),则据此写出的与或表达式为最简与或表达式。

② 由于卡诺图圈法不同,所得到的最简与或表达式也会不同。即一个逻辑函数可能有多种圈法,而得到多种最简与或表达式。

【例 1-20】化简:$F(ABCD)=\sum m(0,1,3,5,6,9,11,12,13,15)$,写出其最简与或表达式。

解:(1) 画出卡诺图

如图 1-15a 所示。

(2) 化简卡诺图

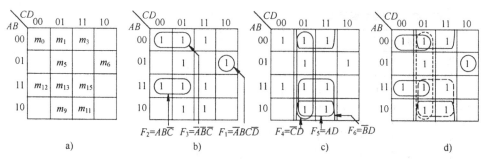

图 1-15 例 1-20 卡诺图

化简卡诺图具体操作可按如下步骤：

① 先找无相邻项的 1 方格，称为孤立圈。本题只有一个孤立圈，$F_1 = \overline{ABC}\,\overline{D}$，如图 1-15b 中所示。

② 再找只能按一条路径合并的 2 个相邻 1 方格。本题有 2 个：$F_2 = AB\overline{C}$；$F_3 = \overline{A}\,\overline{B}\,\overline{C}$；如图 1-15b 中所示。$m_1 m_3$、$m_9 m_{11}$、$m_{13} m_{15}$ 因有两条以上路径，暂不管它。

③ 然后再找只能按一条路径合并的 4 个相邻 1 方格。本题有 3 个：$F_4 = \overline{C}D$；$F_5 = AD$；$F_6 = \overline{B}D$，如图 1-15c 所示。

（3）写出最简与或表达式

$$F = F_1 + F_2 + F_3 + F_4 + F_5 + F_6 = \overline{ABC}\,\overline{D} + AB\overline{C} + \overline{A}\,\overline{B}\,\overline{C} + \overline{C}D + AD + \overline{B}D$$

4. 具有无关项的卡诺图化简

在一些逻辑函数中，输入变量的某些取值组合不允许出现，称为约束项。如 8421 BCD 码输入变量不允许出现 1010、…、1111 等 6 种状态，这 6 种状态就属于约束项。另有一种情况是，输入变量的某些取值组合项不影响逻辑函数输出的逻辑表达式，这种组合项称为任意项。如某些 BCD 码输入显示译码器对 1010、…、1111 等 6 种输入变量不显示，不影响该显示译码器输出的逻辑表达式。这 6 个输入变量就属于任意项。约束项和任意项统称为无关项。无关项用 d_i 表示，i 仍为最小项按序编号，在卡诺图中无关项用"×"填充。具有无关项的卡诺图化简时，无关项可以视作 1，也可以视作 0，以有利于化得最简为前提。

【例 1-21】试设计一个能实现四舍五入功能的逻辑函数，输入变量为 8421 码，当 $X \geqslant 5$ 时，输出变量 $Y = 1$，否则 $Y = 0$。

解：列出真值表如表 1-6 所示，最小项为 $\sum m(5,6,7,8,9)$；因输入变量 X 为 8421 码，逻辑函数无关项为 $\sum d(10,11,12,13,14,15)$；因此，其逻辑函数最小项表达式可写为

$$Y = \sum m(5,6,7,8,9) + \sum d(10,11,12,13,14,15)$$

画出卡诺图如图 1-16 所示，合并相邻项得：$Y = A + BD + BC$。

若不考虑无关项，则 $Y = \overline{A}BD + \overline{A}BC + A\,\overline{B}\,\overline{C}$。显然，有无关项的逻辑函数化简后表达式可能更简单些。

5. 卡诺图化简的特点

卡诺图化简法的优点是简单、直观，而且有一定的操作步骤可循，化简过程中易于避免差错，便于检验逻辑表达式是否化至最简，初学者容易掌握。但逻辑变量超过 5 个（含）时，将失去简单直观的优点，也就没有太大的实用意义了。

表 1-6 例 1-21 真值表

X	A B C D	Y
0	0 0 0 0	0
1	0 0 0 1	0
2	0 0 1 0	0
3	0 0 1 1	0
4	0 1 0 0	0
5	0 1 0 1	1
6	0 1 1 0	1
7	0 1 1 1	1
8	1 0 0 0	1
9	1 0 0 1	1
10	1 0 1 0	×
11	1 0 1 1	×
12	1 1 0 0	×
13	1 1 0 1	×
14	1 1 1 0	×
15	1 1 1 1	×

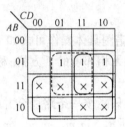

图 1-16 例 1-21 卡诺图

公式法化简的优点是它的使用不受条件限制,但化简时没有一定的操作步骤可循,主要靠熟练、技巧和经验;且一般较难判定逻辑表达式是否化至最简。

【复习思考题】

1.17 什么叫逻辑函数?

1.18 逻辑函数主要有哪几种表示方法? 相互间有什么关系?

1.19 什么叫最小项和最小项表达式?

1.20 两个逻辑函数符合怎样的条件可以认为相等?

1.21 最小项表达式、与或表达式和最简与或表达式有什么区别?

1.22 逻辑函数化简,一般有哪几种方法? 用其化简各有什么特点?

1.23 什么叫卡诺图? 主要有什么特点?

1.24 什么叫卡诺圈? 画卡诺圈应遵循什么规则?

1.25 什么叫约束项? 什么叫任意项? 什么叫无关项?

1.26 怎样化简具有无关项的卡诺图?

【相关习题】

判断题:1.16 ~ 1.27;填空题:1.53 ~ 1.63;选择题:1.75 ~ 1.79;分析计算题:1.93 ~ 1.104。

1.5 习题

1.5.1 判断题

1.1 数字电路抗干扰能力强的原因是只传递 1 和 0 的数字信息。(   )

1.2 数字电路不仅能完成数值运算,而且还能进行逻辑运算和比较判断。(   )

1.3 占空比是指脉冲周期与脉冲宽度的比值。( )

1.4 进制数的基数是指该进制数计数中所用到的数码个数。( )

1.5 若进制数的基数为 N,则该进制数进位规则为逢(N+1)进一。( )

1.6 二进制数左移一位(低位移进 0),相当于该二进制数除以 2。( )

1.7 二进制数右移一位(高位移进 0),移出位作废,相当于该二进制数乘 2。( )

1.8 数字电路中,无符号二进制数减法可无条件向高位借位。( )

1.9 数字电路中,二进制数减法因不出现负数,小数不能减大数。( )

1.10 BCD 码有多种,8421 BCD 码仅是其中之一种。( )

1.11 BCD 码就是 8421 BCD 码。( )

1.12 BCD 码就是二 – 十进制码。( )

1.13 01000011 B = $[01000011]_{BCD}$。( )

1.14 已知逻辑变量 $A+B=A+C$,因此 $B=C$。( )

1.15 已知逻辑变量 $AB=AC$,因此 $B=C$。( )

1.16 在数字电路中,逻辑 1 比逻辑 0 大。( )

1.17 列真值表时,n 个逻辑变量可列出(2^n-1)种状态。( )

1.18 卡诺图是真值表的另一种形式,具有唯一性。( )

1.19 逻辑函数最小项表达式就是最简与或表达式。( )

1.20 逻辑函数最小项中,每项不一定包括所有输入逻辑变量。( )

1.21 逻辑函数最小项中,每个逻辑变量要以原变量或反变量形式出现一次。( )

1.22 卡诺图相邻两个方格所代表的最小项只有一个变量不同。( )

1.23 卡诺圈越大,消去的乘积项数越多。( )

1.24 用卡诺图法化简逻辑函数比公式法更易得到最简与或表达式。( )

1.25 用卡诺图法化简逻辑函数的结果是唯一的。( )

1.26 卡诺圈内的 1 方格个数必须为 $2n$ 个。( )

1.27 卡诺图化简后的卡诺圈圈数就是与或表达式中的乘积项数。( )

1.5.2 填空题

1.28 电子电路根据其处理信号不同可以分为_____电子电路和_____电子电路。

1.29 数字电路内部的晶体管(包括单、双极型)主要工作在_____状态;模拟电路内部的晶体管主要工作在_____状态。

1.30 脉冲幅度 U_m 是指脉冲波从波_____至波_____之间的电压。

1.31 脉冲波上升时间 t_r 是指脉冲波前沿从_____U_m 上升到_____U_m 所需的时间;下降时间 t_f 是指脉冲波后沿从_____U_m 下降到_____U_m 所需的时间。

1.32 脉冲宽度 t_w 是指脉冲波从上升沿的_____U_m 至下降沿_____U_m 所需的时间。

1.33 脉冲周期 T 是指周期性脉冲波任意两个相邻脉冲_____之间的时间间隔。

1.34 占空比 q 是指脉冲_____与脉冲_____的比值。

1.35 十进制整数转换为十六进制数,用"除_____取_____法"。

1.36 BCD 码也称为_____码,是_____进制数,但数符 0 ~ 9 用_____表示。

1.37 8421 BCD 码每 4 位以内按_____进位;4 位与 4 位之间按_____进位。

1.38 对 8421 BCD 码,1010～1111 六种数码称为_____码或_____码。

1.39 与逻辑运算规则可归纳为有 0 出_____,全 1 出_____。

1.40 与非门逻辑运算规则是有_____出 1,全_____出 0。

1.41 或逻辑运算规则可归纳为有 1 出_____,全 0 出_____。

1.42 或非门逻辑运算规则是有_____出 0,全_____出 1。

1.43 逻辑电路符号方框中的"_____"表示与逻辑;"_____"表示或逻辑;"1"表示逻辑值_____;_____表示非逻辑。

1.44 除与、或、非基本逻辑运算外,广泛应用的复合逻辑运算主要还有_____门,_____门,_____门,_____门和_____门。

1.45 多种逻辑运算组合在一起时,若有括号,其运算次序应_____。

1.46 多种逻辑运算组合在一起时,若有非号,其运算次序应_____。

1.47 多种逻辑运算组合在一起时,若同时有逻辑与和逻辑或,其运算次序应_____。

1.48 试填入下列逻辑运算结果:

(1) $A \cdot 0 =$ _____; (2) $A + 1 =$ _____; (3) $A \cdot 1 =$ _____;(4) $A + 0 =$ _____;

(5) $A \cdot A =$ _____; (6) $A + A =$ _____; (7) $A \cdot \overline{A} =$ _____; (8) $A + \overline{A} =$ _____。

1.49 试填入下列逻辑运算结果:

(1) $A \cdot (B + C) =$ _____; (2) $A + B \cdot C =$ _____;

(3) $\overline{AB} =$ _____; (4) $\overline{A + B} =$ _____;

(5) $A + \overline{A}B =$ _____; (6) $AB + A\overline{B} =$ _____;

(7) $AB + \overline{A}C + BC =$ _____; (8) $\overline{\overline{A}} =$ _____。

1.50 如果两个乘积项,其中一个乘积项的部分因子恰是另一个乘积项的_____,则该乘积项中的这部分因子是多余的。

1.51 如果两个乘积项中的部分因子_____,其余部分相同,则可合并为公有因子。

1.52 如果两个乘积项中的部分因子_____,其余部分不同,则可扩展一项其余部分的乘积。

1.53 输入输出变量为_____变量的函数称为逻辑函数。

1.54 逻辑函数的表示方法主要有_____、_____、_____、_____和_____等。

1.55 列真值表时,应将逻辑变量_____列出,n 个逻辑变量可列出_____种状态,按_____排列。既不能_____,又不能_____。

1.56 若两个逻辑函数具有相同的_____,则认为该两个逻辑函数相等。

1.57 逻辑函数所有输入变量的组合称为_____项。

1.58 符合最简与或表达式的条件是:_____项数最少;每个乘积项中_____最少。

1.59 n 变量卡诺图有_____个方格,每个方格对应一个_____。

1.60 卡诺图化简,每个卡诺圈中至少有一个 1 方格_____。

1.61 卡诺图化简,不能遗漏任何一个_____。

1.62 卡诺圈内的 1 方格个数必须为_____个。

1.63 具有无关项的卡诺图化简时,无关项可以视作_____,也可以视作_____。

1.5.3 选择题

1.64 下列特点中,不属于数字电路的是_____。
A. 电路结构相对较简单; B. 内部晶体管主要工作在放大状态;
C. 功耗较低; D. 便于集成

1.65 若脉冲波的幅度为 U_m,则脉冲上升时间 t_r 为_____。
A. $0 \to 0.9U_m$; B. $0 \to U_m$;
C. $0.1U_m \to 0.9U_m$; D. $0.1U_m \to U_m$

1.66 若脉冲波的幅度为 U_m,则脉冲宽度 t_w 为_____。
A. 上升沿 $0 \to$ 下降沿 0; B. 上升沿 $0.1U_m \to$ 下降沿 $0.1U_m$;
C. 上升沿 $0.5U_m \to$ 下降沿 $0.5U_m$; D. 上升沿 $0.9U_m \to$ 下降沿 $0.9U_m$;
E. 上升沿 $U_m \to$ 下降沿 U_m

1.67 下列因素中,不属于数字电路采用二进制数原因的是_____。
A. 可以代表两种不同状态; B. 运算规则简单;
C. 便于书写; D. 便于计算机数据处理

1.68 下列代码中,不属于 BCD 码的是_____。
A. 8421 码; B. 余 3 码;
C. 2421 码; D. ASCII 码

1.69 BCD 码是_____。
A. 二进制码; B. 十进制码;
C. 二 – 十进制码; D. ASCII 码

1.70 在有关技术资料中,(多选)_____为与门逻辑运算符号;_____为或门逻辑运算符号。
A. "·"; B. ∩; C. ∨;
D. ∪; E. ∧; F. &; G. "+"

1.71 当有与、或、非多种逻辑运算组合在一起时,应先进行_____运算。
A. 与; B. 或;
C. 非; D. 按秩序

1.72 能使图 1-17 所示逻辑电路输出 $Y=1$ 时的 AB 取值有_____种。
A. 1; B. 2; C. 3; D. 4

1.73 已知某逻辑电路输入变量 AB 和输出函数 Y 的波形如图 1-18 所示,该逻辑门应为_____门。
A. 与非; B. 同或;
C. 异或; D. 或非

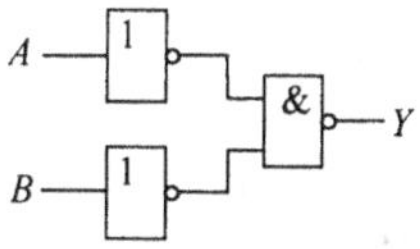

图 1-17 习题 1.72 电路

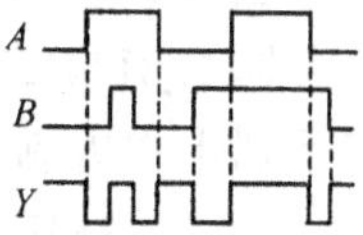

图 1-18 习题 1.73 波形

1.74 已知某逻辑电路输入变量 AB 和输出函数 Y 的波形如图1-19所示,该逻辑门应为_____门。

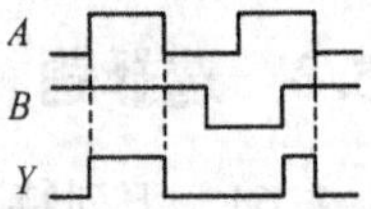

图1-19 习题1.74 波形

    A. 与非;   B. 或非;

    C. 与;   D. 异或

1.75 下列逻辑函数表示方法中,具有唯一性的是(多选)____。

    A. 真值表;   B. 逻辑表达式;

    C. 逻辑电路图;   D. 卡诺图

1.76 下列逻辑函数表达式每一项中,每个逻辑变量要以原变量或反变量形式出现一次的是_____;不一定包括所有输入逻辑变量的是(多选)_____;

    A. 最小项表达式;   B. 与或表达式;

    C. 最简与或表达式;   D. 最简逻辑表达式

1.77 下列选项中不属于卡诺图特点的是_____。

    A. n 变量卡诺图有 2^n 个方格;

    B. 每个方格对应一个最小项;

    C. 相邻两个方格所代表的最小项只有一个变量不同;

    D. 每个方格按最小项编号顺序排列

1.78 下述有关卡诺图化简须遵循规则说法错误的是_____。

    A. 卡诺圈内的1方格个数必须为 $2n$ 个;

    B. 每个卡诺圈中至少有一个1方格不属于其他卡诺圈;

    C. 不能遗漏任何一个1方格;

    D. 卡诺圈的个数应尽可能少

1.79 下述有关化简卡诺图说法错误的是_____。

    A. 若卡诺图化至最简,则据此写出的与或表达式为最简与或表达式;

    B. 由于卡诺图圈法不同,所得到的与或表达式也会不同;

    C. 1方格可重复使用;

    D. 卡诺圈圈数即与或表达式中的乘积项数;

    E. 相邻1方格都可以画入卡诺圈内,卡诺圈越大,消去的乘积项数越多

1.5.4 分析计算题

1.80 试将下列十进制数转换为二进制数:

(1) 48   (2) 93   (3) 123   (4) 3275

1.81 试将下列二进制数转换为十进制数:

(1) 10100101B   (2) 01110110B

(3) 10110110B   (4) 01101101B

1.82 试将习题1.80中十进制数直接转换为十六进制数。

1.83 试将习题1.81中二进制数直接转换为十六进制数。

1.84 试将下列十六进制数转换为十进制数:

(1) E7H   (2) 35H   (3) 2AH   (4) 364H

1.85 试将习题1.84中十六进制数直接转换为二进制数。

1.86 已知下列二进制数 X、Y,试求 $X+Y$、$X-Y$。

(1) $X=01011011\text{B}$,$Y=10110111\text{B}$

(2) $X=11101100\text{B}$,$Y=11111001\text{B}$

1.87 试将十进制数转换成 8421 BCD 码:

(1) 34　　　　(2) 100　　　　(3) 78　　　　　(4) 29

1.88 试将下列二进制数转换成 8421 BCD 码:

(1) 10110101B　　　　　　(2) 11001011B

(3) 01111110B　　　　　　(4) 11111010B

1.89 已知电路如图 1-20 所示,试写出输出信号表达式(不需化简)。

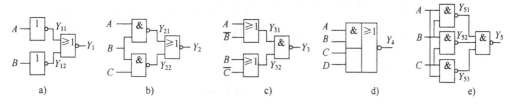

a)　　　　　　b)　　　　　　c)　　　　　　d)　　　　　　e)

图 1-20 习题 1.89 电路

1.90 试根据下列输出信号表达式,画出逻辑电路图。

(1) $Y_1=AB+CD$

(2) $Y_2=\overline{\overline{AB}\cdot\overline{CD}}$

(3) $Y_3=\overline{\overline{AB}+\overline{CD}}$

(4) $Y_4=(A+B)(C+D)(A+C)$

1.91 求证下列逻辑等式:

(1) $\overline{AB+AC}=\overline{A}+\overline{B}\,\overline{C}$

(2) $AB+BCD+\overline{A}C+\overline{B}C=AB+C$

(3) $\overline{A}\,\overline{B}+\overline{A}B+A\,\overline{B}+AB=1$

(4) $\overline{A}\,\overline{B}+\overline{A}\overline{B}=\overline{A}\,\overline{B}+AB$

(5) $\overline{A}\,\overline{C}+\overline{A}\,\overline{B}+BC+\overline{A}\,\overline{C}\,D=\overline{A}+BC$

1.92 化简下列逻辑表达式:

(1) $Y_1=A+B+C+D+\overline{A}\,\overline{B}\,\overline{C}\,\overline{D}$

(2) $Y_2=A(\overline{A}+B)+B(B+C)+B$

(3) $Y_3=A\,\overline{B}+B+\overline{A}B$

(4) $Y_4=ABC+\overline{ABC}+\overline{BC}$

1.93 已知电路如图 1-20b、c、e 所示,试写出其逻辑值为 1 时的最小项表达式,并列出真值表。

1.94 试将下列逻辑函数展开为最小项表达式:

(1) $Y_1=AB+A\,\overline{C}$

(2) $Y_2=\overline{(AB+\overline{A}\,\overline{B}+C)AB}$

(3) $Y_3(ABC)=AB+BC+CA$

(4) $Y_4(ABC) = A\overline{B} + B\overline{C}$

1.95 试将下列逻辑函数展开为最小项表达式：

(1) $Y_1(ABC) = m_2 + m_4 + m_5 + m_7$

(2) $Y_2(ABC) = m_0 + m_1 + m_3 + m_6$

(3) $Y_3(ABC) = \sum m(1,2,4,7)$

(4) $Y_4(ABC) = \sum m(0,3,5,6)$

1.96 已知下列逻辑电路如图 1-21 所示，试写出其逻辑函数表达式，并化简。

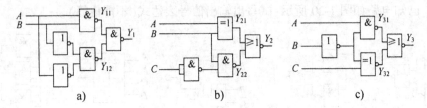

图 1-21 习题 1.96 逻辑电路

1.97 已知逻辑电路如图 1-22 所示，试写出逻辑函数表达式。若输入信号波形如图1-23 所示，试画出输出信号波形。

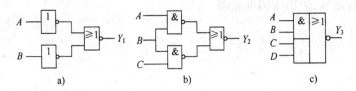

图 1-22 习题 1.97 电路   图 1-23 习题 1.97 波形

1.98 已知楼道灯电路如图 1-24 所示，用两个单刀双掷开关控制楼道灯，无论在楼上楼下，均能控制灯亮灯灭。设 A、B 开关接至上方为 1，接至下方为 0；F 灯亮为 1，灯灭为 0。试列出楼道灯亮灭的真值表，并写出其逻辑表达式，画出能实现上述功能的逻辑电路图。

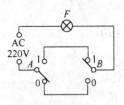

图 1-24 楼道灯电路

1.99 化简下列逻辑函数：

(1) $Y_1 = (A + B + C)(\overline{A} + \overline{B} + \overline{C})$

(2) $Y_2 = \overline{A}CD + (\overline{C} + \overline{D})E + A + A\overline{B}\overline{C}$

(3) $Y_3 = ABC + \overline{B}C + A\overline{C}$

(4) $Y_4 = \overline{\overline{A}\,\overline{B}\,\overline{C} \cdot \overline{A}\,\overline{B} + \overline{B}\,\overline{C} + \overline{C}\,\overline{A}}$

(5) $Y_5 = (A + B + C)(\overline{A} + B)(A + B + \overline{C})$

(6) $Y_6 = A\overline{C}\,\overline{D} + BC + \overline{B}D + A\overline{B} + \overline{A}C + \overline{B}\,\overline{C}$

（7）$Y_7 = A\,\overline{B} + B\,\overline{C} + \overline{B}C + \overline{A}B$

（8）$Y_8 = (A + B)(\overline{A} + C)(B + C)$

（9）$Y_9 = \overline{\overline{AB} + AD + \overline{BC}}$

1.100 试画出下列逻辑函数的卡诺图,并化简为最简与或表达式。

（1）$Y_1 = \overline{A}\,\overline{B}\,\overline{C} + \overline{A}\,\overline{B}C + \overline{A}BC + A\,\overline{B}C$

（2）$Y_2 = AB\,\overline{C} + A\,\overline{B}\,\overline{C} + A\,\overline{B}C + ABC$

（3）$Y_3(ABC) = m_0 + m_2 + m_4 + m_6 + m_7$

（4）$Y_4(ABC) = \sum m(1,2,3,4,6)$

1.101 化简逻辑函数 $Y(ABC) = m_0 + m_2 + m_3 + m_5 + m_7$。试用两种方法合并卡诺圈,并分别写出最简与或表达式。

1.102 已知卡诺图如图 1-25 所示,试写出最小项表达式 $Y(ABCD) = \sum m_i$,并按已画好的卡诺圈,写出逻辑函数的最简与或表达式。

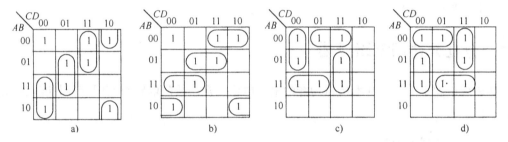

图 1-25 习题 1.102 卡诺图

1.103 试画出下列逻辑函数卡诺图,并化简为最简与或表达式。

（1）$Y_1 = \overline{A}\,\overline{C}D + A\,\overline{B}C + B\,\overline{C} + \overline{B}CD$

（2）$Y_2(ABCD) = \sum m(3,4,5,7,9,13,14,15)$

（3）$Y_3 = \overline{A}\,\overline{B}\,\overline{C}\,\overline{D} + \overline{A}\,\overline{B}\,\overline{C}D + \overline{A}\,BC\overline{D} + A\,\overline{B}\,\overline{C}\,\overline{D} + A\,\overline{B}\,CD + A\,BC\overline{D}$

（4）$Y_4(ABCD) = \sum m(2,3,6,7,8,9,12,13,14,15)$

1.104 试画出下列具有任意项的逻辑函数卡诺图,并化简为最简与或表达式。

（1）$Y_1(ABCD) = \sum m(1,6,7,8,12,13) + \sum d(2,9,10,11)$

（2）$Y_2(ABCD) = \sum m(5,6,7,8,9) + \sum d(10,11,12,13,14,15)$

（3）$Y_3(ABCD) = \sum m(0,2,5,9,15) + \sum d(6,7,8,10,12,13)$

第 2 章 逻辑门电路

本章要点
- 二极管与门、或门和三极管非门电路的工作原理
- 74LS 与非门电路
- OC 门和 TSL 门的特性和功能
- 门电路外部特性和主要参数
- 不同系列的 TTL 门电路
- CMOS 门电路的特点
- TTL 门电路与 CMOS 门电路的连接
- 常用集成门电路

2.1 分立元件门电路概述

逻辑门电路是能实现基本逻辑功能的电子电路。常用的门电路有与门、或门、非门和它们的复合门。

2.1.1 二极管门电路

在模拟电子电路中,我们学过二极管具有单向导电性:加正向电压,导通;加反向电压,截止。因此,二极管可以用作开关元件。

1. 二极管与门电路

(1) 工作原理

图 2-1 为二极管与门电路。

① 若 $U_A = 0\,V$, $U_B = 0\,V$, 则 VD_1、VD_2 均导通, $U_F = 0\,V$(忽略二极管正向压降)。

② 若 $U_A = 0\,V$, $U_B = 5\,V$ 或 $U_A = 5\,V$, $U_B = 0\,V$, 则 VD_1、VD_2 中有一个导通,另一个截止, $U_F = 0\,V$。

③ 若 $U_A = 5\,V$, $U_B = 5\,V$, 则 VD_1、VD_2 均截止, $U_F = 5\,V$。

(2) 真值表

若设高电平 5 V 为 1,低电平 0 V 为 0,则根据上述分析,列出真值表如表 2-1 所示。该表表明,图 2-1 电路相当于一个与门电路。F 与 A、B 的逻辑关系是 $F = A \cdot B$,即有 0 出 0,全 1 出 1。

图 2-1 二极管与门电路

表 2-1 与门真值表

A	B	F
0	0	0
0	1	0
1	0	0
1	1	1

2. 二极管或门电路

图 2-2 为二极管或门电路。

（1）工作原理

① 若 $U_A = 5\,V$，$U_B = 5\,V$，则 VD_1、VD_2 均导通，$U_F = 5\,V$（忽略二极管正向压降）。

② 若 $U_A = 5\,V$，$U_B = 0\,V$ 或 $U_A = 0\,V$，$U_B = 5\,V$，则 VD_1、VD_2 中有一个导通，另一个截止，$U_F = 5\,V$。

③ 若 $U_A = 0\,V$，$U_B = 0\,V$，则 VD_1、VD_2 均截止，$U_F = 0\,V$。

（2）真值表

若设高电平 $5\,V$ 为 1，低电平 $0\,V$ 为 0，则根据上述分析，列出真值表如表 2-2 所示。该表表明，图 2-2 电路相当于一个或门电路。F 与 A、B 的逻辑关系是 $F = A + B$，即有 1 出 1，全 0 出 0。

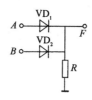

图 2-2　二极管或门电路

表 2-2　或门真值表

A	B	F
0	0	0
0	1	1
1	0	1
1	1	1

【例 2-1】电路如图 2-3 所示，设 VD 为理想二极管，$E = 3\,V$，输入电压 u_I 波形如图 2-4 所示，试画出输出电压 u_O 的波形。

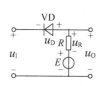

图 2-3　例 2-1 电路

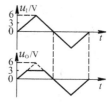

图 2-4　例 2-1 波形

解：$u_O = u_D + u_I = u_R + E$。

二极管 VD 导通时，$u_D = 0$，即 $u_O = u_I$。

二极管 VD 截止时，R 中无电流，$u_R = 0$，即 $u_O = E$。

当 $u_I < E$ 时，VD 导通，$u_O = u_I$；当 $u_I > E$ 时，VD 截止，$u_O = E$。波形如图 2-4 所示。

3. 二极管门电路的开关特性

上述二极管与门和或门电路，仅分析了电路达到稳定状态后的静态特性，实际上在二极管从一种状态（导通或截止）转换到另一种状态的过渡过程中，由于二极管 PN 结结电容的充放电效应，会影响到门电路的开关特性。

（1）二极管的动态特性

二极管从一种状态转换到另一种状态的转换特性称为二极管的动态特性。

二极管从截止到导通所需的时间称为开通时间。开通时间很短，一般可以忽略。

二极管从导通到截止所需的时间称为反向恢复时间 t_{re}，反向恢复时间比开通时间长，如

图 2-5 所示。反向恢复时间是由于二极管 PN 结结电容效应而引起，t_{re} 一般在几纳秒至几十微秒之间，视二极管 PN 结结构而定。

反向恢复时间会影响到门电路的工作频率，即开关特性。若输入脉冲的周期小于 $2t_{re}$，则该二极管就不能起到开关作用。

（2）减小二极管反向恢复时间的措施

二极管的反向恢复时间与二极管 PN 结结电容大小有关，与电荷的存储效应有关，因此减小二极管反向恢复时间的措施有：

① 控制二极管正向导通电流不要过大。正向电流越大，存储电荷越多，反向恢复时间越长。

② 选用结电容较小、工作频率较高的二极管。

③ 在要求较高的场合，应选择快恢复二极管或肖特基二极管。

肖特基二极管（Schottky Barrier Diode，缩写为 SBD）是利用金属和半导体之间的接触势垒构成，正向压降小（$0.3 \sim 0.4$ V），本身无电荷存储作用，开关时间极短（小于普通二极管的十分之一）。肖特基二极管的电路符号如图 2-6 所示。

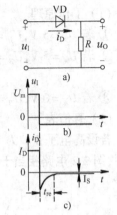

图 2-5　二极管反向恢复时间
a）电路图　b）u_I 波形
c）i_D 波形

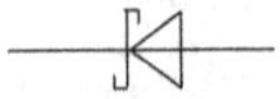

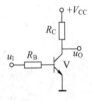

图 2-6　肖特基二极管电路符号

2.1.2　三极管非门电路

在模拟电子电路中，我们学过三极管共射极电路具有反相作用。利用三极管的反相作用可以构成非门电路，图 2-7 为三极管非门电路。

1. 工作原理

三极管有三种工作状态：截止、放大、饱和。在模拟电子电路中，主要分析研究放大工作状态；在数字电子电路中，主要分析研究截止和饱和两种工作状态。

（1）截止状态

当 u_I 输入低电平（0 V）时，三极管 V 截止，集电极无电流，R_C 两端电压为 0，$u_O = V_{CC}$。

（2）饱和状态

当 u_I 输入高电平时，三极管 V 饱和导通，$u_O = u_{CE} = V_{CC} - i_C R_C = U_{CES} \approx 0$。

三极管饱和导通时的 u_{CE} 称为饱和压降，用 U_{CES} 表示，小功率硅管 $U_{CES} \approx 0.1$ V（注：早期的小功率硅三极管 $U_{CES} \approx 0.3$ V。由于半导体制造工艺的改进，现代的小功率硅管 $U_{CES} < 0.1$ V）。此时的集电极电流 $I_{CS} = \dfrac{V_{CC} - U_{CES}}{R_C} \approx \dfrac{V_{CC}}{R_C}$。三极管处于饱和状态时，集电极电流 I_C 与基极电流 I_B 不成正比，$I_C \neq \beta I_B$。临界饱和时，基极电流 $I_{BS} = I_{CS}/\beta$。因此，三极管饱和导通的条件为 $I_B \geq I_{BS} = I_{CS}/\beta$。

【例 2-2】电路如图 2-7 所示，已知 $V_{CC} = +5$ V，$\beta = 100$，$R_C = 10$ kΩ，$U_I = 5$ V，三极管 $U_{CES} = 0.1$ V，$U_{BE} = 0.7$ V，试求：

（1）若 R_B 分别为 1 MΩ、100 kΩ，三极管处于何种工作状态？此时 $U_O = ?$

图 2-7　三极管非门电路

（2）欲使三极管处于饱和导通状态，R_B 最小应为多少？

解：（1）$I_{CS} = \dfrac{V_{CC} - U_{CES}}{R_C} = \dfrac{5 - 0.1}{10 \times 10^3}\text{A} = 0.49\text{ mA}，I_{BS} = \dfrac{I_{CS}}{\beta} = \dfrac{0.49}{100}\text{mA} = 4.9\ \mu\text{A}$

① 当 $R_B = 1\ \text{M}\Omega$ 时，$I_B = \dfrac{U_I - U_{BE}}{R_B} = \dfrac{5 - 0.7}{1 \times 10^6}\text{A} = 4.3\ \mu\text{A}$

因为 $I_B < I_{BS}$，因此三极管未处于饱和状态，此时，$I_C = \beta I_B = 100 \times 4.3\ \mu\text{A} = 0.43\text{ mA}；U_0 = V_{CC} - I_C R_C = 5\text{ V} - 0.43 \times 10\text{ V} = 0.7\text{ V}$，三极管处于放大工作状态。

② 当 $R_B = 100\ \text{k}\Omega$ 时，$I_B = \dfrac{U_I - U_{BE}}{R_B} = \dfrac{5 - 0.7}{100 \times 10^3}\text{A} = 43\ \mu\text{A}$

因为 $I_B > I_{BS}$，因此三极管处于饱和导通状态，此时 $U_0 = U_{CES} = 0.1\text{ V}$。

（2）三极管处于临界饱和状态时，$I_B = I_{BS} = 4.9\ \mu\text{A}$。$R_B = \dfrac{U_I - U_{BE}}{I_{BS}} = \dfrac{5 - 0.7}{4.9 \times 10^{-6}}\Omega = 878\text{ k}\Omega$

因此，R_B 最小应为 878 kΩ。

2. 三极管非门电路的开关特性

三极管非门电路的开关特性也会受到三极管 PN 结结电容的影响，饱和导通状态与截止状态相互转换时，也需要经过一定的时间。

（1）三极管的开关特性

图 2-8 为三极管非门电路开关特性示意图。由截止状态到饱和状态的时间称为开启时间 t_{on}，由饱和状态到截止状态的时间称为关闭时间 t_{off}，一般 t_{on} 和 t_{off} 在几十纳秒和十几微秒之间，且 $t_{off} > t_{on}$。

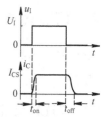

图 2-8 三极管开关特性示意图

（2）减小三极管开关时间的措施

三极管的开关时间主要与三极管 PN 结结电容大小有关，与电荷的存储效应有关。减小三极管开关时间的措施有：

① 选用结电容小的三极管，即选用 f_T 大的高频三极管。

② 降低三极管饱和程度。

③ 基极电阻并接加速电容。减小电容存储效应，可采用基极加反向电压和反向驱动电流的方法，但是输入电压信号电平通常是单极性的。另加反向电压将使电路复杂化。因此通常在基极电阻两端并接加速电容 C_B，如图 2-9 所示。其工作原理是，电容两端电压不能突变，在输入电压的上升沿和下降沿，使基极电流产生过冲电流，从而加速三极管饱和和截止。

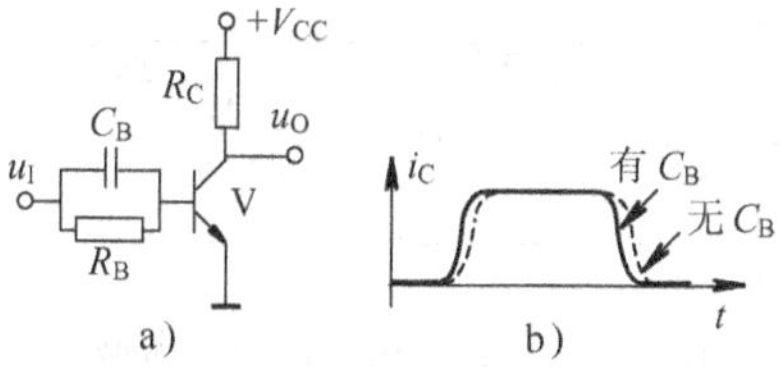

图 2-9 加速电容
a）电路 b）电流波形

④ 采用肖特基三极管。肖特基三极管由普通三极管和肖特基二极管组成，如图 2-10 所示。当三极管饱和时，肖特基二极管导通，将集电结电压钳制在 0.3～0.4 V 之间，使三极管处于浅饱和状态（肖特基三极管也称为抗饱和三极管）。同时，由于肖特基二极管的分流作用，三

极管基极电流减小,饱和深度降低,开关时间减小,工作速度提高。

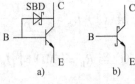

图 2-10　肖特基三极管
a) 等效电路　b) 电路符号

【复习思考题】

2.1　画出二极管与门电路,列出其真值表。

2.2　画出二极管或门电路,列出其真值表。

2.3　什么叫二极管的动态特性?

2.4　引起二极管的反向恢复时间 t_{re} 较长的原因是什么? t_{re} 较长会带来什么后果?

2.5　减小二极管反向恢复时间 t_{re},可采取哪些措施?

2.6　SBD 表示什么? 有什么特点?

2.7　U_{CES} 表示什么? 小功率硅管的 U_{CES} 约为多少?

2.8　引起三极管开关时间延长的原因是什么? 可采取哪些改善措施?

【相关习题】

判断题:2.1~2.7;填空题:2.25~2.30;选择题:2.59~2.63;分析计算题:2.76~2.76。

2.2　TTL 集成门电路

TTL 是三极管–三极管逻辑(Transistor – Transistor Logic)集成门电路,是双极型器件组成的门电路。

2.2.1　74LS 与非门电路

74LS 系列是基本型 74 系列电路的改进型,采用肖特基二极管、三极管,降低三极管的饱和程度,开关速度大为提高,目前仍是 TTL 门电路应用的主流品种,本书后续章节均以 74LS 系列作为主要分析研究对象。

1. 电路组成和工作原理

图 2-11 为 74LS 与非门电路,电路由输入级、中间级和输出级三部分组成。

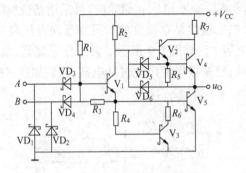

图 2-11　74LS TTL 与非门电路

(1) 输入级

输入级由 VD_1、VD_2、VD_3、VD_4 和 R_1 组成。其中 VD_1、VD_2 构成输入端钳位电路,限制输入端可能出现的负极性干扰脉冲;VD_3、VD_4、R_1 组成二极管与门电路,VD_3、VD_4 为肖特基二极管,其特点是速度快,正向压降小(0.3~0.4 V)。

（2）中间级

中间级由 V_1、V_3 和 R_2、R_3、R_4、R_6 组成。V_1 的作用是信号耦合，并分别从集电极和发射极以不同的相位输出。V_3 的作用是构成有源泄放电路，提供 V_5 退出饱和时基极过剩电荷的泄放通路，使电压传输特性中几乎没有线性区，更接近于理想开关特性，也有效地提高了工作速度。

（3）输出级

输出级由 V_2V_4（复合管）、V_5 和 VD_5、VD_6、R_5、R_7 组成。由于 V_2V_4 和 V_5 基极输入信号总是相反，因此两个三极管中只能有一个导通，另一个截止，成为推拉式电路（或称为图腾柱电路），使输出级的静态功耗大大降低。VD_5 提供 V_4 退出饱和时基极过剩电荷的泄放通路；VD_6 提供 u_O 由高电平转为低电平时的电荷泄放通路。两者均可提高工作速度。

2. 输入输出电平分析

（1）输入低电平

输入低电平时，V_1 截止，V_2V_4 导通，$u_O = V_{CC} - i_{B2}R_2 - U_{BE2} - U_{BE4} \approx V_{CC} - U_{BE2} - U_{BE4} = 5\,V - 1.4\,V = 3.6\,V$。$i_{B2}$ 很小，一般可忽略不计，若考虑其在 R_2 上的压降，u_O 输出高电平约为 $3.4\,V$。

（2）输入高电平

输入高电平时，V_1、V_3、V_5 导通，$u_O = U_{CES5} \approx 0.35\,V$。而 $U_{C2} = U_{CES1} + U_{BE5} \approx 1\,V$，不足以使 V_2V_4 导通，V_2V_4 截止，相当于开路。

3. 集电极开路门（OC 门）

图 2-11 中，若将 R_7、V_2、V_4、VD_5、VD_6 取消，V_5 集电极开路，就构成了集电极开路门（Open Collector，缩写为 OC）。OC 门使用时，必须在电源 V_{CC} 与输出端之间外接上拉电阻 R_L。图 2-12a、b 为 OC 门输出端结构和电路符号，符号"◊"是 OC 门的标志。下面介绍 OC 门的主要作用。

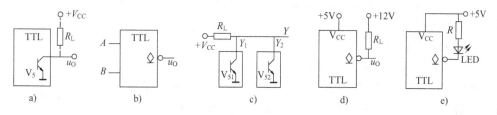

图 2-12　集电极开路门（OC 门）及其应用
a）输出端结构　b）电路符号　c）线与　d）电平转换　e）驱动

（1）实现"线与"功能

一般来说，几个 TTL 门电路输出端不允许直接连接在一起（试想，若直接连接在一起，一个门电路输出高电平，另一个门电路输出低电平，其间没有限流电阻，将发生短路，损坏门电路），但 OC 门输出端集电极是开路的，不但可以直接接在一起，而且连接在一起后，可实现"与"功能，如图 2-12c 所示。当两个 OC 门输出 Y_1、Y_2 均为低电平（V_{51}、V_{52} 均饱和导通）时，Y 为低电平；当 Y_1、Y_2 中一个为低电平，另一个为高电平（V_{51}、V_{52} 中一个饱和导通，另一个截止）时，因为截止的那个三极管对门电路无影响，Y 仍为低电平；只有当 Y_1、Y_2 均为高电平（V_{51}、V_{52} 均截止）时，Y 才为高电平，从而实现了两个门电路输出电平的"与"功能。这种两个

OC 门输出端直接连接在一起,实现"与"逻辑的方法称为"线与"。

(2) 实现电平转换

TTL 门电路电源电压为 +5 V,输出高电平约为 3.4 V,输出低电平约为 0.3 V,若要求将高电平变得更高,可采用图 2-12d 所示电路,将上拉电阻 R_L 接更高电源电压,高电平输出将接近于更高电源电压,低电平输出不变,从而实现电平转换。

(3) 用作驱动电路

OC 门可用作驱动电路,直接驱动 LED、继电器、脉冲变压器等,图 2-12e 为 OC 门驱动 LED 电路。OC 门输出低电平时,LED 亮;OC 门输出高电平时,由于输出端晶体管截止,LED 暗。但若用非 OC 门 TTL 电路,则输出高电平约为 3.4 V,LED 仍会发亮。

【例 2-3】试分析图 2-13 所示电路工作状态。

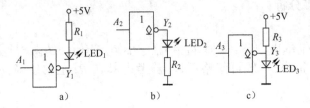

图 2-13　例 2-3 电路

解:图 2-13 中反相器均为 OC 门。

图 2-13a:A_1 为高电平时,Y_1 输出低电平,LED$_1$ 亮;A_1 为低电平时,Y_1 输出高电平,内部输出端晶体管截止,LED 暗。

图 2-13b:A_2 为高电平时,Y_2 输出低电平,LED$_2$ 暗;A_2 为低电平时,Y_2 输出高电平,内部输出端晶体管截止,由于未接上拉电阻,因此 LED$_2$ 中无电流,暗。

图 2-13c:A_3 输入低电平时,内部输出端晶体管截止。但因外接上拉电阻,R_3 中电流流进 LED$_3$,亮;A_3 输入高电平时,内部输出端晶体管饱和导通,Y_3 输出低电平,R_3 中电流全部流进内部输出端晶体管,LED$_3$ 中无电流,暗。

4. 三态门(TSL 门)

三态门(Three State Logic,缩写为 TSL)是在普通门电路的基础上,在电路中添加控制电路,它的输出状态,除了高电平、低电平外,还有第三种状态:高阻态(或称禁止态)。高阻态相当于输出端开路。图 2-14 所示三态门电路中,符号"▽"为三态门标志,EN(Enable)为使能端(或称输出控制端),EN 端信号电平有效时,门电路允许输出;EN 端信号电平无效时,门电路禁止输出。输出端既不是高电平,又不是低电平,呈开路状态,即高阻态。

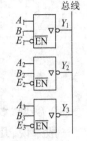

图 2-14　三态门

三态门主要用于总线分时传送电路信号。在微机电路中,地址信号和数据信号均用总线传输,在总线上挂接许多门电路,如图 2-14 所示。在某一瞬时,总线上只允许有一个门电路的输出信号出现,其余门电路输出均呈高阻态。否则若几个门电路均允许输出,且信号电平高低不一致,将引起短路而损坏门电路器件。至于允许哪一个门电路输出,由控制端 EN 信号电平决定。例如,图 2-14 中,E_1 信号电平有效,则 Y_1 输出信号出现在总线上(即总线输出 Y_1 信号),此时 E_2、E_3 信号电平必须无效,Y_2、Y_3 与总线相当于断开。即在任一瞬时,挂接在总线上门电路的控制信号,只允许其中一个有效,其余必须无效。

需要指出的是,EN 控制端信号有效电平有正有负,视不同门电路而不同,但多数为低电平有效,常在 EN 端用一个小圆圈表示。

【例2-4】已知三态门电路和输入电压波形如图2-15所示,试画出输出电压波形。

解:图2-15a 为带三态门的两个与门电路,一般情况下,三态门电路输出端是不能连接在一起的。现两个三态门控制信号一个为 EN,另一个为 $\overline{EN}$,控制端信号极性恒相反,输出端可连接在一起。当 EN 为低电平时,上方三态门电路允许输出;EN 为高电平时,下方三态门电路允许输出;两者互不影响,因此可正常工作。

$$Y = Y_1 + Y_2 = AB \cdot \overline{EN} + CD \cdot EN$$

画出输出电压 Y_1、Y_2 和 Y 波形如图2-15b 所示。

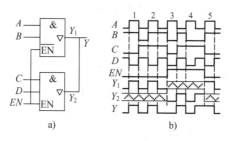

图2-15 例2-4 电路

2.2.2 门电路外部特性和主要参数

TTL 门电路的外部特性是指其外电路(输入回路和输出回路)的电压电流关系特性。分析研究 TTL 门电路的外部特性,将有助于进一步理解门电路的特性参数和正确应用门电路。现以 74LS 系列与非门为例,分析 TTL 门电路的外部特性。

1. 电压传输特性

TTL 门电路的电压传输特性是指,空载时输出电压与输入电压间的函数关系。即

$$u_O = f(u_I) \tag{2-1}$$

(1)电压传输特性

图2-16 为 74LS 与非门电压传输特性。该传输特性大致可分为三个区域:截止区、转折区和饱和区。

截止区是输入电压 u_I 很低时,与非门输出高电平;饱和区是输入电压 u_I 较高时,与非门输出低电平;转折区是 u_I 增大至 1 V 左右,输出电压急剧下降,对应于阈值电压 U_{TH}。

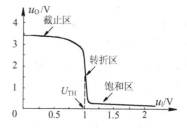

图2-16 74LS TTL 与非门
电压传输特性

(2)常用名词和参数

在 TTL 门电路电压传输特性中,常用的名词和参数有:

① 输出高电平 U_{OH}。74LS 系列门电路 $U_{OH} = 3.4$ V。一般手册中给出 U_{OH} 的最小值 U_{OHmin},74LS 系列门电路 $U_{OHmin} = 2.7$ V。

② 输出低电平 U_{OL}。74LS 系列门电路 $U_{OL} = 0.35$ V。一般手册中给出 U_{OL} 的最大值

U_{OLmax}，74LS 系列门电路 $U_{\text{OLmax}} = 0.5\ \text{V}$。

③ 阈值电压 U_{TH}。阈值电压也称为门限电压或门槛电压，是输出电压由高电平变为低电平或由低电平变为高电平的分界线。它的含义是：对与非门电路，当 $u_{\text{I}} > U_{\text{TH}}$ 时，$u_{\text{O}} = U_{\text{OL}}$；当 $u_{\text{I}} < U_{\text{TH}}$ 时，$u_{\text{O}} = U_{\text{OH}}$。74LS 系列门电路 $U_{\text{TH}} \approx 1\ \text{V}$。

④ 关门电平 U_{OFF}。U_{OFF} 是 TTL 与非门电路输出高电平时，输入端允许输入的最大低电平值。即为保证 TTL 与非门输出高电平，应满足 $u_{\text{I}} \leqslant U_{\text{OFF}}$，$U_{\text{OFF}}$ 的确切数值因每一器件而异。一般手册中给出输入低电平最大值 U_{ILmax} 代替 U_{OFF}。74LS 系列门电路 $U_{\text{ILmax}} = 0.8\ \text{V}$。

⑤ 开门电平 U_{ON}。U_{ON} 是 TTL 与非门电路输出低电平时，输入端允许输入的最小高电平值。即为保证 TTL 与非门输出低电平，应满足 $u_{\text{I}} \geqslant U_{\text{ON}}$，$U_{\text{ON}}$ 的确切数值因每一器件而异。一般手册中给出输入高电平最小值 U_{IHmin} 代替 U_{ON}。74LS 系列门电路 $U_{\text{IHmin}} = 2\ \text{V}$。

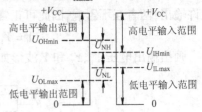

图 2-17　噪声容限示意图

⑥ 噪声容限。噪声容限是指输入电平受噪声干扰时，为保证电路维持原输出电平，允许叠加在原输入电平上的最大噪声电平。因输入低电平和输入高电平时允许叠加的噪声电平不同，噪声容限可分为低电平噪声容限 U_{NL} 和高电平噪声容限 U_{NH}。图 2-17 为噪声容限示意图。其中：

$$高电平噪声容限 \qquad U_{\text{NH}} = U_{\text{OHmin}} - U_{\text{IHmin}} \tag{2-2a}$$

$$低电平噪声容限 \qquad U_{\text{NL}} = U_{\text{ILmax}} - U_{\text{OLmax}} \tag{2-2b}$$

对于 74LS 系列门电路，有 $U_{\text{NH}} = 0.7\ \text{V}$，$U_{\text{NL}} = 0.3\ \text{V}$。

2. 输入特性

TTL 门电路输入特性可分为输入伏安特性和输入负载特性。

（1）输入伏安特性

输入伏安特性为输入电流与输入电压之间的函数关系，即

$$i_{\text{I}} = f(u_{\text{I}}) \tag{2-3}$$

图 2-18 为 74LS 系列门电路输入伏安特性。输入伏安特性可分为输入低电平和输入高电平两种情况，以阈值电压 U_{TH} 为分界点。

输入端为低电平（$u_{\text{I}} < U_{\text{TH}} = 1\ \text{V}$）时，电流为负值。即电流的实际方向从该门电路输入端流出。一般手册中给出该电流的最大值 I_{ILmax} 或输入短路电流 I_{IS}（$u_{\text{I}} = 0$ 时的 i_{I}），74LS 系列门电路 $I_{\text{ILmax}} = -0.4\ \text{mA}$。

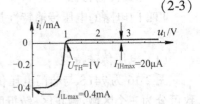

图 2-18　74LS TTL 与非门输入伏安特性

输入端为高电平（$u_{\text{I}} > U_{\text{TH}} = 1\ \text{V}$）时，电流为正值，但很微小。电流的实际方向从该门电路输入端流进。一般手册中给出该电流的最大值 I_{IHmax}，74LS 系列门电路 $I_{\text{IHmax}} = 20\ \mu\text{A}$。

（2）输入负载特性

输入负载特性为输入端接对地电阻 R_{I} 时，输入电压 u_{I} 与 R_{I} 之间的函数关系，即

$$u_{\text{I}} = f(R_{\text{I}}) \tag{2-4}$$

图 2-19 为 74LS 系列门电路输入负载特性。R_{I} 较小时，u_{I} 相当于输入低电平，与非门处于关门状态；R_{I} 较大时，u_{I} 相当于输入高电平，与非门处于开门状态。即：若需保持 u_{I} 为低

电平($u_I < U_{ILmax}$),R_I 不能过大,须 $R_I < R_{OFF}$。R_{OFF} 称为关门电阻,是使与非门保持关门状态的 R_I 最大值。74LS 系列门电路 $R_{OFF} \approx 4.2$ kΩ。

当 R_I 足够大时,$u_I \approx 1$ V 并保持基本不变,相当于输入高电平,与非门处于开门状态。即:若需保持 u_I 相当于输入高电平,R_I 不能过小,须 $R_I > R_{ON}$。R_{ON} 称为开门电阻,是使与非门保持开门状态的 R_I 最小值。74LS 系列门电路 $R_{ON} \approx 6.3$ kΩ。

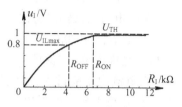

图 2-19　74LS TTL 与非门
输入负载特性

【例2-5】已知74LS 系列三输入端与非门和或非门电路如图2-20所示,其中2个输入端分别接输入信号 A、B,另一个输入端为多余引脚。试写出输出表达式。

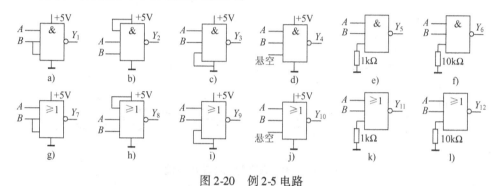

图 2-20　例 2-5 电路

解:TTL 集成门电路多余输入端悬空时,相当于接高电平;输入端接对地电阻 R_I 时,若 $R_I < R_{OFF}$(74LS 系列门电路 $R_{OFF} \approx 4.2$ kΩ),相当于接低电平;若 $R_I > R_{ON}$(74LS 系列门电路 $R_{ON} \approx 6.3$ kΩ),相当于接高电平。与非门输入端中有一端接低电平时,有 0 出 1,与非门关闭,其输出恒为 1;或非门输入端中有一端接高电平时,有 1 出 0,或非门关闭,其输出恒为 0。因此:

$$Y_1 = \overline{AB}; Y_2 = \overline{AB}; Y_3 = 1; Y_4 = \overline{AB}; Y_5 = 1; Y_6 = \overline{AB};$$
$$Y_7 = \overline{A+B}; Y_8 = 0; Y_9 = \overline{A+B}; Y_{10} = 0; Y_{11} = \overline{A+B}; Y_{12} = 0。$$

从上述分析得出:TTL 与(与非)门电路,多余输入端可接 $+V_{CC}$,或与有信号输入端并联,或悬空,或接对地电阻 $R_I > R_{ON}$,不影响与(与非)门电路输出结果;TTL 或(或非)门电路,多余输入端可接地,或与有信号输入端并联,或接对地电阻 $R_I < R_{OFF}$,但不能悬空。

3. 输出特性

输出特性是 TTL 门电路输出电压 u_O 与输出电流 i_O 之间的函数关系,即

$$u_O = f(i_O) \tag{2-5}$$

TTL 门电路输出高电平和输出低电平时的输出特性是不同的,可分为拉电流负载输出特性和灌电流负载输出特性。

（1）拉电流负载输出特性

图 2-11 中,输出高电平时,输出电流从电源 V_{CC} 经 R_7、V_{4CE} 和 R_2、V_{2BE}、V_{4BE} 流出,称为拉电流。显然拉电流不能过大。过大时,在 R_2、R_7 上压降过大,将降低输出高电平电压值。74LS 系列门电路拉电流负载输出特性如图 2-21a 所示,图中输出高电平时的最大电流(I_{OHmax}

$=4$ mA)对应于输出高电平最小值($U_{\text{OHmin}}=2.7$ V)。需要说明的是,手册中给出的I_{OHmax}和U_{OHmin}值仅是产品出厂最低标准,实际值均大大优于最低标准。

（2）灌电流负载输出特性

图 2-11 中,输出低电平时,输出电流由负载流进V_5,称为灌电流。显然,灌电流只要小于V_5管最大允许电流,并保证$i_{\text{CS5}}<\beta i_{\text{BS5}}$（$V_5$管保持饱和状态）,就不会影响输出低电平电压值。但灌电流也不能过大,灌电流过大时,V_5管脱离饱和状态,输出低电平随灌电流增大而上升,可能会高于允许的低电平阈值。74LS 系列门电路灌电流负载输出特性如图 2-21b 所示,图中输出低电平时的最大电流（$I_{\text{OLmax}}=8$ mA）对应于输出低电平最大值（$U_{\text{OLmax}}=0.5$ V）。需要说明的是,手册中给出的I_{OLmax}和U_{OLmax}值仅是产品出厂最低标准,实际值均大大优于最低标准。

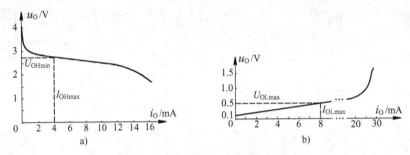

图 2-21 74LS 系列门电路输出特性

a）拉电流负载 b）灌电流负载

门电路的负载能力也常用扇入系数N_{I}和扇出系数N_{O}表示。扇入扇出系数是指门电路带动（负载）同类门电路的数量,系数值越大,表明带负载能力相对越强。

4. 门电路的主要参数

门电路的外部特性参数反映了门电路的电气特性,是合理应用门电路的重要依据。若超出这些参数规定的范围,可能会引起逻辑功能的混乱,甚至损坏 TTL 门电路。不同系列的 TTL 门电路参数含义相同,但数值各有不同。除上述已说明的参数外,还有以下参数。

（1）静态动耗P_{D}

静态功耗P_{D}是指维持输出高电平或维持输出低电平不变时的最大功耗。74LS 系列门电路$P_{\text{D}}<2$ mW。

需要说明的是,门电路输出高电平和输出低电平时,分别工作在截止区和饱和区,功耗很低。功耗较大的阶段发生在高低电平转换区域,因此,TTL 的电路功耗与信号频率有关,信号频率越高,功耗越大。

（2）传输延迟时间t_{pd}

t_{pd}是电路传输延迟时间的平均值,即图 2-8 中开启时间t_{on}和关闭时间t_{off}的平均值。$t_{\text{pd}}=(t_{\text{on}}+t_{\text{off}})/2$,74LS 系列门电路$t_{\text{pd}}<10$ ns。

2.2.3 不同系列的 TTL 门电路

TTL 门电路有许多不同的系列,总体可分为 54 系列和 74 系列,54 系列为满足军用要求设计,工作温度范围为 $-50\sim+125°C$;74 系列为满足民用要求设计,工作温度范围为 0 $\sim$

$+70°C$。而每一大系列中又可分为(为便于书写,以74为例)以下几个子系列:74系列(基本型)、74L系列(低功耗)、74H系列(高速)、74S系列(肖特基)、74LS系列(低功耗肖特基)、74AS系列(先进高速肖特基)和74ALS系列(先进低功耗肖特基)。

其中74(基本型)子系列为早期TTL产品,已基本淘汰。74LS子系列以其性价比高、综合性能较好而应用最广,目前仍为主流应用品种之一。除TTL产品外,还有CMOS集成门电路。

【复习思考题】

2.9 什么叫图腾柱电路?有什么优点?

2.10 TTL与非门电路,输入低电平和输入高电平时,输出电平分别是多少?

2.11 什么叫OC门?画出其电路符号标志,叙述其主要功能。

2.12 什么叫TSL门?画出其电路符号标志,叙述其主要功能。

2.13 什么叫门电路的电压传输特性?其中转折区所对应的电压表示什么含义?

2.14 U_{OH}与U_{OHmin}、U_{OL}与U_{OHmax}有什么区别?

2.15 什么叫阈值电压?

2.16 什么叫开门电平U_{ON}和关门电平U_{OFF}?

2.17 什么叫噪声容限?

2.18 什么叫门电路的输入伏安特性?简述74LS系列门电路输入伏安特性。

2.19 74LS系列门电路输入端若需保持低电平应如何处置?若需保持高电平应如何处置?

2.20 什么叫拉电流?若门电路拉电流过大,会产生什么后果?

2.21 什么叫灌电流?若门电路灌电流过大,会产生什么后果?

2.22 TTL门电路输出高电平和输出低电平时的负载能力有什么不同?

2.23 TTL门电路的54系列和74系列有什么区别?

2.24 74系列门电路主要有哪些子系列?目前应用最广泛的是哪一种子系列?

【相关习题】

判断题:2.8~2.15;填空题:2.31~2.50;选择题:2.64~2.69;分析计算题:2.80~2.95。

2.3 CMOS集成门电路

CMOS器件属单极型器件,不同于双极型晶体三极管组成的器件。CMOS集成电路的主要特点是输入阻抗高,功耗低,工艺简单,集成度高。

2.3.1 CMOS反相器及其特点

在模拟电子技术中,我们得知CMOS电路由一个N沟道增强型MOS管和一个P沟道增强型MOS管互补组成,如图2-22所示,其中V_1为PMOS管,V_2为NMOS管。当输入电压u_I为低电平时,V_1导通,V_2截止,u_O输出高电平;当输入电压u_I为高电平时,V_1截止,V_2导通,u_O输出低电平。因此,CMOS电路具有反相功能。其主要特点

图2-22 CMOS反相器

如下。

（1）输入电阻高

MOS 管因其栅极与导电沟道绝缘，因而输入电阻很高，可达 $10^{15}\ \Omega$，基本上不需要信号源提供电流。

（2）电压传输特性好

CMOS 反相器电压传输特性如图 2-23 所示，与 TTL 电压传输特性相比，其线性区很窄，特性曲线陡峭，且高电平趋于 V_{DD}，低电平趋于 0，因此，其电压传输特性接近于理想开关。

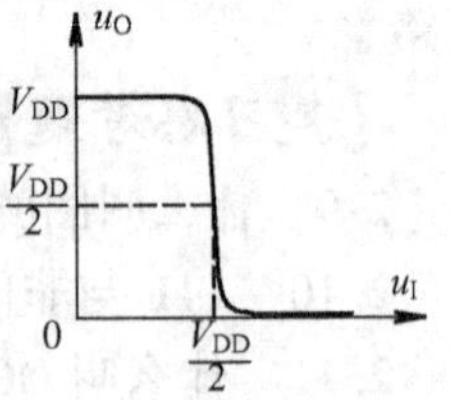

（3）静态功耗低

CMOS 反相器无论输入高电平还是输入低电平，两个 MOS 管总有一个是截止的，静态电流极小（纳安级），且线性区很窄（线性区范围越宽，功耗越大），因此功耗很低（小于 1 μW）。

（4）抗干扰能力强

CMOS 反相器的阈值电压 $U_{TH} \approx V_{DD}/2$，噪声容限很大，也接近于 $V_{DD}/2$。因此，CMOS 反相器抗干扰能力强。

（5）扇出系数大

由于 CMOS 电路输入电阻高，作为负载时几乎不需要前级门提供电流。因此，CMOS 反相器前级门的扇出系数不是取决于后级门的输入电阻，而是取决于后级门的输入电容，而 CMOS 电路输入电容约为几皮法，所以，CMOS 反相器带同类门的负载能力很强，即扇出系数很大。

（6）电源电压范围大

TTL 门电路的标准工作电压为 +5 V，要求电源电压范围为 $(5 \pm 5 \times 5\%)$ V。CMOS 反相器的电源电压可为 3～18 V。

CMOS 电路也有一些缺点，例如输入端易被静电击穿、工作速度不高、输出电流较小等，但随着 CMOS 电路新工艺的发展，这些问题已逐步解决。高速工作、输出较大电流的 CMOS 产品已经问世。易被静电击穿问题通过在输入端加保护二极管电路的方法也已得到改善。

2.3.2 CMOS 集成门电路

CMOS 集成门电路也有多种不同系列，应用广泛的有 CMOS 4000 系列（包括 4500 系列、MC14000/ MC14500 系列）和 74HC 系列（HCMOS）。MC14000 系列与 4000 系列兼容，MC14500 系列与 4500 系列兼容，MC 系列为美国摩托罗拉公司产品。74HC 系列中，74HC 系列与 74 系列引脚兼容，但电平不兼容；74HCT 系列与 74 系列引脚、电平均兼容。近年来，74HC 系列应用广泛，有逐步取代 74LS 系列的趋势。表 2-3 为 TTL 和 CMOS 门电路输入/输出特性参数表。

表 2-3　TTL 和 CMOS 门电路输入/输出特性参数

电路 参数	TTL		CMOS	高速 CMOS	
	74 系列	74LS 系列	4000 系列	74HC 系列	74HCT 系列
U_{OHmin}/V	2.4	2.7	$V_{DD} - 0.05$	4.4	4.4
U_{OLmax}/V	0.4	0.5	0.05	0.1	0.33

图 2-23　CMOS 反相器电压传输特性

参数 \ 电路	TTL		CMOS	高速 CMOS	
	74 系列	74LS 系列	4000 系列	74HC 系列	74HCT 系列
I_{OHmax}/mA	4	4	0.4	4	4
I_{OLmax}/mA	16	8	0.4	4	4
U_{IHmin}/V	2	2	$2V_{DD}/3$	3.15	2
U_{ILmax}/V	0.8	0.8	$V_{DD}/3$	1.35	0.8
I_{IHmax}/μA	40	20	0.1	0.1	0.1
I_{ILmax}/μA	1600	400	0.1	0.1	0.1

　　需要说明的是,CMOS 集成门电路也有类似 TTL 的 OC 门(称为 OD 门,漏极开路)和三态门输出端,其作用与 TTL OC 门三态门相同。

　　特别需要指出的是,CMOS 门电路的输入端不应悬空。在 TTL 门电路中,输入端引脚悬空相当于接高电平。但在 CMOS 门电路中,输入端悬空是一个不确定因素,因此必须根据需要接高电平(接正电源电压)或接低电平(接地)。

　　另外,由于输入端保护二极管电流容量有限(约为 1 mA),在可能出现较大输入电流的场合应采取保护措施,如输入端接有大电容和输入引线较长时,可在输入端串接电阻,一般为 1~10 kΩ。

2.3.3　TTL 门电路与 CMOS 门电路的连接

　　从表 2-3 可知,TTL 门电路与 CMOS 门电路在输入输出高低电平上有一定差别,称为输入输出电平不兼容。在一个数字系统中,为了输入输出电平兼容,一般全部用 TTL 门电路或全部用 CMOS 门电路。但有时也会碰到在一个系统中需要同时应用 TTL 和 CMOS 两类门电路的情况,这就出现了两类门电路如何连接的问题。

　　两类门电路的连接原则如下:前级门电路驱动后级门电路,存在着高低电平和电流负载能力是否适配的问题,驱动门电路必须提供符合负载门电路输入要求的电平和驱动电流。因此,必须同时满足下列各式:

$$\text{驱动门} \quad \text{负载门}$$

$$U_{OHmin} \geqslant U_{IHmin} \tag{2-6a}$$

$$U_{OLmax} \leqslant U_{ILmax} \tag{2-6b}$$

$$I_{OHmax} \geqslant nI_{IHmax} \tag{2-6c}$$

$$I_{OLmax} \geqslant nI_{ILmax} \tag{2-6d}$$

其中 n 是负载门的个数。根据上述连接原则和表 2-3,可以得出:

　　① 74HCT 系列门电路与 74LS 系列门电路可直接相互连接。

　　② 74HC 系列门电路可以驱动 74LS 系列门电路。

　　③ CMOS 4000 系列门电路可以驱动一个(不能多个)74LS 系列负载门电路。

　　原因是 CMOS 4000 系列 I_{OLmax}(0.4 mA)等于 74LS 系列 I_{ILmax}(0.4 mA)。若需驱动多个,可在 CMOS 门电路后增加一级 CMOS 缓冲器或用多个 CMOS 门并联使用,以增大 I_{OLmax}。

　　④ 74LS 系列门电路不能直接驱动 CMOS 4000 系列和 74HC 系列门电路。

原因是 74LS 系列 U_{OHmin}（2.7 V）小于 CMOS 4000 系列和 74HC 系列 U_{IHmin}（分别为 $2V_{DD}/3$ 和 3.15 V）。解决的办法是在 TTL 门电路输出端加接上拉电阻,如图2-24所示。

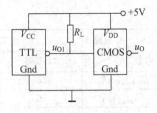

图 2-24　TTL 与 CMOS 门连接电路

【复习思考题】

2.25　什么叫单极型器件?

2.26　CMOS 反相器的主要特点是什么?

2.27　CMOS 4000 系列集成门电路的电源电压与 TTL 有什么不同?

2.28　CMOS 4000 系列集成门电路电源电压为 +5 V 时,输出高电平和低电平值与 TTL 有什么不同?

2.29　CMOS 4000 系列门电路输出高电平、输出低电平时带负载能力与 TTL 有什么不同?

2.30　CMOS 门电路不用的输入端能否悬空? 在这一点上与 TTL 门电路有什么不同?

2.31　CMOS 门电路与 TTL 门电路连接互为负载时应遵循什么原则?

2.32　CMOS 门电路与 TTL 门电路允许直接连接的有哪些?

2.33　CMOS 门电路与 TTL 门电路不能直接连接的有哪些? 应采取什么措施解决?

2.34　CMOS 门电路中,哪一种子系列逻辑电平和引脚与 74LS 系列门电路完全兼容?

【相关习题】

判断题:2.16～2.22;填空题:2.51～2.56;选择题:2.70～2.75;分析计算题:2.96～2.98。

2.4　常用集成门电路

如前所述,集成门电路主要有 54/74 系列和 CMOS 4000 系列,其引脚排列有一定规律,一般为双列直插式。若将电路芯片如图 2-25a 放置,缺口向左,按图 2-25b 正视图观察,则引脚编号由小到大按逆时针排列,其中 V_{CC} 为上排最左引脚(引脚编号最大),Gnd 为下排最右引脚(引脚编号为最大编号的一半)。

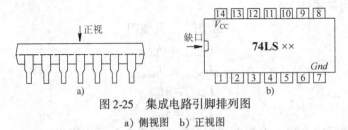

图 2-25　集成电路引脚排列图

a) 侧视图　b) 正视图

集成门电路通常在一片芯片中集成多个门电路,常用集成门电路主要有以下几种形式:

① 2 输入端 4 门电路。即每片集成电路内有 4 个独立的功能相同的门电路,每个门电路有 2 个输入端。

② 3 输入端 3 门电路。即每片集成电路内有 3 个独立的功能相同的门电路,每个门电路有 3 个输入端。

③ 4 输入端 2 门电路。即每片集成电路内有 2 个独立的功能相同的门电路,每个门电路有 4 个输入端。

为便于认识和熟悉这些集成门电路,选择其中一些常用典型芯片介绍。

1. 与门和与非门

与门和与非门常用典型芯片有 2 输入端 4 与非门 74LS00、2 输入端 4 与门 74LS08、3 输入端 3 与非门 74LS10、4 输入端 2 与非门 74LS20、8 输入端与非门 74LS30 和 CMOS 2 输入端 4 与非门 CC 4011。其引脚排列如图 2-26 所示。

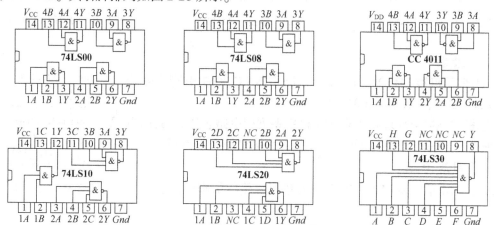

图 2-26　常用集成与门和与非门电路引脚排列图

2. 或门和或非门

或门和或非门常用典型芯片有 2 输入端 4 或非门 74LS02、2 输入端 4 或门 74LS32、3 输入端 3 或非门 74LS27 和 CMOS 2 输入端 4 或非门 CC 4001、4 输入端 2 或非门 CC 4002、3 输入端 3 或门 CC 4075。其引脚排列如图 2-27 所示。

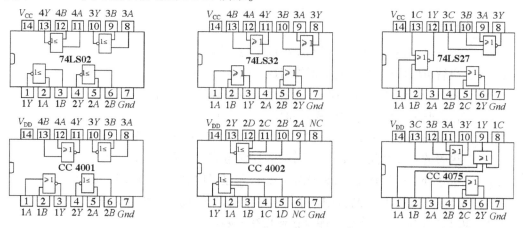

图 2-27　常用集成或门和或非门电路引脚排列图

3. 与或非门

74LS54 为 4 路与或非门,其引脚排列如图 2-28 所示。内部有 4 个与门,其中 2 个与门为 2 输入端;另 2 个与门为 3 输入端;4 个与门再输入到一个或非门。

4. 异或门和同或门

74LS86 为 2 输入端 4 异或门,其引脚排列如图 2-29 所示。CC4077 为 2 输入端 4 同或门,其引脚排列如图 2-30 所示。

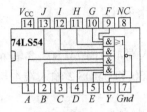

图 2-28　与或非门 74LS54

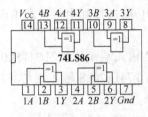

图 2-29　异或门 74LS86

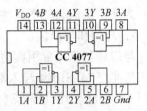

图 2-30　同或门 CC4077

5. 反相器

TTL 6 反相器 74LS04 和 CMOS 6 反相器 CC 4069 引脚排列相同,内部有 6 个非门,如图 2-31 所示。

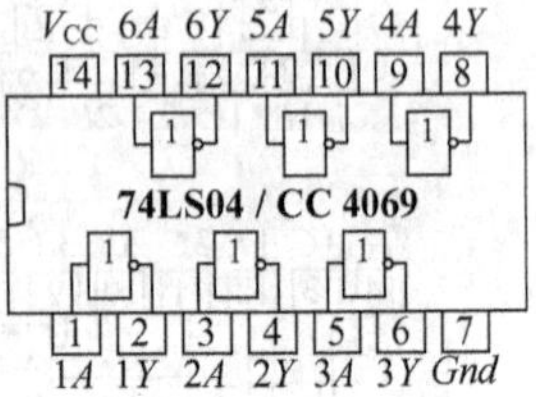

上述列举的 74LS 系列和 CMOS 4000 系列门电路芯片表明,门电路品种繁多,应用时可根据需要选择实用芯片构成所需功能电路。

图 2-31　6 反相器

【复习思考题】

2.35　74 系列和 CMOS 4000 系列集成电路的引脚排列有什么规律?

2.36　大致叙述集成门电路有哪几种形式。

【相关习题】

判断题:2.23~2.24;填空题:2.57~2.58;分析计算题:2.99~2.100。

2.5　习题

2.5.1　判断题

2.1　二极管可组成与门电路,但不能组成或门电路。(　　　)

2.2　二极管可组成或门电路,但不能组成与门电路。(　　　)

2.3　二极管既可组成或门电路,又能组成与门电路。(　　　)

2.4　二极管开通时间比反向恢复时间长。(　　　)

2.5　三极管非门电路中的三极管主要工作在放大状态。(　　　)

2.6　三极管的开关时间主要与三极管 PN 结结电容大小有关。(　　　)

2.7　三极管处于饱和状态时,集电极电流 I_C 与基极电流 I_B 不成正比例。(　　　)

2.8　74LS 系列电压传输特性中几乎没有线性区,更接近于理想开关特性。(　　　)

2.9　OC 门"线与"就是将输出端直接连接在一起。(　　　)

2.10　三态门可实现"线与"功能。(　　　)

2.11　关门电平 U_{OFF} 一般用输入高电平最小值 U_{IHmin} 代替。(　　　)

2.12　开门电平 U_{ON} 一般用输入低电平最大值 U_{ILmax} 代替。(　　　)

2.13　74LS 系列门电路阈值电压 $U_{TH} \approx 2.5$ V。(　　　)

2.14　TTL 电路输入低电平时和输入高电平时的噪声电平是不同的。(　　　)

2.15　74LS 系列与(与非)门电路多余输入引脚可以悬空。(　　　)

2.16　CMOS 门电路扇出系数不是取决于后级门的输入电阻,而是取决于后级门的输入

电容。（　　）

2.17　CMOS 4000 系列作为前级门,只能驱动一个 74LS 系列后级门。（　　）

2.18　74HC 系列与 74LS 系列可直接相互连接。（　　）

2.19　74HCT 系列门电路与 74 系列门电路引脚和电平均兼容。（　　）

2.20　74HCT 系列门电路多余输入引脚可以悬空。（　　）

2.21　CMOS OD 门输出端可以直接连接在一起。（　　）

2.22　CMOS 或非门与 TTL 或非门逻辑功能不同。（　　）

2.23　74LS00 是 2 输入端 4 与非门。（　　）

2.24　TTL 6 反相器 74LS04 与 CMOS 6 反相器 CC 4069 引脚排列相同。（　　）

2.5.2　填空题

2.25　二极管从一种状态转换到另一种状态的转换特性称为二极管的_____特性。

2.26　二极管从导通到截止所需的时间称为____时间,反向恢复时间比开通时间____。反向恢复时间是由于二极管 PN 结____效应而引起,一般在____秒之间。

2.27　若输入脉冲的周期小于_____倍二极管反向恢复时间 t_{re},则该二极管就不能起到开关作用。

2.28　SBD 称为_____,正向压降_____V,本身无_____作用,开关时间极短。

2.29　在三极管非门电路中,三极管主要工作在_____和_____两种工作状态。

2.30　三极管饱和导通时的 u_{CE} 称为_____压降,小功率硅管 $U_{CES} \approx$_____V。

2.31　TTL 是_____逻辑集成门电路,是_____极型器件组成的门电路。可分为两大系列:满足军用要求设计的_____系列和满足民用要求设计的_____系列。前者工作温度范围为_____℃;后者工作温度范围为_____℃。

2.32　74LS 系列为_____TTL 门电路。

2.33　74LS 系列与非门电路输出级采用_____电路,使输出级的静态功耗大大降低。

2.34　74LS 系列门电路输出高电平 U_{OH} = _____V, U_{OHmin} = _____V;输出低电平 U_{OL} = _____V, U_{OLmax} = _____V。

2.35　OC 门即集电极_____门。使用时,必须在电源 V_{CC} 与输出端之间外接_____。OC 门的标志符号是_____。

2.36　OC 门的主要作用有实现_____功能;实现_____转换;用作_____电路。

2.37　三态门的输出状态,除高电平、低电平外,还有第三种状态:_____态,相当于输出端_____。三态门的标志符号是_____。

2.38　三态门主要用于总线_____传送电路信号。

2.39　TTL 门电路空载时,输出电压与输入电压间的函数关系称为_____特性。

2.40　74LS 系列门电路转折区电压对应于_____。

2.41　阈值电压也称为_____电压或_____电压,是输出电压由高电平变为低电平或由低电平变为高电平的_____线。74LS 系列门电路 $U_{TH} \approx$_____V。

2.42　关门电平 U_{OFF} 一般用_____代替;开门电平 U_{ON} 一般用_____代替。

2.43　74LS 系列门电路 U_{ILmax} = _____V; U_{IHmin} = _____V。

2.44　输入伏安特性可分为输入低电平和输入高电平两种情况,以_____为分界点。

2.45 TTL 门电路输入负载特性的函数关系表达式为 $u_I = f($ _____ $)$。

2.46 TTL 门电路输入端接对地电阻 R_I 时,若 $R_I < R_{OFF}$,相当于接 _____ 电平;若 $R_I > R_{ON}$,相当于接 _____ 电平。

2.47 使与非门保持开门状态的 R_I 最小值称为 _____ 电阻。

2.48 使与非门保持关门状态的 R_I 最大值称为 _____ 电阻。

2.49 TTL 门电路的输出特性可分为 _____ 输出特性和 _____ 输出特性。

2.50 门电路输出 _____ 电平时的负载称为拉电流负载;输出 _____ 电平时的负载称为灌电流负载。

2.51 CMOS 电路由一个 _____ 沟道增强型 MOS 管和一个 _____ 沟道增强型 MOS 管互补组成。

2.52 CMOS 门电路噪声容限很大,接近于 _____。

2.53 CMOS 门电路主要特点是 _____ 高,_____ 特性好,_____ 低,_____ 能力强,_____ 系数大,_____ 范围大。

2.54 TTL 门电路的标准工作电压为 _____ V,CMOS 门电路的电源电压允许范围为 _____ V。

2.55 TTL 门电路与 CMOS 门电路在输入输出高低电平上,有一定 _____,称为输入输出电平 _____。

2.56 _____ 系列门电路与 74LS 系列门电路输入输出电平兼容。可 _____ 连接。

2.57 集成门电路引脚排列有一定规律,一般为双列直插式。若缺口向左,按正视图观察,引脚编号由小到大按 _____ 时针排列,其中引脚编号最大的是 _____,引脚编号为最大编号一半的是 _____。

2.58 集成门电路通常在一片芯片中集成了多个门电路,常用集成门电路形式主要有:_____ 输入端 _____ 门电路;_____ 输入端 _____ 门电路;_____ 输入端 _____ 门电路。

2.5.3 选择题

2.59 二极管可组成的电路是 _____。
    A. 只能是与门   B. 只能是或门
    C. 与门和或门都不可以   D. 与门和或门都可以
    E. 非门

2.60 三极管通常可组成的电路是 _____。
    A. 与门   B. 或门
    C. 与门和或门都不可以   D. 与门和或门都可以
    E. 非门

2.61 下列措施中,不能减小二极管反向恢复时间的是 _____。
    A. 二极管正向导通电流不要过大   B. 二极管两端并联电容
    C. 选用结电容较小的二极管   D. 采用肖特基二极管

2.62 三极管饱和导通的条件为 _____。
    A. $I_B \geq I_{CS}/\beta$ B. $I_B < I_{CS}/\beta$

C. $I_B = I_C/\beta$ D. $I_B < I_C/\beta$

E. $I_B \neq I_{CS}/\beta$

2.63 下列措施中,不能减小三极管的开关时间的是_____。

    A. 增大三极管饱和程度   B. 基极电阻并接加速电容

    C. 选用结电容小的三极管   D. 采用肖特基三极管

2.64 下列结构中,不属于74LS与非门电路内部组成部分的是_____。

    A. 有源泄放电路   B. 肖特基二极管、三极管

    C. 图腾柱电路   D. 互补对称电路

2.65 通常能实现"线与"功能的门电路是_____。

    A. OC门   B. TSL门

    C. TTL与门   D. 74LS与门

2.66 (多选)TTL与(与非)门电路,多余输入端可接_____;TTL或(或非)门电路,多余输入端可接_____。

    A. $+V_{CC}$ B. 与有信号输入端并联

    C. 悬空   D. 接地

    E. 接对地电阻 $R_I > R_{ON}$ F. 接对地电阻 $R_I < R_{OFF}$

2.67 74LS系列门电路灌电流负载输出特性主要受制于输出端三极管_____。

    A. 最大允许电流 I_{CM} B. 最大允许耗散功率 P_{CM}

    C. 灌电流过大,脱离饱和状态   D. 以上因素都有

2.68 测量三态门的高阻态时,得到(多选)_____结果是正确的。

    A. 直流电压表指针不动   B. 直流电压不高不低

    C. 电阻表指针不动   D. 直流电流表指针不动

2.69 图2-32中,用TTL门电路能实现逻辑功能 $Y = \bar{A}$ 功能的门电路是_____。

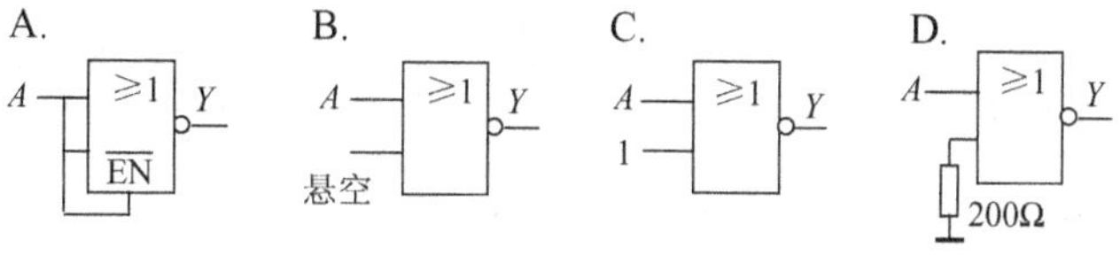

图2-32 习题2.69电路

2.70 CMOS门电路电压传输特性好体现在(多选)_____。

    A. 输入电阻高   B. 线性区很窄

    C. 高电平趋于 V_{DD} D. 低电平趋于0

    E. $U_{TH} = V_{DD}/2$

2.71 有关噪声容限的说法,TTL门电路是_____;CMOS门电路是_____。

    A. $U_{NH} = U_{NL}$ B. $U_{NH} > U_{NL}$

    C. $U_{NH} < U_{NL}$ D. 视电源电压大小而定

2.72 若电源电压为5 V,有关阈值电压的说法,74LS系列门电路是_____;CMOS门电路是_____。

    A. $U_{TH} = 2.5$ V   B. $U_{TH} > 2.5$ V

C. $U_{TH} < 2.5\ V$ D. $U_{TH} \approx 1\ V$

E. 不定

2.73 与 TTL 74LS 系列门电路引脚和电平均兼容的 CMOS 门电路是 _____。

A. CMOS 4000 系列 B. 74HC 系列

C. 74HCT 系列 D. MC14000/MC14500 系列

2.74 与 TTL 门电路相比,CMOS 门电路的优点在于(多选) _____。

A. 微功耗 B. 高速

C. 抗干扰能力强 D. 电源电压范围大

2.75 图 2-33 所示电路中,能实现逻辑功能 $Y = A + B$ 的电路是(多选) _____。

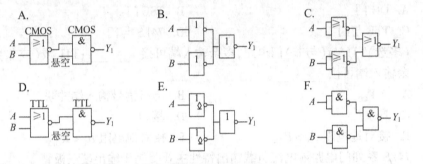

图 2-33 习题 2.75 电路

2.5.4 分析计算题

2.76 已知电路如图 2-34a、b 所示,VD 为理想二极管,$E = 4\ V$,$u_i = 8\ \sin\omega t(\ V)$,$u_i$ 波形如图 2-34c 所示,试分别画出输出电压 u_O 波形。

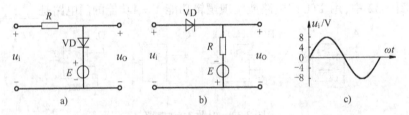

图 2-34 习题 2.76 电路及 u_i 波形

2.77 已知电路和输入电压波形如图 2-35 所示。其中二极管 VD 为理想二极管,$E_1 = E_2 = E = 3\ V$,试画出输出电压波形(提示:理想二极管导通时,$U_D = 0$;截止时,$I_D = 0$,$U_R = 0$)。

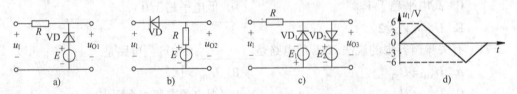

图 2-35 习题 2.77 电路和波形

2.78 已知电路和输入信号 ABC 电压波形如图 2-36 所示,图中二极管为理想二极管,试画出相应的输出电压波形。

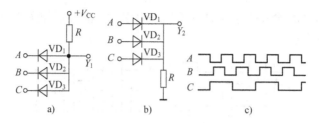

图 2-36 习题 2.78 电路和波形

2.79 已知电路如图 2-37 所示,$V_{CC} = 12\ V, R_B = 100\ k\Omega, R_C = 1.2\ k\Omega, U_{BE} = 0.7\ V, U_{CES} = 0.1\ V, \beta = 100$,试判断三极管工作状态。

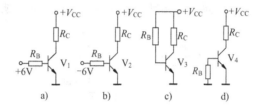

图 2-37 习题 2.79 电路

2.80 已知门电路和输入信号(正逻辑)如图 2-38 所示,试填写 $Y_1 \sim Y_{12}$ 逻辑电平值。

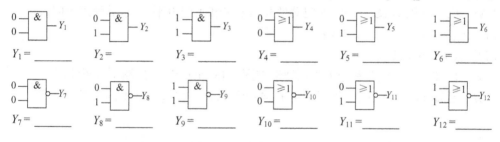

图 2-38 习题 2.80 电路

2.81 已知门电路和输入信号如图 2-39 所示,试写出 $Y_1 \sim Y_6$ 逻辑电平值。

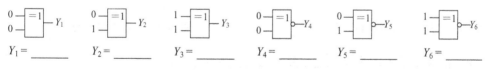

图 2-39 习题 2.81 电路

2.82 已知逻辑电路输入信号 A、B 和输出信号 Y_1、Y_2 的波形如图 2-40 所示,试写出其输出逻辑函数 Y_1 和 Y_2 表达式。

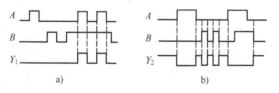

图 2-40 习题 2.82 波形

2.83 已知逻辑电路输入信号 A、B 和输出信号 Y_1、Y_2 的波形如图 2-41 所示,试写出其输出逻辑函数 Y_1 和 Y_2 表达式。

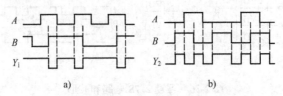

图 2-41 习题 2.83 波形

2.84 已知发光二极管驱动电路如图 2-42 所示,图中反相器为 74LS04,设 LED 正向压降为 1.7 V,电流大于 1 mA 时发光,最大电流为 10 mA,$V_{CC} = 5$ V,试分析 R_1、R_2 的阻值范围。

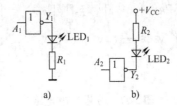

图 2-42 习题 2.84 电路

2.85 已知下列 74LS 系列与非门器件开门电平和关门电平,试求其噪声容限。

(1) $U_{ON} = 1.4$ V,$U_{OFF} = 1.1$ V;

(2) $U_{ON} = 1.6$ V,$U_{OFF} = 1$ V。

2.86 已知三态门电路和输入电压波形如图 2-43 所示,试画出输出电压波形。

2.87 已知 TTL74LS 系列门电路如图 2-44 所示,试写出输出端 Y 的逻辑表达式。

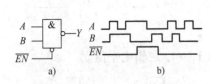

图 2-43 习题 2.86 电路和波形   图 2-44 习题 2.87 电路

2.88 试判断图 2-45 所示电路中发光二极管是否点亮?

2.89 已知电路如图 2-46 所示,试写出输出端 Y 逻辑函数。

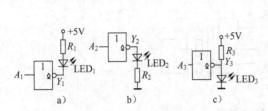

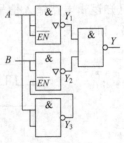

图 2-45 习题 2.88 电路   图 2-46 习题 2.89 电路

2.90 已知电路如图2-47所示,试分析电路能否正常工作。

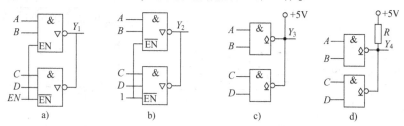

图2-47 习题2.90电路

2.91 已知74LS系列三输入端与非门电路如图2-48所示,其中2个输入端分别接输入信号A、B,另一个输入端为多余引脚。试分析电路中多余引脚的接法是否正确。

2.92 已知74LS系列三输入端或非门电路如图2-49所示,其中2个输入端分别接输入信号A、B,另一个输入端为多余引脚。试分析电路中多余引脚接法是否正确。

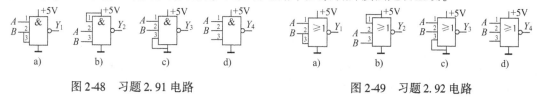

图2-48 习题2.91电路   图2-49 习题2.92电路

2.93 已知图2-50所示电路中TTL门电路的$R_{OFF}=0.8\text{ k}\Omega$,$R_{ON}=2.5\text{ k}\Omega$,试写出输出端$Y_1 \sim Y_4$函数表达式。

2.94 已知74LS系列三输入端门电路如图2-51所示,A、B为有效输入信号,另一个输入端为多余引脚。若要求电路输出$Y_1 \sim Y_6$按图所求,试判断电路接法是否正确?若有错,试予以改正。

2.95 若图2-48中与非门改成74HC系列或CMOS 4000系列,再判电路接法是否正确?

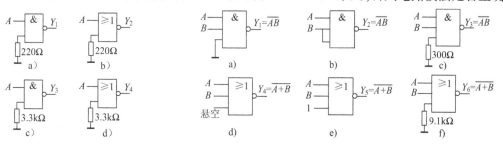

图2-50 习题2.93电路   图2-51 习题2.94电路

2.96 已知CMOS门电路如图2-50所示,试重新写出输出端$Y_1 \sim Y_4$函数表达式。

2.97 已知CMOS三输入端门电路如图2-51所示,试重新判断电路接法是否正确?若有错,试予以改正。

2.98 已知CMOS三态门和输入波形如图2-52所示,试写出Y_1和Y_2的逻辑表达,并画出Y_1、Y_2波形。

2.99 已知74LS00连接电路如图2-53所示,A、B为输入信号,试写出输出端Y的逻辑表达式。

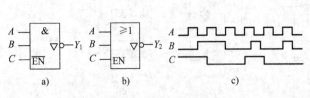

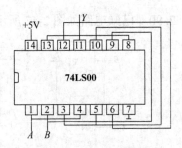

图 2-52　习题 2.98 电路和波形　　　　　图 2-53　习题 2.99 电路

2.100　试用 74LS27 实现逻辑函数 $Y = \overline{\overline{\overline{A + B} + C + D} + E}$。要求按图 2-27 中 74LS27 芯片引脚画出连接线路。

第3章 组合逻辑电路

本章要点

- 组合逻辑电路的基本概念
- 组合逻辑电路的分析方法和设计方法
- 编码器
- 译码器
- 数码显示电路
- 数据选择器、数据分配器和数据比较器
- 加法器
- 竞争冒险的产生和消除

数字电路按逻辑功能的特点,可分为组合逻辑电路和时序逻辑电路。

3.1 组合逻辑电路的基本概念

3.1.1 组合逻辑电路概述

1. 组合逻辑电路的特点

若任一时刻数字电路的稳态输出只取决于该时刻输入信号的组合,而与这些输入信号作用前电路原来的状态无关,则该数字电路称为组合逻辑电路(Combinational logic circuit)。

组合逻辑电路通常由多种门电路组成,且电路中不会有具有记忆功能的逻辑部件(如触发器、计数器等)。

2. 组合逻辑电路的分析和设计

所谓组合逻辑电路的分析,是对给定组合逻辑电路进行逻辑分析,求出其相应的输入输出逻辑表达式,确定其逻辑功能。

而组合逻辑电路的设计,则是组合逻辑电路分析的逆过程,即已知逻辑功能要求,设计出具体的符合该要求的组合逻辑电路。

3. 正逻辑和负逻辑

在数字电路中,一般高电平代表逻辑1,表示有信号;低电平代表逻辑0,表示无信号。这种逻辑体制称为正逻辑。

但是也可采用相反的逻辑,用低电平代表逻辑1,表示有信号;用高电平代表逻辑0,表示无信号。这种逻辑体制称为负逻辑。

对于同一个电路,可以采用正逻辑,也可采用负逻辑,但逻辑功能完全不同。因此,应事先规定。本书中,若无特殊说明,均采用正逻辑。

4. 门电路逻辑符号的等效变换

在组合逻辑电路分析中,为便于分析,常运用门电路逻辑符号的等效变换。图中输入端的小圆圈与输出端的小圆圈功能相同,表示逻辑非。

图 3-1a:$Y = \overline{AB}$;图 3-1b:$Y = \overline{A} + \overline{B}$。显然,$Y = \overline{AB} = \overline{A} + \overline{B}$,两者可以相互等效变换。

图 3-1c:$Y = \overline{\overline{A} + B}$;图 3-1d:$Y = \overline{A}\,\overline{B}$。显然,$Y = \overline{\overline{A} + B} = \overline{A}\,\overline{B}$,两者可以相互等效变换。

3.1.2 组合逻辑电路的分析方法

组合逻辑电路的分析方法一般可按如下步骤进行:

① 根据给定的组合逻辑电路,逐级写出每个门电路的逻辑表达式,直至写出输出端的逻辑表达式。

② 化简输出端的逻辑表达式(一般为较简单的与或表达式)。

③ 根据化简后的逻辑表达式列出真值表。

④ 根据真值表,分析和确定电路的逻辑功能。

【例 3-1】已知逻辑电路如图 3-2 所示,试求电路的逻辑功能。

解:对于图 3-2a,有:$Y_A = \overline{A}$,$Y_B = \overline{B}$,$Y = \overline{Y_A Y_B} = \overline{\overline{A}\,\overline{B}} = A + B$

因此,图 3-2a 电路的逻辑功能为或门。

对于图 3-2b,有:$Y_A = \overline{A}$,$Y_B = \overline{B}$,$Y = \overline{Y_A + Y_B} = \overline{\overline{A} + \overline{B}} = AB$

因此,图 3-2b 电路的逻辑功能为与门。

【例 3-2】已知组合逻辑电路如图 3-3 所示,试分析其逻辑功能。

解:(1) 逐级写出每个门电路的逻辑表达式

$Y_1 = \overline{A}$,$Y_2 = \overline{B}$,$Y_3 = \overline{AB}$,$Y_4 = \overline{C}$;$Y_5 = \overline{Y_1 Y_2} = \overline{\overline{A}\,\overline{B}}$,$Y_6 = \overline{Y_3 Y_4} = \overline{\overline{AB}\,\overline{C}}$;

$Y = \overline{Y_5 Y_6} = \overline{Y_5} + \overline{Y_6} = \overline{A}\,\overline{B} + \overline{AB}\,\overline{C}$

(2) 化简

$Y = \overline{A}\,\overline{B} + \overline{AB}\,\overline{C} = \overline{A}\,\overline{B} + (\overline{A} + \overline{B})\overline{C} = \overline{A}\,\overline{B} + \overline{A}\,\overline{C} + \overline{B}\,\overline{C}$

(3) 列出真值表如表 3-1 所示

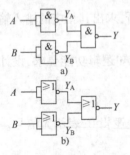

图 3-2 例 3-1 逻辑电路

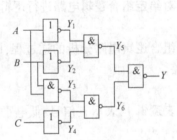

图 3-3 例 3-2 逻辑电路

表 3-1 例 3-2 真值表

输　入			输出
A	B	C	Y
0	0	0	1
0	0	1	1
0	1	0	1
0	1	1	0
1	0	0	1
1	0	1	0
1	1	0	0
1	1	1	0

(4) 分析逻辑功能

从表 3-1 可得出,输入信号 A、B、C 中,若只有一个或一个以下的信号为 1 时,输出 $Y = 1$,否则 $Y = 0$。

3.1.3 组合逻辑电路的设计方法

组合逻辑电路的设计方法,一般可按如下步骤进行:

① 分析逻辑命题,明确输入量和输出量,并确定其状态变量(逻辑1和逻辑0含义)。

② 根据逻辑命题要求,列出真值表。

③ 根据真值表写出逻辑函数最小项表达式。

④ 化简逻辑表达式。

⑤ 根据逻辑表达式,画出相应逻辑电路。

【例3-3】试设计一个三人多数表决组合逻辑电路。

解:(1)分析逻辑命题

设三人为A、B、C,同意为1,不同意为0;表决为Y,有2人或2人以上同意,表决通过,通过为1,否决为0。因此,ABC为输入量,Y为输出量。

(2)列出真值表

真值表如表3-2所示。

(3)写出最小项表达式

$$Y = \bar{A}BC + A\bar{B}C + AB\bar{C} + ABC$$

(4)化简逻辑表达式

$$\begin{aligned} Y &= \bar{A}BC + ABC + A\bar{B}C + ABC + AB\bar{C} + ABC \\ &= (A + \bar{A})BC + AC(B + \bar{B}) + AB(C + \bar{C}) \\ &= AB + BC + AC \end{aligned}$$

(5)画出相应电路图如图3-4a所示

若将上述与或表达式$Y = AB + BC + AC$化为与非与非表达式$Y = \overline{\overline{AB}\ \overline{BC}\ \overline{CA}}$,则逻辑电路可用图3-4b表示。

需要说明的是,上述组合逻辑电路设计步骤并非必须遵循的步骤,运用熟练者可根据命题要求,灵活地将上述(2)、(3)、(4)合并,有2人同意表决通过,直接写出$Y = AB + BC + AC$。

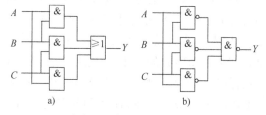

图3-4 例3-3 逻辑电路

a)与或电路 b)与非与非电路

表3-2 例3-3 真值表

输	入		输出	输	入		输出
A	B	C	Y	A	B	C	Y
0	0	0	0	1	0	0	0
0	0	1	0	1	0	1	1
0	1	0	0	1	1	0	1
0	1	1	1	1	1	1	1

【例3-4】已知某工厂电源允许功率容量为35 kW,厂内有3台设备A、B、C,其额定功率分别为10 kW、20 kW和30 kW,它们投入运行为随机组合,未超出工厂电源允许功率容量则为安全运行,试求工厂用电安全运行组合逻辑电路。

解:(1)分析逻辑命题

设设备A、B、C运行时为1,停机时为0;工厂用电Y安全用电为1,否则为0。

(2)列出真值表,如表3-3所示

(3)写出最小项表达式

$$Y = \overline{A}\,\overline{B}\,\overline{C} + \overline{A}BC + A\overline{B}\,\overline{C} + A\,\overline{B}\,\overline{C} + AB\overline{C}$$

（4）化简逻辑表达式

$$Y = \overline{A}\,\overline{B}\,\overline{C} + \overline{A}BC + A\overline{B}\,\overline{C} + A\,\overline{B}\,\overline{C} + AB\overline{C}$$

$$= (\overline{A}\,\overline{B}\,\overline{C} + \overline{A}BC) + (A\overline{B}\,\overline{C} + \overline{A}\,\overline{B}\,\overline{C}) + (A\,\overline{B}\,\overline{C} + \overline{A}\,\overline{B}\,\overline{C}) + AB\overline{C}$$

$$= \overline{A}\,\overline{B} + \overline{A}\,\overline{C} + \overline{B}\,\overline{C} + AB\overline{C} = \overline{A}\,\overline{B} + \overline{C}(\overline{A} + \overline{B} + AB) = \overline{A}\,\overline{B} + \overline{C}(\overline{A} + \overline{B} + B)$$

$$= \overline{A}\,\overline{B} + \overline{C}(\overline{A} + 1) = \overline{A}\,\overline{B} + \overline{C}$$

（5）画出相应逻辑电路

如图 3-5a 所示，Y 可接绿色 LED，灯亮表示安全用电。

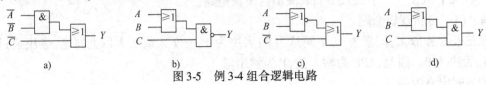

图 3-5　例 3-4 组合逻辑电路

说明：① 图 3-5a 中输入变量为 $\overline{A}$、$\overline{B}$、$\overline{C}$，可能与设备运行检测电路的输出信号 A、B、C 极性不一致，此时可通过逻辑变换，变换为图 3-5b 所示电路。变换的方法可有两种：

1）公式法变换：$Y = \overline{A}\,\overline{B} + \overline{C} = \overline{\overline{A}\,\overline{B}} + \overline{\overline{C}} = \overline{\overline{A}\,\overline{B}\cdot\overline{\overline{C}}} = \overline{(A + B)\cdot C}$。

2）根据正负逻辑等效变换，如图 3-1d 可等效为图 3-1c，因此图 3-5a 可先等效为图 3-5c；又图 3-1b 可等效为图 3-1a，因此又可将图 3-5c 等效为图 3-5b。

② 除上述解题方法外，还可用如下方法：

1）观察法：从表 3-3 中得到，凡是 $C = 0$ 时，Y 均等于 1，因此得到第 1 项组合 $Y = \overline{C}$；5 项 $Y = 1$ 中除去 4 项 $C = 0$，还剩下一项 $\overline{A}BC$。因此，$Y = \overline{A}BC + \overline{C} = \overline{A}\,\overline{B} + \overline{C}$。

2）卡诺图法：根据最小项表达式，画出卡诺图如图 3-6 所示，合并卡诺圈得出：$Y = \overline{A}\,\overline{B} + \overline{C}$。用卡诺图法可检验公式法或观察法化简后的逻辑表达式是否为最简与或表达式。

③ 上述逻辑命题，若设安全用电为 0，不安全用电（报警）为 1，则可列出该题真值表如表 3-4 所示，此时列出的最小项表达式：$Y = \overline{A}BC + A\overline{B}C + ABC$。显然，比设安全用电为 1 时的最小项表达式简单。因此，前述组合逻辑电路设计方法中的第（1）条，确定状态变量（逻辑 1 和逻辑 0 含义）至关重要，将对组合逻辑电路的设计结果（逻辑表达式和逻辑电路）的繁简产生影响。设定状态变量逻辑电平含义后，逻辑 1 的项数宜小于总项数的一半。一般来说，逻辑 1 的项数越少，逻辑表达式中最小项项数越少，则化简后的逻辑表达式和逻辑电路越简单。按表 3-4 得出的组合逻辑表达式化简得：$Y = (A + B)C$，可用图 3-5d 表示。此时，Y 可接红色 LED，灯亮表示不安全用电报警。

表 3-3　例 3-4 真值表 1

A	B	C	Y
0	0	0	1
0	0	1	1
0	1	0	1
0	1	1	0
1	0	0	1
1	0	1	0
1	1	0	1
1	1	1	0

表 3-4　例 3-4 真值表 2

A	B	C	Y
0	0	0	0
0	0	1	0
0	1	0	0
0	1	1	1
1	0	0	0
1	0	1	1
1	1	0	0
1	1	1	1

C＼^{AB}	00	01	11	10
0	1	1	1	1
1	1	0	0	0

图 3-6　例 3-4 卡诺图

④ 从上述两例中可以看出,实现某一逻辑命题的逻辑电路一般不是唯一的,可以有多种门电路,用多种组合方式实现逻辑功能。一般来讲,尽量采用现有各种通用集成门电路,在成本相同的条件下,尽量采用较少芯片设计组合。

【复习思考题】

3.1　什么叫组合逻辑电路?有什么特点?

3.2　什么叫组合逻辑电路的分析和设计?两者有什么关系?

3.3　什么叫正逻辑和负逻辑?

3.4　简述组合逻辑电路分析步骤。

3.5　简述组合逻辑电路设计步骤。

3.6　状态变量逻辑电平含义的设定,对逻辑电路的设计结果(逻辑表达式和逻辑电路)有什么影响?

【相关习题】

判断题:3.1~3.2;填空题:3.21~3.23;选择题:3.45;分析计算题:3.62~3.77。

3.2　编码器和译码器

集成电路按片内门电路数量,可分为小规模集成电路(SSI)、中规模集成电路(MSI)、大规模集成电路(LSI)和超大规模集成电路(VLSI),但小、中、大和超大之间没有严格的界限。一般认为,门电路、触发器属于 SSI;编码器、译码器、数据选择器、数据分配器、数据比较器、加法器以及寄存器、计数器等属于 MSI;存储器和各类专用集成电路芯片属于 LSI;CPU 等属于VLSI。

本节开始分析研究集成组合逻辑电路,不是由各类门电路外部连接组合,而是属于中规模集成电路,其特点是通用性强、能扩展、可控制,一般有互补信号输出端。

3.2.1　编码器

用二进制代码表示数字、符号或某种信息的过程称为编码。能实现编码的电路称为编码器(Encoder)。编码器一般可分为普通编码器和优先编码器;按编码形式可分为二进制编码器和 BCD 编码器;按编码器编码输出位数可分为 4-2 线编码器、8-3 线编码器和 16-4 线编码器等。

1. 编码器工作原理

为便于分析理解,以 4-2 线编码器为例。表 3-5 为 4-2 线编码器功能表。该编码器有 4 个输入端 $I_0 \sim I_3$,有 2 个输出端 Y_1、Y_0。当 4 个输入端 $I_0 \sim I_3$ 中有一个依次为 1(其余 3 个为 0)时,编码器依次输出 00~11,从而实现 4 个输入信号的编码。

根据表 3-5,$Y_0 = I_1 + I_3 = \overline{\overline{I_1}\,\overline{I_3}}$;$Y_1 = I_2 + I_3 = \overline{\overline{I_2}\,\overline{I_3}}$。因此画出编码器逻辑电路如图 3-7 所示。

上述编码器称为普通编码器。在某一时刻只允许有一个输入信号处于有效状态,若有 2 个或 2 个以上输入信号同时有效,输出编码将出错。为了解决这一问题,一般把编码器设计为优先编码器。

优先编码器是将输入信号的优先顺序排队,当有 2 个或 2 个以上输入端信号同时有效时,编码器仅对其中一个优先等级最高的输入信号编码,从而避免输出编码出错。表 3-6 为 4-2 线优先编码器功能表。$I_0 \sim I_3$ 中,I_0 优先等级最高。当 I_0 为 1 时,$I_1 \sim I_3$ 不论是 1 还是 0,Y_1Y_0 $=00$;当 $I_0=0$,$I_1=1$ 时,I_2I_3 不论是 1 还是 0,$Y_1Y_0=01$;依此类推。

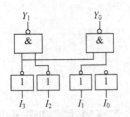

图 3-7　4-2 线编码器逻辑电路

表 3-5　4-2 线
编码器功能表

I_3	I_2	I_1	I_0	Y_1	Y_0
0	0	0	1	0	0
0	0	1	0	0	1
0	1	0	0	1	0
1	0	0	0	1	1

表 3-6　4-2 线
优先编码器功能表

I_3	I_2	I_1	I_0	Y_1	Y_0
×	×	×	1	0	0
×	×	1	0	0	1
×	1	0	0	1	0
1	0	0	0	1	1

2. 8-3 线优先编码器 74LS148

（1）芯片功能

74LS148 引脚图如图 3-8 所示,其功能如表 3-7 所示。

① 输入端 $\bar{I}_0 \sim \bar{I}_7$,低电平有效,$\bar{I}_7$ 优先等级最高;

② 控制端 $\overline{EI}$,低电平有效;

③ 输出端 $\bar{Y}_2\,\bar{Y}_1\,\bar{Y}_0$,为反码形式(111 相当于 000);

④ 选通输出端 EO;

⑤ 扩展输出端 $\overline{GS}$。

图 3-8　74LS148 引脚图

表 3-7　74LS148 功能表

\multicolumn{8}{c}{输　入　端}								\multicolumn{5}{c}{输　出　端}				
$\overline{EI}$	$\bar{I}_7$	$\bar{I}_6$	$\bar{I}_5$	$\bar{I}_4$	$\bar{I}_3$	$\bar{I}_2$	$\bar{I}_1$	$\bar{I}_0$	$\bar{Y}_2$	$\bar{Y}_1$	$\bar{Y}_0$	EO	$\overline{GS}$
1	×	×	×	×	×	×	×	×	1	1	1	1	1
0	1	1	1	1	1	1	1	1	1	1	1	0	1
0	0	×	×	×	×	×	×	×	0	0	0	1	0
0	1	0	×	×	×	×	×	×	0	0	1	1	0
0	1	1	0	×	×	×	×	×	0	1	0	1	0
0	1	1	1	0	×	×	×	×	0	1	1	1	0
0	1	1	1	1	0	×	×	×	1	0	0	1	0
0	1	1	1	1	1	0	×	×	1	0	1	1	0
0	1	1	1	1	1	1	0	×	1	1	0	1	0
0	1	1	1	1	1	1	1	0	1	1	1	1	0

从表 3-7 中看出,$\overline{EI}=1$ 时,芯片不编码;$\overline{EI}=0$ 时,芯片编码。EO 和 $\overline{GS}$ 除用于选通输出和扩展输出外,还可用于区分芯片非编码状态和无输入状态。

56

（2）扩展成 16-4 线编码器

图 3-9 为应用两片 74LS148 扩展成 16-4 线编码器电路。

① 当总 $\overline{EI}=1$ 时：芯片（Ⅱ）$\overline{Y}_2\,\overline{Y}_1\,\overline{Y}_0=111$，$\overline{GS}=1$，$EO=1$；使芯片（Ⅰ）$\overline{EI}=1$，$\overline{Y}_2\,\overline{Y}_1\,\overline{Y}_0=111$；$\overline{GS}=1$，$EO=1$；因此，$\overline{Z}_3\,\overline{Z}_2\,\overline{Z}_1\,\overline{Z}_0=1111$，总的 $\overline{GS}=1$，$EO=1$。

② 当总 $\overline{EI}=0$，$X_0\sim X_{15}$ 16 位均无信号输入时：芯片（Ⅱ）$\overline{Y}_2\,\overline{Y}_1\,\overline{Y}_0=111$，$\overline{GS}=1$，$EO=0$；使芯片（Ⅰ）$\overline{EI}=0$，$\overline{Y}_2\,\overline{Y}_1\,\overline{Y}_0=111$；$\overline{GS}=1$，$EO=0$；因此 $\overline{Z}_3\,\overline{Z}_2\,\overline{Z}_1\,\overline{Z}_0=1111$，总的 $\overline{GS}=1$，$EO=0$。

③ 当总 $\overline{EI}=0$，$X_0\sim X_{15}$ 高 8 位（$X_8\sim X_{15}$）无信号输入，低 8 位（$X_0\sim X_7$）有信号输入时：芯片（Ⅱ）$\overline{Y}_2\,\overline{Y}_1\,\overline{Y}_0=111$，$\overline{GS}=1$，$EO=0$；使芯片（Ⅰ）$\overline{EI}=0$，$\overline{Y}_2\,\overline{Y}_1\,\overline{Y}_0$ 随 $X_0\sim X_7$ 变化而编码，$\overline{GS}=0$，$EO=1$；因此，$\overline{Z}_3\,\overline{Z}_2\,\overline{Z}_1\,\overline{Z}_0=1\,\overline{Y}_2\,\overline{Y}_1\,\overline{Y}_0$，总的 $\overline{GS}=0$，$EO=1$。

④ 当总 $\overline{EI}=0$，$X_0\sim X_{15}$ 高 8 位有信号输入时：芯片（Ⅱ）$\overline{Y}_2\,\overline{Y}_1\,\overline{Y}_0$ 随 $X_8\sim X_{15}$ 变化而编码，$\overline{GS}=0$，$EO=1$；使芯片（Ⅰ）$\overline{EI}=1$，芯片（Ⅰ）不编码，$\overline{Y}_2\,\overline{Y}_1\,\overline{Y}_0=111$，$\overline{GS}=1$，$EO=1$；因此，$\overline{Z}_3\,\overline{Z}_2\,\overline{Z}_1\,\overline{Z}_0$ 取决于 $X_8\sim X_{15}$ 编码，$\overline{Z}_3\,\overline{Z}_2\,\overline{Z}_1\,\overline{Z}_0=0\,\overline{Y}_2\,\overline{Y}_1\,\overline{Y}_0$，总的 $\overline{GS}=0$，$EO=1$。

⑤ 当总 $\overline{EI}=0$，$X_{15}=0$ 时：芯片（Ⅱ）$\overline{Y}_2\,\overline{Y}_1\,\overline{Y}_0=000$，$\overline{GS}=0$，$EO=1$；因此 $\overline{Z}_3\,\overline{Z}_2\,\overline{Z}_1\,\overline{Z}_0=0000$，其余情况与④相同，即总的 $\overline{GS}=0$，$EO=1$。

3. 10-4 线 BCD 码优先编码器 74LS147

74LS147 引脚图如图 3-10 所示，其功能如表 3-8 所示。

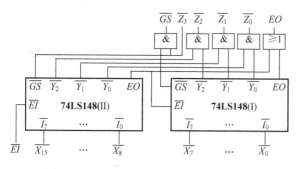

图 3-9　两片 74LS148 扩展 16-4 线编程器　　　图 3-10　74LS147 引脚图

① 输入端。$\overline{I}_1\sim\overline{I}_9$，低电平有效。74LS147 名义上称为 10-4 线编码器，但实际上输入端线只有 9 条，当 $\overline{I}_1\sim\overline{I}_9$ 全 1 时，相当于第 10 种输入状态，其中 $\overline{I}_9$ 优先等级最高。

② 输出端 $\overline{Y}_3\,\overline{Y}_2\,\overline{Y}_1\,\overline{Y}_0$，反码形式（1111 相当于 0000）。

③ 74LS147 只有 10 种输出状态：1111～0110，其反码为 0000～1001。

4. 其他编码器芯片

（1）74LS348

74LS348 与 74LS148 相同，但输出端具有三态功能。

（2）CC 4532

CC 4532 是 CMOS 8-3 线优先编码器。引脚排列与 74LS148 相同；输入/输出电平与 74LS148 相反，即输入端高电平有效，输出端按原码编码；编码选通端 ST、扩展输出端 GS、选通输出端 EO 均高电平有效；且具有三态功能。

57

表 3-8　74LS147 功能表

输　入　端									输　出　端			
$\bar{I}_9$	$\bar{I}_8$	$\bar{I}_7$	$\bar{I}_6$	$\bar{I}_5$	$\bar{I}_4$	$\bar{I}_3$	$\bar{I}_2$	$\bar{I}_1$	$\bar{Y}_3$	$\bar{Y}_2$	$\bar{Y}_1$	$\bar{Y}_0$
0	×	×	×	×	×	×	×	×	0	1	1	0
1	0	×	×	×	×	×	×	×	0	1	1	1
1	1	0	×	×	×	×	×	×	1	0	0	0
1	1	1	0	×	×	×	×	×	1	0	0	1
1	1	1	1	0	×	×	×	×	1	0	1	0
1	1	1	1	1	0	×	×	×	1	0	1	1
1	1	1	1	1	1	0	×	×	1	1	0	0
1	1	1	1	1	1	1	0	×	1	1	0	1
1	1	1	1	1	1	1	1	0	1	1	1	0
1	1	1	1	1	1	1	1	1	1	1	1	1

（3）CC 40147

CC 40147 是 CMOS 10-4 线 BCD 码优先编码器,引脚排列与 74LS148（348）相同,输入/输出电平与 74LS147 相反,即输入端高电平有效,输出端按原码编码,输入端线 10 条,其余情况类似于 74LS147。

3.2.2　译码器

将给定的二值代码转换为相应的输出信号或另一种形式二值代码的过程,称为译码。能实现译码功能的电路称为译码器(Decoder)。译码是编码的逆过程。

译码器大致可分为两大类:通用译码器和显示译码器。本节研究分析通用译码器。

通用译码器又可分为变量译码器和代码变换译码器。

1. 译码器工作原理

为便于分析理解,以 2-4 线译码器为例,表 3-9 为 2-4 线译码器功能表,根据表 3-9,$Y_0 = \bar{A}_1 \bar{A}_0$;$Y_1 = \bar{A}_1 A_0$;$Y_3 = A_1 \bar{A}_0$;$Y_4 = A_1 A_0$。据此,画出译码器逻辑电路如图 3-11 所示。

表 3-9　2-4 线译码器功能表

输　入		输　出			
A_1	A_0	Y_3	Y_2	Y_1	Y_0
0	0	0	0	0	1
0	1	0	0	1	0
1	0	0	1	0	0
1	1	1	0	0	0

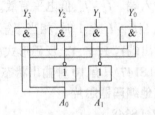

图 3-11　2-4 线译码器逻辑电路

2. 双 2-4 线译码器 74LS139

图 3-12 为 74LS139 引脚图,74LS139 内部有 2 个独立的 2-4 线译码器,其功能表如表 3-10 所示,每个译码器有 2 个输入端,4 个输出端,1 个门控端。门控端 $\bar{G}=1$ 时,禁止编码, $Y_3 Y_2 Y_1 Y_0 = 1111$,反码输出;$\bar{G}=0$ 时,编码有效,输出低电平。

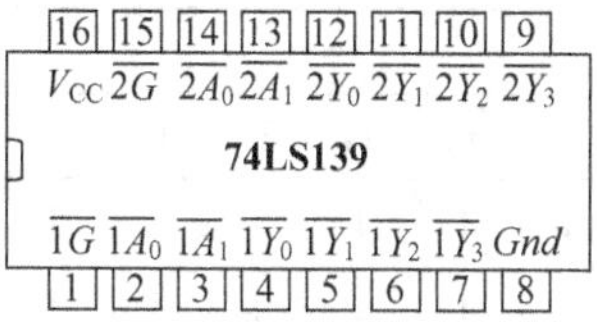
16 15 14 13 12 11 10 9
V_{CC} $2\overline{G}$ $2A_0$ $2A_1$ $2\overline{Y_0}$ $2\overline{Y_1}$ $2\overline{Y_2}$ $2\overline{Y_3}$
74LS139
$1\overline{G}$ $1A_0$ $1A_1$ $1\overline{Y_0}$ $1\overline{Y_1}$ $1\overline{Y_2}$ $1\overline{Y_3}$ Gnd
1 2 3 4 5 6 7 8

图 3-12　74LS139 引脚图

表 3-10　74LS139 功能表

输　入			输　出			
$\overline{G}$	A_1	A_0	$\overline{Y_3}$	$\overline{Y_2}$	$\overline{Y_1}$	$\overline{Y_0}$
1	×	×	1	1	1	1
0	0	0	1	1	1	0
0	0	1	1	1	0	1
0	1	0	1	0	1	1
0	1	1	0	1	1	1

3. 3-8 线译码器 74LS138

图 3-13 为 74LS138 引脚图，表 3-11 为其功能表。74LS138 有 3 个输入端，8 个输出端，因此称为 3-8 线译码器。有 3 个门控端 G_1、$\overline{G_{2A}}$、$\overline{G_{2B}}$。当 $G_1=1$、$\overline{G_{2A}}=0$、$\overline{G_{2B}}=0$ 同时有效时，芯片译码，反码输出，相应输出端低电平有效。3 个控制端只要有一个无效，芯片禁止译码，输出全 1。

表 3-11　74LS138 功能表

输　入						输　出							
G_1	$\overline{G_{2A}}$	$\overline{G_{2B}}$	A_2	A_1	A_0	$\overline{Y_7}$	$\overline{Y_6}$	$\overline{Y_5}$	$\overline{Y_4}$	$\overline{Y_3}$	$\overline{Y_2}$	$\overline{Y_1}$	$\overline{Y_0}$
0	×	×	×	×	×	1	1	1	1	1	1	1	1
×	1	×	×	×	×	1	1	1	1	1	1	1	1
×	×	1	×	×	×	1	1	1	1	1	1	1	1
1	0	0	0	0	0	1	1	1	1	1	1	1	0
1	0	0	0	0	1	1	1	1	1	1	1	0	1
1	0	0	0	1	0	1	1	1	1	1	0	1	1
1	0	0	0	1	1	1	1	1	1	0	1	1	1
1	0	0	1	0	0	1	1	1	0	1	1	1	1
1	0	0	1	0	1	1	1	0	1	1	1	1	1
1	0	0	1	1	0	1	0	1	1	1	1	1	1
1	0	0	1	1	1	0	1	1	1	1	1	1	1

与 74LS138 相同功能的芯片是 74LS238，两者之间的唯一区别是 $Y_0 \sim Y_7$ 输出高电平有效。

4. 4-16 线译码器 74LS154

图 3-14 为 74LS154 引脚图，表 3-12 为其功能表。74LS154 有 4 个输入端，16 个输出端，2 个门控端。当$\overline{G_1}$、$\overline{G_2}$中有一个无效时，禁止编码，输出全 1；当$\overline{G_1}$ $\overline{G_2}=00$ 时，芯片编码，反码输出，相应输出端低电平有效。

16 15 14 13 12 11 10 9
V_{CC} $\overline{Y_0}$ $\overline{Y_1}$ $\overline{Y_2}$ $\overline{Y_3}$ $\overline{Y_4}$ $\overline{Y_5}$ $\overline{Y_6}$
74LS138
A_0 A_1 A_2 $\overline{G_{2A}}$ $\overline{G_{2B}}$ G_1 $\overline{Y_7}$ Gnd
1 2 3 4 5 6 7 8

图 3-13　74LS138 引脚图

24 23 22 21 20 19 18 17 16 15 14 13
V_{CC} A_0 A_1 A_2 A_3 $\overline{G_2}$ $\overline{G_1}$ $\overline{Y_{15}}$ $\overline{Y_{14}}$ $\overline{Y_{13}}$ $\overline{Y_{12}}$ $\overline{Y_{11}}$
74LS154
$\overline{Y_0}$ $\overline{Y_1}$ $\overline{Y_2}$ $\overline{Y_3}$ $\overline{Y_4}$ $\overline{Y_5}$ $\overline{Y_6}$ $\overline{Y_7}$ $\overline{Y_8}$ $\overline{Y_9}$ $\overline{Y_{10}}$ Gnd
1 2 3 4 5 6 7 8 9 10 11 12

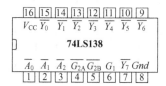

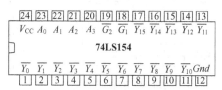

图 3-14　74LS154 引脚图

表 3-12 74LS154 功能表

$\overline{G_1}$	$\overline{G_2}$	A_3	A_2	A_1	A_0	$\overline{Y_{15}}$	$\overline{Y_{14}}$	$\overline{Y_{13}}$	$\overline{Y_{12}}$	$\overline{Y_{11}}$	$\overline{Y_{10}}$	$\overline{Y_9}$	$\overline{Y_8}$	$\overline{Y_7}$	$\overline{Y_6}$	$\overline{Y_5}$	$\overline{Y_4}$	$\overline{Y_3}$	$\overline{Y_2}$	$\overline{Y_1}$	$\overline{Y_0}$
1	×	×	×	×	×	1	1	1	1	1	1	1	1	1	1	1	1	1	1	1	1
×	1	×	×	×	×	1	1	1	1	1	1	1	1	1	1	1	1	1	1	1	1
0	0	0	0	0	0	1	1	1	1	1	1	1	1	1	1	1	1	1	1	1	0
0	0	0	0	0	1	1	1	1	1	1	1	1	1	1	1	1	1	1	1	0	1
0	0	0	0	1	0	1	1	1	1	1	1	1	1	1	1	1	1	1	0	1	1
0	0	0	0	1	1	1	1	1	1	1	1	1	1	1	1	1	1	0	1	1	1
0	0	0	1	0	0	1	1	1	1	1	1	1	1	1	1	1	0	1	1	1	1
0	0	0	1	0	1	1	1	1	1	1	1	1	1	1	1	0	1	1	1	1	1
0	0	0	1	1	0	1	1	1	1	1	1	1	1	1	0	1	1	1	1	1	1
0	0	0	1	1	1	1	1	1	1	1	1	1	1	0	1	1	1	1	1	1	1
0	0	1	0	0	0	1	1	1	1	1	1	1	0	1	1	1	1	1	1	1	1
0	0	1	0	0	1	1	1	1	1	1	1	0	1	1	1	1	1	1	1	1	1
0	0	1	0	1	0	1	1	1	1	1	0	1	1	1	1	1	1	1	1	1	1
0	0	1	0	1	1	1	1	1	1	0	1	1	1	1	1	1	1	1	1	1	1
0	0	1	1	0	0	1	1	1	0	1	1	1	1	1	1	1	1	1	1	1	1
0	0	1	1	0	1	1	1	0	1	1	1	1	1	1	1	1	1	1	1	1	1
0	0	1	1	1	0	1	0	1	1	1	1	1	1	1	1	1	1	1	1	1	1
0	0	1	1	1	1	0	1	1	1	1	1	1	1	1	1	1	1	1	1	1	1

5. BCD 码输入 4-10 线译码器 74LS42

图 3-15 为 74LS42 引脚图,表 3-13 为其功能表。74LS42 虽有 4 个输入端,但只允许输入 8421 BCD 码 0000 ~ 1001,其余 6 种编码 1010 ~ 1111 为无效输入。无效输入时输出全部为 1;有效输入时,相应输出端为 0,其余为 1。

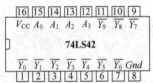

图 3-15 74LS42 引脚图

表 3-13 74LS42 功能表

A_3	A_2	A_1	A_0	$\overline{Y_9}$	$\overline{Y_8}$	$\overline{Y_7}$	$\overline{Y_6}$	$\overline{Y_5}$	$\overline{Y_4}$	$\overline{Y_3}$	$\overline{Y_2}$	$\overline{Y_1}$	$\overline{Y_0}$
0	0	0	0	1	1	1	1	1	1	1	1	1	0
0	0	0	1	1	1	1	1	1	1	1	1	0	1
0	0	1	0	1	1	1	1	1	1	1	0	1	1
0	0	1	1	1	1	1	1	1	1	0	1	1	1
0	1	0	0	1	1	1	1	1	0	1	1	1	1
0	1	0	1	1	1	1	1	0	1	1	1	1	1
0	1	1	0	1	1	1	0	1	1	1	1	1	1
0	1	1	1	1	1	0	1	1	1	1	1	1	1
1	0	0	0	1	0	1	1	1	1	1	1	1	1
1	0	0	1	0	1	1	1	1	1	1	1	1	1

6. CMOS 译码器

CMOS 译码器除与 74LS 系列相应的 74HC 系列芯片外,还有双 2-4 线译码器 4555(原码输出)、4556(反码输出),4-16 线译码器 4514(原码输出)、4515(反码输出)和 BCD 码输出 4-10 线译码器 4028(原码输出)等。

7. 译码器应用举例

(1) 译码器扩展

【例 3-5】试利用 2 片 74LS138 扩展组成 4-16 线译码器。

解：图 3-16 即为用 2 片 74LS138 扩展组成 4-16 线译码器。总输入为 $X_0 \sim X_3$,总输出端为 $\overline{Z}_0 \sim \overline{Z}_{15}$。

当 $X_3 = 0$ 时,芯片(Ⅰ)$\overline{G}_{2B} = 0$($G_1 = 1$,$\overline{G}_{2A} = 0$,不参与控制),译码;芯片(Ⅱ)$G_1 = 0$,禁止译码。

当 $X_3 = 1$ 时,芯片(Ⅰ)$\overline{G}_{2B} = 1$,禁止译码;芯片(Ⅱ)$G_1 = 1$($\overline{G}_{2A} = \overline{G}_{2B} = 0$,不参与控制),译码工作。

需要说明的是,学习本例的目的,并非真要求用 2 片 74LS138 实现 4-16 线译码,主要是为了提供一种扩展思路,多片小容量译码芯片可扩展组成大容量译码电路。实现 4-16 线译码可直接运用 74LS154,其性能价格比肯定比 2 片 74LS138 高。

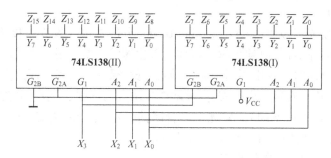

图 3-16　二片 74LS138 扩展组成 4-16 线译码器

(2) 用译码器实现组合逻辑函数

【例 3-6】试利用 74LS138 和门电路实现例 3-3 中要求的 3 人多数表决逻辑电路。

解：从例 3-3 中得到 3 人表决逻辑最小项表达式为

$$Y = \overline{A}BC + A\overline{B}C + AB\overline{C} + ABC = m_3 + m_5 + m_6 + m_7$$

据此,画出图 3-17 所示逻辑电路。3 人表决输入端 A、B、C 依次接 74LS138 A_2、A_1、A_0 端;$G_1 = 1$,$\overline{G}_{2A} = \overline{G}_{2B} = 0$,不参与控制,始终有效。当 3 人表决输入符合最小项表达式要求时,74LS138 的 $\overline{Y}_3$、$\overline{Y}_5$、$\overline{Y}_6$、$\overline{Y}_7$ 端分别有效,输出为 0,经过与非门,有 0 出 1,完成 3 人多数表决逻辑要求。

【例 3-7】试利用 74LS138 实现 4 变量组合逻辑 $Y(ABCD) = \sum m(0,4,5,8,10,15)$。

解：4 变量组合逻辑需要 2 片 74LS138,电路连接方法与图 3-16 类同,如图 3-18 所示。输入变量 D、C、B 分别接 A_0、A_1、A_2,输入变量 A 接芯片(Ⅰ)$\overline{G}_{2A}$ 端和芯片(Ⅱ)G_1 端,当 $A = 0$ 时,芯片(Ⅰ)译码;$A = 1$ 时,芯片(Ⅱ)译码。m_0、m_4、m_5 分别对应于芯片(Ⅰ)$\overline{Y}_0$、$\overline{Y}_4$、$\overline{Y}_5$;m_8、m_{10}、m_{15} 分别对应芯片(Ⅱ)$\overline{Y}_0$、$\overline{Y}_2$、$\overline{Y}_7$,6 个输出信号经过与非门,有 0 出 1。

从上述两例中看出,用译码器实现组合逻辑函数,非常方便。只需先求出组合逻辑要求的最小项表达式,将最小项 m 值相应的输出变量用一个与非门(原码输出用与门)组合,即可实现。

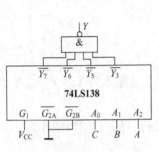

图 3-17　例 3-6 逻辑电路

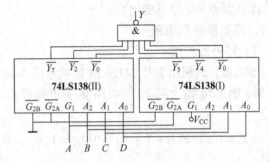

图 3-18　例 3-7 逻辑电路

3.2.3　数码显示电路

数码显示通常有 LED 数码管显示和液晶显示器显示,本节研究分析 LED 数码管显示。

1. LED 数码管

(1) 发光二极管

LED 数码管由发光二极管(Light Emitting Diode)分段组成。发光二极管是一种能把电能直接转换成光能的固体器件,由砷化镓、磷化镓、氮化镓等半导体化合物制成。不同材料制作的发光二极管正向导通时能发出不同的颜色,如红、黄、绿、蓝等;正向压降大多在 1.5～2 V 之间;工作电流一般为几毫安至几十毫安;亮度随电流增大而增强,一般可分为普亮、高亮和超亮(指通过相同电流显示亮度不同)。发光二极管因其工作电压低、体积小、可靠性高、寿命长、响应速度快(<10 ns)、使用方便灵活而得到广泛应用。

(2) 共阴型和共阳型 LED 数码管

由 LED 组成的数码管按其连接方式可分为共阴型和共阳型两类。图 3-19a 为数码管外型和引脚图,共有 8 个笔段;a、b、c、d、e、f、g 组成数字 8,Dp 为小数点。图 3-19b 和图 3-19c 分别为共阴型和共阳型数码管内部连接方式。从图中看出,共阴型数码管是将所有笔段 LED 的阴极(负极)连接在一起,作为公共端 com;共阳型数码管是将所有笔段 LED 的阳极(正极)连接在一起,作为公共端 com。应用 LED 共阴型数码管时,公共端 com 接地,笔段接高电平(串接限流电阻)时亮,笔段接低电平时暗。应用 LED 共阳型数码管时,公共端 com 接 V_{CC},笔段接低电平(串接限流电阻)时亮,笔段接高电平时暗。通过控制笔段亮或暗,可组成 0～9 数字显示。除数字外,LED 数码管还可显示 A、B、C、D、E、F 等 16 进制数和其他一些字符。

(3) LED 管的驱动方式

由于发光二极管工作电流较大(几毫安以上),因此要用带负载能力较强的电路驱动,图 3-20 列举了几种常用的驱动方式。

① 图 3-20a 为高电平驱动。u_I 高电平时,NPN 型双极型三极管饱和导通,LED 亮,R_C 可调节其电流。

② 图 3-20b 为低电平驱动。u_I 低电平时,PNP 型双极型三极管饱和导通,LED 亮,R_E 可调节其电流。

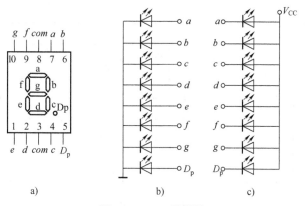

图 3-19　LED 数码管

a）LED 管引脚排列　b）共阴型　c）共阳型

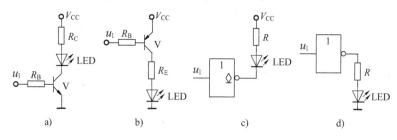

图 3-20　发光二极管驱动电路

a）高电平驱动　b）低电平驱动　c）OC 门输出低电平驱动　d）门电路输出高电平驱动

③ 图 3-20c 为 OC 门输出低电平驱动,应选择 I_{OLmax} 足够大的 OC 门门电路。需要指出的是,TTL 非 OC 门不能采用这种形式作驱动电路。因为 TTL 输出高电平时,U_{OHmin} 大大低于 V_{CC},此时 LED 管将导通,微微发光,形成错误显示。

④ 图 3-20d 为门电路输出高电平驱动,应选择 I_{OHmax} 足够大或带驱动电路的门电路。

2. 七段显示译码器 74LS47/48

在 74 系列和 CMOS 4000 系列电路中,7 段显示译码器品种很多,功能各有差异,现以 74LS47/48 为例,分析说明显示译码器的功能和应用。

图 3-21 为 74LS48 引脚图,表 3-14 为其功能表。74LS47 与 74LS48 的主要区别为输出有效电平不同。74LS47 是输出低电平有效,可驱动共阳 LED 数码管;74LS48 是输出高电平有效,可驱动共阴 LED 数码管。(以下分析以 74LS48 为例)

图 3-21　74LS48 引脚图

表 3-14　74LS48 功能表

输入数字	输入							输出							显示数字
	$\overline{LT}$	$\overline{BI}$	$\overline{RBI}$	A_3	A_2	A_1	A_0	$\overline{RBO}$	Y_a	Y_b	Y_c	Y_d	Y_e	Y_f	Y_g	
0	0	1	×	×	×	×	×	—	1	1	1	1	1	1	1	8
×	×	0	×	×	×	×	×	—	0	0	0	0	0	0	0	全暗
×	1	—	0	0	0	0	0	0	0	0	0	0	0	0	0	全暗

63

输入数字	输入							输出								显示数字
	$\overline{LT}$	$\overline{BI}$	$\overline{RBI}$	A_3	A_2	A_1	A_0	$\overline{RBO}$	Y_a	Y_b	Y_c	Y_d	Y_e	Y_f	Y_g	
0	1	1	1	0	0	0	0	—	1	1	1	1	1	1	0	0
1	1	1	1	0	0	0	1	—	0	1	1	0	0	0	0	1
2	1	1	1	0	0	1	0	—	1	1	0	1	1	0	1	2
3	1	1	1	0	0	1	1	—	1	1	1	1	0	0	1	3
4	1	1	1	0	1	0	0	—	0	1	1	0	0	1	1	4
5	1	1	1	0	1	0	1	—	1	0	1	1	0	1	1	5
6	1	1	1	0	1	1	0	—	0	0	1	1	1	1	1	6
7	1	1	1	0	1	1	1	—	1	1	1	0	0	0	0	7
8	1	1	1	1	0	0	0	—	1	1	1	1	1	1	1	8
9	1	1	1	1	0	0	1	—	1	1	1	0	0	1	1	9
10	1	1	1	1	0	1	0	—	0	0	0	1	1	0	1	
11	1	1	1	1	0	1	1	—	1	0	0	1	1	0	1	
12	1	1	1	1	1	0	0	—	0	1	0	0	0	1	1	
13	1	1	1	1	1	0	1	—	1	0	0	1	0	1	1	
14	1	1	1	1	1	1	0	—	0	0	0	1	1	1	1	
15	1	1	1	1	1	1	1	—	0	0	0	0	0	0	0	全暗

（1）输入端 $A_3 \sim A_0$，二进制编码输入。

（2）输出端 $Y_a \sim Y_f$，译码字段输出。高电平有效，即 74LS48 必须配用共阴 LED 数码管。

（3）控制端：

① $\overline{LT}$：灯测试，低电平有效。$\overline{LT}=0$ 时，笔段输出全 1。

② $\overline{RBI}$：输入灭零控制。$\overline{RBI}=0$ 时，若原输出显示数为 0，则"0"笔段码输出低电平（即 0 不显示），同时使 $\overline{RBO}=0$；若输出显示数非 0，则正常显示。

③ $\overline{BI}/\overline{RBO}$：具有双重功能。输入时作消隐控制（$\overline{BI}$ 功能）；输出时可用于控制相邻位灭零（$\overline{RBO}$ 功能），两者关系在片内"线与"。

输入消隐控制：$\overline{BI}=0$，笔段输出全 0，显示暗。

输出灭零控制：输出灭零控制 $\overline{RBO}$ 须与输入灭零控制 $\overline{RBI}$ 配合使用。当输出显示数为 0 时，若 $\overline{RBI}=0$，则 $\overline{RBO}=0$，该 $\overline{RBO}$ 信号可用于控制相邻位灭零，可使整数高位无用 0 和小数低位无用 0 不显示。若输出显示数不为 0，或输入灭零控制 $\overline{RBI}=1$，则 $\overline{RBO}$ 无效。

如图 3-22 所示，若 7 位显示数为 001.0200，按人们书写和阅读习惯，应显示为 1.02，整数高位 2 个 0 和小数低位 2 个 0 属无效数字，可不显示。整数位灭零是灭有效数字位前的 0。因此，最高位 $\overline{RBI}$ 接地，最高位 $\overline{RBO}$ 接次高位 $\overline{RBI}$，次高位 $\overline{RBO}$ 再接下一次高位 $\overline{RBI}$，依此类推。小数位灭零是灭有效数字位后的 0。因此，最低位 $\overline{RBI}$ 接地，最低位 $\overline{RBO}$ 接次低位 $\overline{RBI}$，次低位 $\overline{RBO}$ 再接下一次低位 $\overline{RBI}$，依此类推。

如图 3-22 所示，芯片（1）（百位数字）$\overline{RBI}_1$ 接地，若该位显示数为 0，则 0 不显示。并且使其 $\overline{RBO}_1=0$，$\overline{RBO}_1$ 接芯片（2）（十位数字）$\overline{RBI}_2$，若该位显示数非 0，则正常显示；若该位显示

数为0,则由于$\overline{RBI_2}=\overline{RBO_1}=0$,该位 0 不显示。芯片(3)(个位数字)$\overline{RBI_3}$ 接 V_{CC},该位显示数不论 0 或非 0,均正常显示。芯片(7)(万分位数字)$\overline{RBI_7}$ 接地,若该位显示数为 0,则 0 不显示。并且使其$\overline{RBO_7}=0$,$\overline{RBO_7}$ 接至$\overline{RBI_6}$,使芯片(6)(千分位数字)具备灭零条件;同理,$\overline{RBO_6}$ 与$\overline{RBI_5}$ 连接,$\overline{RBO_5}$ 与$\overline{RBI_4}$ 连接,均可使低位为 0 时,高位具备灭零条件;但低位不为 0 时,高位则不具备灭零条件,如芯片(5)(百分位数字)显示数为 2,其$\overline{RBO_5}\neq0$,使得芯片(4)(十分位数字)显示数为 0 时不能灭零。

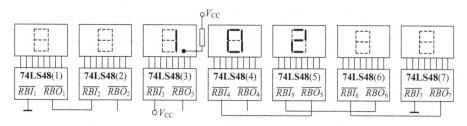

图 3-22　74LS48 灭零功能示意图

74LS48 输入信号应为 8421 BCD 码。若输入非法码 1010 ~ 1110,则输出显示稳定的非数字符号;输入 1111 时,输出全暗。

【例 3-8】试利用 74LS48 实现 3 位显示电路。

解:根据题意,画出 3 位显示电路,如图 3-23 所示。

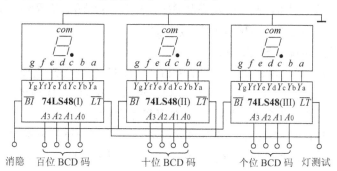

图 3-23　74LS48 组成 3 位显示电路

① 数码管采用共阴 LED 数码管,公共端 *com* 接地;3 位 LED 数码管笔段 a、b、c、d、e、f、g 分别接 3 位 74LS48 输出端 Y_a、Y_b、Y_c、Y_d、Y_e、Y_f、Y_g。

② 3 位 74LS48 的输入端 A_3、A_2、A_1、A_0 端分别接百位、十位和个位的 BCD 码信号,A_0 为低位端,A_3 为高位端。

③ 3 位 74LS48 的$\overline{BI}$端连在一起,不需闪烁显示时,可悬空;需闪烁显示时,该端可输入方波脉冲,脉冲宽度宜 100 ~ 500 ms。3 位 74LS48 的$\overline{LT}$端连在一起,接低电平时,可测试 3 位 LED 数码管笔段是否完整有效以及初步判定显示电路能否正常工作。不测试时,可悬空。需要指出的是,若采用 74HC48(HCMOS TTL 电路),则$\overline{BI}$和$\overline{LT}$均不能悬空,正常显示时应接 V_{CC}。

74 系列 7 段显示译码器有 74LS46、74LS49、74LS246、74LS247、74LS248、74LS249 等,其中 74LS246 ~ 74LS249 笔段输出中的 6,9 显示符号为 6,9。其余参数大致相同,可查阅有关

技术手册。

【例3-9】 试利用74LS47实现3位显示电路,小数点固定第一位,须具有灭零功能。

解: 根据题意,画出由74LS47组成的3位显示电路如图3-24所示。其与例3-8图3-23的区别如下:

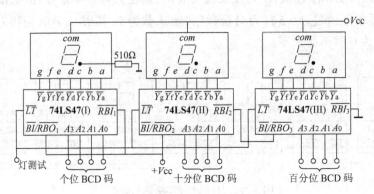

图3-24 74LS47组成3位显示电路

① 数码管采用共阳LED数码管,因为74LS47笔段输出低电平有效,其公共端 *com* 接 V_{CC}。按题目要求,第1位小数点串联510 Ω限流电阻接地。

② 芯片(Ⅲ)的 $\overline{RBI_3}$ 接地,使百分位具有灭零功能;同时其 $\overline{BI/RBO_3}$ 与芯片(Ⅱ)的 $\overline{RBI_2}$ 连接,使十分位在百分位为零时也具有灭零功能;芯片(Ⅰ) $\overline{RBI_1}$、$\overline{BI/RBO_1}$ 和芯片(Ⅱ)的 $\overline{BI/RBO_2}$ 接高电平(LS系列可悬空,HC系列须接 V_{CC})。

3. CMOS 7段显示译码器 CC 4511

CMOS 4000系列7段显示译码器有CC 4026、CC 4033、CC 4055(驱动液晶)、CC 40110(加减计数译码/驱动)、CC 4511、CC 4513、CC 4543/4544(可驱动LED或液晶)、CC 4547(大电流)等,有关资料可查阅技术手册。其中典型常用芯片为CC 4511。

图3-25为CC 4511引脚图,表3-15为其功能表。$\overline{LT}$ 为灯测试控制端,$\overline{LT}=0$,全亮;$\overline{BI}$ 为消隐控制端,$\overline{BI}=0$,全暗;LE 为数据锁存控制端,$LE=0$,允许从 $A_3 \sim A_0$ 输入BCD码数据,刷新显示;$LE=1$,维持原显示状态。

图3-25 CC 4511引脚图

表3-15 CC 4511功能表

LE	$\overline{BI}$	$\overline{LT}$	A_3	A_2	A_1	A_0	显示数字
×	×	0	×	×	×	×	全亮
×	0	1	×	×	×	×	全暗
1	1	1	×	×	×	×	维持
0	1	1	0000 ~ 1001				0 ~ 9
0	1	1	1010 ~ 1001				全暗

【例3-10】 试用CC 4511组成8位显示电路。

解: 用CC 4511组成8位显示电路,每位4511需要4根数据线和1根控制线,8位共需40根连线,使得电路非常复杂。为此,采用数据公共通道(称为数据总线Data Bus)和地址译码选通,电路如图3-26所示。分析说明如下:

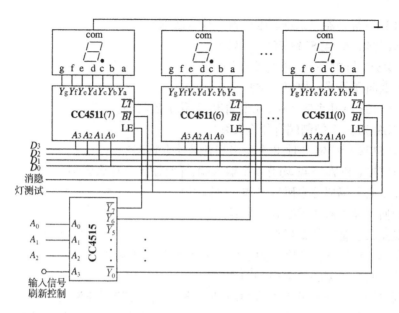

图 3-26 CC 4511 组成 8 位显示电路

① CC 4511 数据输入端为 $A_0 \sim A_3$，将 8 位 CC 4511 的数据线相应端连在一起，即每位的 A_0 连在一起，A_1 连在一起，…；分别由数据总线 $D_0 \sim D_3$ 输入。

② 8 位 CC 4511 数据锁存控制端 LE 由一片 CC 4515 选通。CC 4515 为 4-16 线译码器，输出端 $\overline{Y}_0 \sim \overline{Y}_{15}$ 低电平有效，取其低 8 位 $\overline{Y}_0 \sim \overline{Y}_7$，正好用于控制 8 位 CC 4511 LE 端。CC 4515 输入端 $A_0 \sim A_3$，用其 $A_0 \sim A_2$，A_3 作为输入信号控制端。当 $A_3 = 0$，$A_0 \sim A_2$ 依次为 $000 \sim 111$ 时，$\overline{Y}_0 \sim \overline{Y}_7$ 依次输出为 0，依次选通 8 位 CC 4511 锁存控制端 LE，同时依次分时从 $D_0 \sim D_3$ 输入 8 位数据显示信号（BCD 码），更新显示数据。

③ 需要刷新显示时，令 CC 4515 $A_3 = 0$，$A_2 A_1 A_0 = 000$，此时 CC 4515 $\overline{Y}_0 = 0$，$\overline{Y}_1 \sim \overline{Y}_7 = 1$，选通 CC 4511(0)，然后从 $D_0 \sim D_3$ 输入第 0 位（最低位）显示数字（BCD 码），CC 4511(0) 刷新显示。

然后再从 CC 4515 输入 $A_2 A_1 A_0 = 001$，此时 CC 4515 $\overline{Y}_0 = 1$，$\overline{Y}_1 = 0$，$\overline{Y}_2 \sim \overline{Y}_7 = 1$。$\overline{Y}_0 = 1$ 使 CC 4511(0) 锁存已刷新的显示数据；$\overline{Y}_1 = 0$ 选通 CC 4511(1) LE 端，然后从 $D_0 \sim D_3$ 输入第 1 位（次低位）显示数字（BCD 码），CC 4511(1) 刷新显示。

依此类推，直至 8 位显示全部刷新。

④ 刷新完毕，令 CC 4515 $A_3 = 1$，则 $\overline{Y}_0 \sim \overline{Y}_7$ 全为 1，8 位 CC 4511 均不接受 $D_0 \sim D_3$ 端的数据输入信号，稳定锁存并显示以前输入刷新的数据。

⑤ 8 位 CC 4515 的 $\overline{BI}$ 端（消隐控制）连在一起、$\overline{LT}$ 端连在一起，可作为闪烁显示控制和灯测试控制（均为低电平有效）。

综上所述，应用图 3-26，只需要 8 根线（$D_0 \sim D_3$、$A_0 \sim A_3$），即可控制 8 位数据显示。

【复习思考题】

3.7 什么叫中规模集成电路？

3.8 什么叫编码器？如何分类？

3.9 什么叫优先编码器？

3.10 BCD 码编码器与二进制编码器有什么区别？

3.11 74LS348 与 74LS148 有什么区别？

3.12 CC4532 与 74LS148 有什么区别？

3.13 什么叫译码器？如何分类？

3.14 74LS138 有几个输入端,几个输出端,几个控制端？

3.15 74LS138 三个控制端有什么关系？

3.16 74LS138 译码输出时,8 个输出端各是什么状态？

3.17 74LS154 和 74LS42 均有 4 个输入端,译码输出有什么区别？

3.18 什么叫译码器的原码输出和反码输出？

3.19 如何用译码器实现组合逻辑函数？

3.20 发光二极管有什么特点？

3.21 发光二极管正向压降约为多少？工作电流约为多少？

3.22 什么叫共阴型和共阳型 LED 数码管？

3.23 画出用双极型三极管驱动 LED 的电路,并指出其输入控制电平。

3.24 用 TTL 门电路低电平驱动 LED 时,为什么只能用 OC 门而不能用非 OC 门？

3.25 用门电路高电平驱动 LED 时,应考虑什么因素？

3.26 简述 7 段显示译码器 74LS48 灭零引脚$\overline{RBI}$、$\overline{BI}/\overline{RBO}$功能。

3.27 74LS48 灭零控制时,整数位和小数位应如何连接？

3.28 74LS47 与 74LS48 主要有什么区别？

3.29 74LS247/248 与 74LS47/48 主要有什么区别？

【相关习题】

判断题:3.3 ~ 3.8;填空题:3.24 ~ 3.33;选择题:3.46 ~ 3.52;分析计算题:3.78 ~ 3.93。

3.3 数据选择器和数据分配器

3.3.1 数据选择器

1. 数据选择器基本概念

（1）定义

能够从多路数据中选择一路进行传输的电路称为数据选择器(Multiplexer)。

（2）工作原理

其原理框图如图 3-27 所示,基本功能相当于一个单刀多掷开关,通过开关切换,将输入信号 $D_0 \sim D_3$ 中的一个信号传送到输出端输出。A_1、A_0 为选择控制端,当 $A_1 A_0 = 00 \sim 11$ 时,输出信号分别为 $D_0 \sim D_3$。

（3）与模拟开关的区别

数据选择器属数字电路,只能传输数字信号;模拟开关其原理框图与数据选择器相同,但既可传输数字信号,又可传输模拟信号。

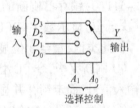

图 3-27 数据选择器原理框图

2. 数据选择器典型电路芯片

数据选择器有 2 选 1、4 选 1、8 选 1 和 16 选 1 等多种类型。

（1）双 4 选 1 数据选择器 74LS153/253

74LS153/253 片内有 2 个功能相同的 4 选 1 数据选择器，$D_3 \sim D_0$ 为数据输入端，Y 为数据输出端，共用一个 2 位地址输入选择控制端 $A_1 A_0$，但门控端 $\overline{G}$（低电平有效）独立。功能如表 3-16 所示，引脚图如图 3-28 所示。74LS153 与 74LS253 引脚兼容，功能相同。唯一区别是 74LS253 具有三态功能，即未选通（$\overline{G}=1$）时，呈高阻态；而 74LS153 在未选通时，输出低电平。

表 3-16 74LS153/253 功能表

输 入						输出
$\overline{G}$	A_1	A_0	D_3	D_2	D_1	D_0	Y
1	×	×	×	×	×	×	0/Z
0	0	0	×	×	×	D_0	D_0
0	0	1	×	×	D_1	×	D_1
0	1	0	×	D_2	×	×	D_2
0	1	1	D_3	×	×	×	D_3

图 3-28 74LS153/253 引脚图

（2）8 选 1 数据选择器 74LS151/251

74LS151/251 功能如表 3-17 所示，引脚图如图 3-29 所示。$D_7 \sim D_0$ 为数据输入端，$\overline{Y}$、Y 为互补数据输出端，$A_2 \sim A_0$ 为地址输入端，$\overline{ST}$ 为芯片选通端。74LS151/251 引脚兼容，功能相同。唯一区别是 74LS251 具有三态功能，即未选通（$\overline{ST}=1$）时，Y、$\overline{Y}$ 均呈高阻态；而 74LS151 在未选通时，Y、$\overline{Y}$ 分别输出 0、1。

3. 数据选择器应用

数据选择器的应用很广泛，除从多路数据中选择一路输出的一般应用外，主要还有下列应用：

① 将并行数据变为串行数据。若将顺序递增的地址码加在 $A_0 \sim A_2$ 端，将并行数据加在 $D_0 \sim D_7$ 端，则在输出端能得到一组 $D_0 \sim D_7$ 的串行数据。

② 实现组合逻辑函数。

图 3-29 74LS151/251 引脚图

表 3-17 74LS151/251 功能表

输 入												输 出	
$\overline{ST}$	A_2	A_1	A_0	D_7	D_6	D_5	D_4	D_3	D_2	D_1	D_0	Y	$\overline{Y}$
1	×	×	×	×	×	×	×	×	×	×	×	0/Z	1/Z
0	0	0	0	×	×	×	×	×	×	×	D_0	D_0	$\overline{D_0}$
0	0	0	1	×	×	×	×	×	×	D_1	×	D_1	$\overline{D_1}$
0	0	1	0	×	×	×	×	×	D_2	×	×	D_2	$\overline{D_2}$
0	0	1	1	×	×	×	×	D_3	×	×	×	D_3	$\overline{D_3}$
0	1	0	0	×	×	×	D_4	×	×	×	×	D_4	$\overline{D_4}$
0	1	0	1	×	×	D_5	×	×	×	×	×	D_5	$\overline{D_5}$
0	1	1	0	×	D_6	×	×	×	×	×	×	D_6	$\overline{D_6}$
0	1	1	1	D_7	×	×	×	×	×	×	×	D_7	$\overline{D_7}$

【例3-11】试利用74LS151实现例3-3中要求的3人多数表决逻辑电路。

解： 从例3-3中得到3人表决逻辑最小项表达式为

$$Y = \overline{A}BC + A\overline{B}C + AB\overline{C} + ABC = m_3 + m_5 + m_6 + m_7$$

据此，画出逻辑电路如图3-30所示。三人表决意见A、B、C分别接74LS151地址输入端$A_2 \sim A_0$（A是高位，C是低位），选通端$\overline{ST}$接地（使芯片处于选通状态），当ABC分别为011、101、110和111（即m_3、m_5、m_6、m_7）时，$Y = D_3$、D_5、D_6和D_7，即$Y = 1$。

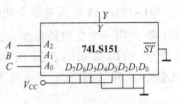

图3-30　例3-11逻辑电路

与例3-6比较，可以看出，应用74LS151实现组合逻辑函数比用74LS138电路更简洁。

【例3-12】试用数据选择器实现4变量地址组合逻辑函数：

$$Y = \overline{A}\,\overline{B}CD + A\overline{B}\,\overline{C}D + A\overline{B}C\overline{D} + \overline{A}\,C\overline{D} + B\overline{C}$$

解： 4变量地址组合逻辑函数，一般需16选1数据选择器来实现，但利用8选1数据选择器，也可实现4变量地址逻辑函数。方法如下：

（1）先将其变换为最小项表达式，并依次排列

$$Y = \overline{A}\,\overline{B}CD + A\overline{B}\,\overline{C}D + A\overline{B}C\overline{D} + \overline{A}\,C\overline{D}(B + \overline{B}) + B\overline{C}(A + \overline{A})(D + \overline{D})$$

$$= \overline{A}\,\overline{B}CD + A\overline{B}\,\overline{C}D + A\overline{B}C\overline{D} + \overline{A}B\,C\overline{D} + \overline{A}\,\overline{B}C\overline{D} + AB\overline{C}D + AB\overline{C}\,\overline{D} + \overline{A}B\overline{C}D + \overline{A}B\overline{C}\,\overline{D}$$

$$= \overline{A}\,\overline{B}\,\overline{C}\,\overline{D} + \overline{A}\,\overline{B}CD + \overline{A}B\overline{C}\,\overline{D} + \overline{A}B\overline{C}D + A\overline{B}\,\overline{C}D + A\overline{B}C\overline{D} + AB\overline{C}\,\overline{D} + AB\overline{C}D$$

$$= m_0 + m_3 + m_4 + m_5 + m_9 + m_{10} + m_{12} + m_{13}$$

（2）列出地址/数据表

将上述最小项表达式中的ABC项看作8选1数据选择器的地址信号$A_2A_1A_0$，将D项看作数据信号$D_0 \sim D_7$，列出表3-18所示的地址/数据表。

① 最小项中，若有连续两位高3位地址ABC相同，则相应数据输入端D_i接1。

② 最小项缺项者，则相应数据输入端D_i接0。

③ 其余按最小项编号D_i数据接$D(D_i = 1)$或$\overline{D}(D_i = 0)$。

或者也可这样理解：

$$Y = \overline{A}\,\overline{B}\,\overline{C}\,\overline{D} + \overline{A}\,\overline{B}CD + \overline{A}B\overline{C}\,\overline{D} + \overline{A}B\overline{C}D + A\overline{B}\,\overline{C}D + A\overline{B}C\overline{D} + AB\overline{C}\,\overline{D} + AB\overline{C}D$$

$$= \overline{A}\,\overline{B}\,\overline{C}\,\overline{D} + \overline{A}\,\overline{B}CD + \overline{A}B\overline{C}(D + \overline{D}) + A\overline{B}\,\overline{C}D + A\overline{B}C\overline{D} + AB\overline{C}(D + \overline{D})$$

$$\ \ 000\quad\ \ 001\quad\ \ 010\qquad\quad 100\quad\ 101\quad 110$$

$$= 000D_0 + 001D_1 + 010D_2 + 011D_3 + 100D_4 + 101D_5 + 110D_6 + 111D_7$$

$$D_0 = \overline{D}\quad D_1 = D\quad D_2 = 1\quad \text{缺项}\ D_3 = 0\quad D_4 = D\quad D_5 = \overline{D}\quad D_6 = 1\quad \text{缺项}\ D_7 = 0$$

（3）画出组合逻辑电路

根据表3-18画出本题要求的组合逻辑电路如图3-31所示。ABC接74LS151地址端$A_2A_1A_0$（A是高位，C是低位）。D经过一个反相器产生$\overline{D}$，D接74LS151数据端D_1和D_4；$\overline{D}$接D_0和D_5；$D_2 = D_6 = 1$，接V_{CC}；$D_3 = D_7 = 0$，接地。选通端$\overline{ST}$接地，Y端输出即为本题逻辑函数所求。

通过例3-12说明，2^n选1数据选择器可以实现$(n+1)$个地址变量的逻辑函数。

表 3-18　例 3-12 地址/数据表

最小项	地址			数据	代表最小项表达式				Y
	A_2	A_1	A_0	$D_0 \sim D_7$					
	A	B	C	D					
m_0	0	0	0	$D_0 = \bar{D}$	$\bar{A}$	$\bar{B}$	$\bar{C}$	$\bar{D}$	1
m_3	0	0	1	$D_1 = D$	$\bar{A}$	$\bar{B}$	C	D	1
$m_4 m_5$	0	1	0	$D_2 = 1$	$\bar{A}$	B	$\bar{C}$	$(\bar{D}+D)$	1
—	0	1	1	$D_3 = 0$		—			0
m_9	1	0	0	$D_4 = D$	A	$\bar{B}$	$\bar{C}$	D	1
m_{10}	1	0	1	$D_5 = \bar{D}$	A	$\bar{B}$	C	$\bar{D}$	1
$m_{12} m_{13}$	1	1	0	$D_6 = 1$	A	B	$\bar{C}$	$(\bar{D}+D)$	1
—	1	1	1	$D_7 = 0$		—			0

4. 数据选择器扩展

多片低容量数据选择器可以扩展为高容量数据选择器。图 3-32 为双 4 选 1 扩展为 8 选 1 数据选择器电路。8 路数据 $D_0 \sim D_7$ 分别依次输入 2 个 4 选 1 数据输入端 $D_0 \sim D_3$。低位地址 $A_0 A_1$ 接到共用地址输入端 $A_0 A_1$，高位地址 A_2 原码接至低位 4 选 1 门控端 $1\bar{G}$，反码（可用反相器获取）接至高位 4 选 1 门控端 $2\bar{G}$。因此当 $A_2 = 0$ 时选择低位 4 选 1 输出；当 $A_2 = 1$ 时，选择高位 4 选 1 输出。2 路输出通过或门得到总输出。若选用 74LS253（三态输出），则 $1Y$ 和 $2Y$ 可直接连在一起，不需通过或门。

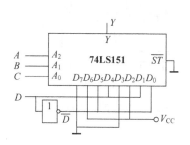

图 3-31　例 3-12 逻辑电路

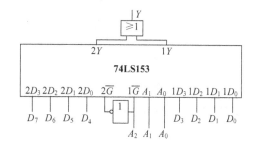

图 3-32　双 4 选 1 扩展为 8 选 1 数据选择器

需要指出的是，分析研究图 3-32 的目的主要是提供一种扩展思路。实际应用中并不需要用 74LS153 扩展为 8 选 1 数据选择器，可直接应用 8 选 1 数据选择器 74LS151/251。

5. 多路模拟开关

模拟开关与数据选择器的主要区别是数据选择器只能传输数字信号，而模拟开关不但可以传输数字信号，还可以传输模拟信号，并且可以双向传输，即输入端和输出端可互换使用。

常用典型集成电路有 8 选 1 多路模拟开关 CC 4051，图 3-33 为其引脚图，表 3-19 为其功能表。其中 INH 为禁止输入端。$INH = 1$ 禁止输入；$INH = 0$，输出端 O/I 接通由 $A_2 A_1 A_0$ 地址确定的输入端信号 $IO_0 \sim IO_7$。V_{CC} 为正电源端，V_{SS} 为数字信号地，V_{EE} 为模拟信号地。V_{EE} 为负时，CC 4051 可传输负极性的模拟信号。

由于 CC 4051 允许双向传输，因此既可用作数据选择器，又可用作数据分配器。

表 3-19　CC4051 功能表

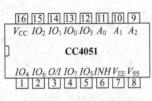

图 3-33　CC 4051 引脚图

INH	A_2	A_1	A_0	被选通道
1	×	×	×	无
0	0	0	0	IO_0
0	0	0	1	IO_1
0	0	1	0	IO_2
0	0	1	1	IO_3
0	1	0	0	IO_4
0	1	0	1	IO_5
0	1	1	0	IO_6
0	1	1	1	IO_7

3.3.2　数据分配器

数据分配器(Demnltiplexer)能根据地址,将一路输入信号分配给相应的输出端。它的操作过程是数据选择器的逆过程,图 3-34 为其原理框图。

需要说明的是数字集成电路中没有专用的数据分配器,而是使用通用译码器中的变量译码器实现数据分配,如 74LS139(2-4 译码器)、74LS138(3-8 译码器)等。

图 3-35 是 74LS138 构成的 8 路数据分配器。G_1 接 V_{CC},$\overline{G_{2A}}$接地,不参与控制;输入信号 D 从门控端$\overline{G_{2B}}$输入;地址信号从 $A_2 \sim A_0$ 输入。例如,设 $A_2 A_1 A_0 = 000$,当 $D = 0$ 时,芯片译码,相应输出端$\overline{Y_0} = D = 0$;当 $D = 1$ 时,芯片禁止,输出全 1,相应输出端$\overline{Y_0} = D = 1$。

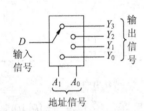

图 3-34　数据分配器原理框图

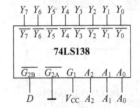

图 3-35　74LS138 构成的 8 路数据分配器

3.3.3　数值比较器

能够比较两组二进制数据大小的数字电路称为数值比较器。

1. 数值比较器工作原理

为便于分析说明,以一位二进制数值比较器为例。输入数据为 A、B,输出数据分为三档:$Q_{A>B}$、$Q_{A=B}$、$Q_{A<B}$,并设满足条件时为 1,不满足条件时为 0。列出其真值表如表 3-20 所示。根据真值表可得出三个输出信号的逻辑函数表达式:

$$Q_{A>B} = A\,\overline{B}$$

$$Q_{A<B} = \overline{A}B$$

$$Q_{A=B} = \overline{A}\,\overline{B} + AB = A \odot B = \overline{A \oplus B} = \overline{A\,\overline{B} + \overline{A}B}$$

据此,画出其组合逻辑图如图 3-36 所示。

72

表 3-20　一位数据比较器真值表

A	B	$Q_{A>B}$	$Q_{A=B}$	$Q_{A<B}$
0	0	0	1	0
0	1	0	0	1
1	0	1	0	0
1	1	0	1	0

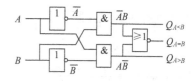

图 3-36　一位数据比较器逻辑电路图

2. 集成数值比较器 74LS85

多位二进制数据比较,应先比较高位。高位大即大,高位小即小;若高位相等,再比较低位;依此类推。

74LS85 为 4 位数值比较器,图 3-37 为其引脚图,表 3-21 为其真值表。$A_3 \sim A_0$、$B_3 \sim B_0$ 为两个 4 位比较输入数据;$Q_{A>B}$、$Q_{A<B}$ 和 $Q_{A=B}$ 为比较结果数据输出端;$I_{A>B}$、$I_{A<B}$ 和 $I_{A=B}$ 为级联输入端,用于输入来自低位比较器的比较结果,当 $A_3 = B_3$、$A_2 = B_2$、$A_1 = B_1$、$A_0 = B_0$ 时,可根据低位比较结果判断数据大小。

表 3-21　74LS85 真值表

输　入							输　出		
$A_3\ B_3$	$A_2\ B_2$	$A_1\ B_1$	$A_0\ B_0$	$I_{A>B}$	$I_{A=B}$	$I_{A<B}$	$Q_{A>B}$	$Q_{A=B}$	$Q_{A<B}$
$A_3 > B_3$	×	×	×	×	×	×	1	0	0
$A_3 < B_3$	×	×	×	×	×	×	0	0	1
$A_3 = B_3$	$A_2 > B_2$	×	×	×	×	×	1	0	0
$A_3 = B_3$	$A_2 < B_2$	×	×	×	×	×	0	0	1
$A_3 = B_3$	$A_2 = B_2$	$A_1 > B_1$	×	×	×	×	1	0	0
$A_3 = B_3$	$A_2 = B_2$	$A_1 < B_1$	×	×	×	×	0	0	1
$A_3 = B_3$	$A_2 = B_2$	$A_1 = B_1$	$A_0 > B_0$	×	×	×	1	0	0
$A_3 = B_3$	$A_2 = B_2$	$A_1 = B_1$	$A_0 < B_0$	×	×	×	0	0	1
$A_3 = B_3$	$A_2 = B_2$	$A_1 = B_1$	$A_0 = B_0$	1	0	0	1	0	0
$A_3 = B_3$	$A_2 = B_2$	$A_1 = B_1$	$A_0 = B_0$	0	1	0	0	1	0
$A_3 = B_3$	$A_2 = B_2$	$A_1 = B_1$	$A_0 = B_0$	0	0	1	0	0	1

CMOS 4 位数值比较器 CC4585,具有与 74LS85 相同的功能。还有 74LS682 ~ 74LS689 等为 8 位数值比较器。

3. 数值比较器级联

为了比较两个 8 位二进制数大小,可应用两片 74LS85 级联,如图 3-38 所示。芯片(Ⅰ)$I_{A>B}$、$I_{A<B}$ 接地,$I_{A=B}$ 接 V_{CC};芯片(Ⅱ)$I_{A>B}$、$I_{A<B}$ 和 $I_{A=B}$ 分别与芯片(Ⅰ)$Q_{A>B}$、$Q_{A<B}$ 和 $Q_{A=B}$ 连接;低 4 位比较数据分别与芯片(Ⅰ)$A_0 \sim A_3$、$B_0 \sim B_3$ 相接,高 4 位比较数据分别与芯片(Ⅱ)$A_0 \sim A_3$、$B_0 \sim B_3$ 相接。当高 4 位比较数据能分出大小时,取决于高 4 位;当高 4 位比较数据完全相等时,由低 4 位比较数据确定整个 8 位数据的大小。

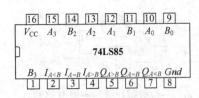

图 3-37　74LS85 引脚图

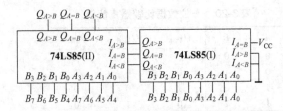

图 3-38　两片 74LS85 级联组成 8 位数据数值比较器

【复习思考题】

3.30　画出数据选择器原理框图,叙述其定义。

3.31　按输入信号数,数据选择器如何分类?

3.32　8 选 1 数据选择器 74LS151 与 74LS251 有什么区别?

3.33　数据选择器主要有哪些应用功能?

3.34　8 选 1 数据选择器能否实现 4 变量地址组合逻辑函数?

3.35　数据选择器如何将并行数据变为串行数据?

3.36　模拟开关与数据选择器有什么区别?

3.37　叙述数据分配器的定义。

3.38　数据分配器与数据选择器有何区别? 与译码器有何关系?

3.39　74LS138 用作数据分配器时,3 个控制端如何连接?

3.40　什么叫数值比较器?

3.41　多位数字比较器如何比较数值大小?

3.42　74LS85 中的 $I_{A>B}$、$I_{A<B}$ 和 $I_{A=B}$ 有什么用途?

【相关习题】

判断题:3.9 ~ 3.14;填空题:3.34 ~ 3.38;选择题:3.53 ~ 3.57;分析计算题:3.94 ~ 3.105。

3.4　加法器

　　全加器、半加器和数值比较器、奇偶检测器等通常称为"数字运算器",是计算机系统必不可少的单元电路。

3.4.1　半加器

（1）定义

能够完成两个一位二进制数 A 和 B 相加的组合逻辑电路称为半加器（Half Adder）。

（2）真值表

半加器真值表如表 3-22 所示,其中 S 为和,C_0 为进位。

（3）逻辑表达式

　　　　和:$S = A\bar{B} + \bar{A}B = A \oplus B$

　　　　进位:$C_0 = AB$

（4）逻辑电路和逻辑符号

半加器逻辑电路如图 3-39a 所示,逻辑符号如图 3-39b 所示。

表 3-22　半加器真值表

输　入		输　出	
A	B	S	C_O
0	0	0	0
0	1	1	0
1	0	1	0
1	1	0	1

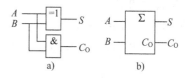

图 3-39　半加器

a) 逻辑电路　b) 逻辑符号

半加器的和 $S = A \oplus B$，因此有时也将异或门称为半加器，但异或门与半加器是不同的。半加器包含了异或门运算，同时还有进位 C_O 的运算，异或门仅是半加器半加运算的一部分。

3.4.2　全加器

半加器运算仅是两个数 A、B 之间的加法运算，并未包括来自低位进位的运算。若包括低位进位就成为全加运算。

1. 全加器概述

（1）定义

两个二进制数 A、B 与来自低位的进位 C_I 三者相加的组合逻辑电路称为全加器（Full Adder）。

（2）真值表

全加器真值表如表 3-23 所示。

（3）逻辑表达式

根据真值表可得到其逻辑表达式：

表 3-23　全加器真值表

输　入			输　出	
A	B	C_I	S	C_O
0	0	0	0	0
0	0	1	1	0
0	1	0	1	0
0	1	1	0	1
1	0	0	1	0
1	0	1	0	1
1	1	0	0	1
1	1	1	1	1

$$
\begin{aligned}
S &= \overline{A}\,\overline{B}C_I + \overline{A}B\,\overline{C_I} + A\,\overline{B}\,\overline{C_I} + ABC_I \\
&= (\overline{A}\,\overline{B} + AB)C_I + (\overline{A}B + A\,\overline{B})\overline{C_I} \\
&= (\overline{A \oplus B})C_I + (A \oplus B)\overline{C_I} \\
&= A \oplus B \oplus C_I \\
C_O &= \overline{A}BC_I + A\,\overline{B}C_I + AB\,\overline{C_I} + ABC_I \\
&= (\overline{A}B + A\,\overline{B})C_I + AB(\overline{C_I} + C_I) \\
&= (A \oplus B)C_I + AB
\end{aligned}
$$

（4）逻辑电路和逻辑符号

根据全加器的逻辑表达式，可画出其逻辑电路如图 3-40a 所示。全加器的逻辑符号如图 3-40b 所示。

2. 串行进位全加器

利用多个一位全加器可组成多位二进制全加器，图 3-41 为 4 位串行加法器逻辑电路。其中 $A_3 \sim A_0$、$B_3 \sim B_0$ 为两个 4 位二进制加数，其和为 $S_3 \sim S_0$。每一位的进位逐位向高位串行传送，最低位 C_I 接地，最高位进位 C_O 即为总进位。

图 3-41 属串行加法器，其优点是电路结构简单，缺点是由于串行逐级进位，完成整个运算所需时间较长。所谓"超前进位"，是根据加法运算前的低位状态直接得到本位进位信号。因此，速度上明显快于逐级传输方法。"超前进位"可有效提高加法器的运算速度。

3. 集成全加器

（1）双全加器 74LS183

74LS183 片内有两个功能完全相同的一位二进制数全加器,图 3-42 为其引脚图。

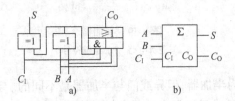

图 3-40　全加器

a) 逻辑电路　b) 逻辑符号

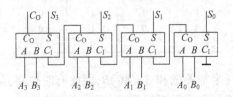

图 3-41　4 位串行加法器逻辑电路

（2）4 位超前进位全加器 74LS283

74LS283 为 4 位超前进位全加器,图 3-43 为其引脚图。$A_3 \sim A_0$、$B_3 \sim B_0$ 为两个 4 位二进制加数;$S_3 \sim S_0$ 为 4 位和输出;C_I 为来自低位的输入进位,C_O 为总的输出进位。

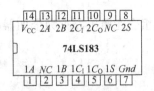

图 3-42　74LS183 引脚图

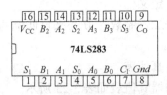

图 3-43　74LS283 引脚图

【例 3-13】 试应用 74LS283 组成 8 位二进制数加法电路。

解：74LS283 为 4 位全加器,组成 8 位全加器时需 2 片 74LS283 串联,如图 3-44 所示。两个 8 位二进制数的低 4 位和高 4 位分别从 2 片 74LS283 $A_3 \sim A_0$ 和 $B_3 \sim B_0$ 输入;芯片 Ⅰ 的输入进位 C_I 接地,输出进位 C_O 连接至芯片 Ⅱ 的输入进位 C_I;低 4 位和 $S_3 \sim S_0$ 从芯片 Ⅰ

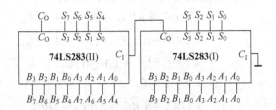

图 3-44　74LS283 组成 8 位二进制数加法器

输出,高 4 位和 $S_7 \sim S_4$ 从芯片 Ⅱ 输出;输出总进位 C_O 即芯片 Ⅱ 输出进位 C_O。

【复习思考题】

3.43　半加器与异或门有何区别?

3.44　全加器与半加器有何区别?

3.45　写出半加器和全加器 S 和 C_O 的逻辑表达式,并画出其电路逻辑符号。

3.46　什么叫全加器的超前进位?

【相关习题】

判断题:3.15 ~ 3.18;填空题:3.39 ~ 3.40;选择题:3.58 ~ 3.59;分析计算题:3.106 ~ 3.108。

3.5　组合逻辑电路的竞争冒险现象

前几节分析的组合逻辑电路,均没有考虑门电路的传输延迟时间,而实际上,门电路在信号转换时,均会出现不同程度的延时,致使在某些情况下,电路输出端产生错误组合信号。

3.5.1　竞争冒险的产生

1. 竞争冒险的两种现象

（1）现象Ⅰ

如图 3-45a 所示电路,$Y = A + \overline{A}$,按电路逻辑功能 $Y = A + \overline{A} = 1$,理论上 Y 恒为 1,不会产生错误。但由于门电路传输时间延迟,就有可能产生错误输出波形。如图 3-45b 所示,设每个门延迟时间为 t_{pd},则 $\overline{A}$ 延迟 A 时间为 t_{pd},在 A 脉冲后沿,全 0 出 0,因而 $Y = A + \overline{A}$ 会出现一个低电平窄脉冲。

（2）现象Ⅱ

如图 3-46a 所示电路,$Y = A\overline{A}$,按电路逻辑功能 $Y = A\overline{A} = 0$,理论上 Y 恒为 0,不会产生错误。但由于门电路传输时间延迟,就有可能产生错误输出波形。如图 3-46b 所示,设每个门延迟时间为 t_{pd},则 $\overline{A}$ 延迟 A 时间为 t_{pd},在 A 脉冲的前沿,全 1 出 1,$Y = A\overline{A}$ 会出现一个高电平窄脉冲。

2. 竞争与冒险的含义

（1）竞争

门电路输入端的两个互补输入信号同时向相反的逻辑电平跳变的现象称为竞争。

例如,图 3-45 中或门和图 3-46 中与门的两个互补输入信号 A 和 $\overline{A}$ 同时向相反方向发生跳变瞬间,产生竞争。

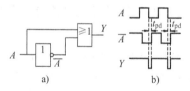

图 3-45　竞争冒险现象Ⅰ示意图

a) $Y = A + \overline{A}$ 电路　b) 冒险波形示意

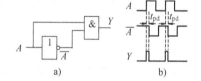

图 3-46　竞争冒险现象Ⅱ示意图

a) $Y = A\overline{A}$ 电路　b) 冒险波形示意

（2）冒险

门电路由于竞争而产生错误输出(尖峰脉冲)的现象称为竞争-冒险。

对大多数组合逻辑电路来说,竞争现象是不可避免的。但竞争不一定会产生冒险,而产生冒险必定存在竞争。

图 3-45 中,或门输入端信号 A 和 $\overline{A}$,每个周期产生 2 次竞争,一次产生在脉冲前沿,另一次产生在脉冲后沿。脉冲前沿的那次竞争未形成冒险,而脉冲后沿的那次竞争形成了冒险。

同理,图 3-46 中,与门输入端信号 A 和 $\overline{A}$,每个周期产生 2 次竞争,脉冲前沿和脉冲后沿各一次,脉冲后沿的那次竞争未形成冒险,而脉冲前沿的那次竞争形成了冒险。

3. 判断产生竞争-冒险的方法

有竞争就有可能形成冒险,判断有无竞争-冒险可先判断有无竞争。一般可用下述两种方法:

① 在某种条件下,当或门形成 $Y = A + \bar{A}$(或非门形成 $\overline{A + \bar{A}}$)时,会产生竞争现象;在某种条件下,当与门形成 $Y = A\bar{A}$(与非门形成 $\overline{A\bar{A}}$)时,会产生竞争现象。

例如,逻辑函数 $Y = AB\bar{C} + CD$,在 $A = B = D = 1$ 的情况下,$Y = C + \bar{C}$,存在竞争。

又如,逻辑函数 $Y = \overline{\bar{A}BD \cdot \overline{BC} \cdot A\bar{B}\bar{C}}$,在 $A = 0$,$C = D = 1$ 的情况下,$Y = \bar{B} \cdot B$,存在竞争。

② 卡诺图中有相邻的卡诺圈相切。

例如,逻辑函数 $Y = A\bar{B} + CD$,画出其卡诺图如图 3-47a 所示,其中卡诺圈 CD 与卡诺圈 $AB\bar{C}$ 相切,因此存在竞争。

又如,逻辑函数 $Y = \overline{\bar{A}BD \cdot \overline{BC} \cdot A\bar{B}\bar{C}} = \bar{A}BD + BC + A\bar{B}\bar{C}$,画出其卡诺图如图 3-47b 所示,其中卡诺圈 BC 与卡诺圈 $\bar{A}BD$ 相切,卡诺圈 $\bar{A}BD$ 与卡诺圈 $A\bar{B}\bar{C}$ 相切,因此存在竞争。

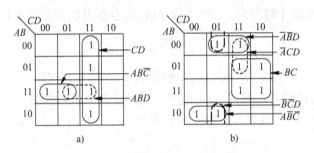

图 3-47　从卡诺图判断竞争现象举例

a) $Y = AB\bar{C} + CD$　b) $Y = \bar{A}BD + BC + \bar{A}CD + A\bar{B}\bar{C}$

3.5.2　竞争冒险的消除

为消除组合逻辑电路中的竞争冒险现象,可以采用的方法很多,常用的方法有以下两种。

1. 引入冗余项

引入冗余项也称为修改逻辑设计法。上例中,逻辑函数 $Y = AB\bar{C} + CD$,在 $A = B = D = 1$ 情况下存在竞争。为消除竞争,可增加冗余项。$Y = AB\bar{C} + CD = AB\bar{C} + CD + ABD$,增加的 ABD 项可以从图 3-47a 中得出。增加了 ABD 项后,消除了卡诺圈 CD 与卡诺圈 $AB\bar{C}$ 相切情况。原来在 $A = B = D = 1$ 情况下,出现 $Y = C + \bar{C}$,输出端形成错误负脉冲(参阅图 3-45)。现在由于 ABD 项的存在,跳变瞬间 $Y = \bar{C} + C + ABD = \bar{C} + C + 1 = 1$,从而消除了错误负脉冲。

引入冗余项后,增加了电路复杂性,但消除了竞争冒险现象,提高了电路的可靠性。图 3-48a 为原逻辑电路,图 3-48b 为引入冗余项 ABD 后的逻辑电路。

这种方法适用于较简单的电路。若输入变量较多,且有两个或两个以上变量出现竞争,则难于简单地解决所有竞争-冒险问题。

2. 输出端增加滤波电容 C_f

利用电容的滤波特性,在输出端对地并接小电容 C_f,可滤除可能产生的冒险窄脉冲。电容 C_f 的取值主要与门电路的延迟时间有关,例如图 3-48c 中,若门电路延时时间为 10 ns,电容 C_f 可取 390 pF。

这种方法的优点是简单易行,缺点是增加了输出电压波形的上升时间和下降时间,使波形变坏。

【例 3-14】 已知 4 变量逻辑函数 $Y(ABCD) = \sum m(1,3,6,7,8,9,14,15)$，当用最少数目的与非门实现时,分析电路在什么时刻可能出现冒险现象? 如何采取措施消除?

解：根据逻辑函数 Y 表达式,先画出卡诺图如图 3-47b 所示。根据卡诺图化简可得出最简与或表达式 $Y = \bar{A}\,\bar{B}D + BC + A\,\bar{B}\,\bar{C} = \overline{\overline{\bar{A}\,\bar{B}D}\cdot\overline{BC}\cdot\overline{A\,\bar{B}\,\bar{C}}}$。

从卡诺图中看出,卡诺圈 $\bar{A}\,\bar{B}D$ 与 BC 相切,即在 $A = 0, C = D = 1$,且 B 信号变化时,会产生竞争,有可能产生冒险。消除的方法是引入冗余项 $\bar{A}CD$;另外,卡诺圈 $\bar{A}\,\bar{B}D$ 与卡诺圈 $A\,\bar{B}\,\bar{C}$ 相切,即在 $B = C = 0, D = 1$,且 A 信号变化时,会产生竞争,有可能产生冒险。消除方法是引入冗余项 $\bar{B}\,\bar{C}D$。

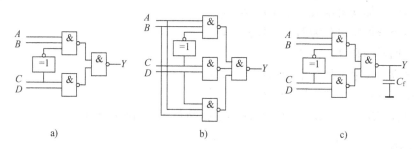

图 3-48　消除竞争冒险的方法

a) $Y = AB\bar{C} + CD$ 逻辑电路　b) 增加冗余项 ABD　c) 增加滤波电容 C_f

【复习思考题】

3.47　叙述组合逻辑电路竞争与冒险的含义,二者有何关系?

3.48　或门和或非门电路、与门和与非门电路,什么情况下会产生竞争冒险现象?

3.49　从卡诺图上如何判断组合逻辑电路会产生竞争?

3.50　简述消除组合逻辑电路竞争的常用方法。

【相关习题】

判断题:3.19 ~ 3.20;填空题:3.41 ~ 3.44;选择题:3.60 ~ 3.61;分析计算题:3.109 ~ 3.110。

3.6　习题

3.6.1　判断题

3.1　组合逻辑电路中有具有记忆功能的逻辑部件。(　　)

3.2　组合逻辑电路设计是组合逻辑电路分析的逆过程。(　　)

3.3　优先编码器的编码信号是相互排斥的,不允许有多个输入信号同时有效。(　　)

3.4　10-4 线 BCD 码优先编码器 74LS147 有 10 个输入端。(　　)

3.5　译码是编码的逆过程。(　　)

3.6　74LS138 3 个门控端 G_1、$\overline{G_{2A}}$、$\overline{G_{2B}}$ 之间的关系为逻辑"或"。(　　)

3.7　74LS138 3 个控制端有一个无效时,芯片禁止译码,输出高阻。(　　)

3.8 共阴型 LED 数码管应选用有效输出为高电平的显示译码器来驱动。（　　）

3.9 数据选择器只能传输数字信号，模拟开关只能传输模拟信号。（　　）

3.10 数据选择器可实现组合逻辑函数。（　　）

3.11 应用 74LS138 实现组合逻辑函数比 74LS151 电路更简洁。（　　）

3.12 集成数字电路中没有专用的数据分配器，而是使用通用译码器中的变量译码器实现数据分配。（　　）

3.13 3-8 线译码器 74LS138 可实现数据分配功能。（　　）

3.14 74LS151 为 8 选 1 数据选择器，只有 3 个地址输入端，不能实现 4 变量地址数据选择功能。（　　）

3.15 两个半加器可组成一个全加器。（　　）

3.16 一个全加器可分为两个半加器。（　　）

3.17 全加器的和 $S = A \oplus B$。（　　）

3.18 异或门仅是半加器半加运算的一部分。（　　）

3.19 竞争不一定会产生冒险。（　　）

3.20 组合逻辑电路卡诺图中有相邻的卡诺圈相切，就存在竞争。（　　）

3.6.2 填空题

3.21 数字电路任一时刻的稳态输出只取决于该时刻输入信号的组合，而与这些输入信号作用前电路原来的状态无关，则该数字电路称为_____逻辑电路。

3.22 给定组合逻辑电路，求出其相应的输入输出逻辑表达式，确定其逻辑功能的过程，称为组合逻辑电路的_____。

3.23 用低电平代表逻辑 1，高电平代表逻辑 0，这种逻辑体制称为_____逻辑。

3.24 用二进制代码表示数字、符号或某种信息的过程称为_____。

3.25 将给定的代码转换为相应的输出信号或另一种形式代码的过程称为_____。

3.26 编码器一般可分为_____编码器和_____编码器；按编码形式可分为_____编码器和_____编码器；按编码器编码输出位数可分为_____线编码器、_____线编码器和_____线编码器。

3.27 普通编码器输入端中，_____有效。优先编码器输入端中，_____有效编码。

3.28 编码器 74LS148 输出端 $\overline{Y_2}\ \overline{Y_1}\ \overline{Y_0}$ 为_____码形式，111 相当于_____。

3.29 编码器 74LS148 与 74LS348 的区别是 74LS348 具有_____功能。

3.30 译码器输出有效时，74LS138 是输出_____电平有效；74LS238 是输出_____电平有效。

3.31 发光二极管正向压降大多在_____V 之间；工作电流一般为_____毫安；亮度随_____增大而增强。

3.32 LED 数码管按内部 LED 连接方式可分为共_____型和共_____型。

3.33 对于共阳型 LED 数码管，应选用输出_____电平的显示译码器。

3.34 能够从多路数据中选择一路进行传输的电路称为_____。

3.35 2^n 选 1 数据选择器有_____位地址码，最多可以实现_____个变量地址组合逻辑函数。

3.36 数据选择器可分为有＿＿＿＿选 1、＿＿＿＿选 1、＿＿＿＿选 1 和＿＿＿＿选 1 等多种类型。

3.37 数据选择器除从多路数据中选择一路输出应用外,还可将＿＿＿＿＿＿数据变为＿＿＿＿＿＿数据。

3.38 能够比较两组数字大小的数字电路称为＿＿＿＿＿＿。

3.39 串行加法器,优点是＿＿＿＿＿＿,缺点是＿＿＿＿＿＿。

3.40 所谓"超前进位",是根据加法运算前低位的状态＿＿＿＿＿＿。

3.41 门电路输入端的两个互补输入信号同时向＿＿＿＿＿＿的现象称为竞争。

3.42 逻辑函数卡诺图中有相邻的卡诺圈＿＿＿＿,该逻辑函数存在竞争。

3.43 门电路由于竞争而产生错误输出(尖峰脉冲)的现象称为＿＿＿＿＿＿。

3.44 消除组合逻辑电路中的竞争冒险现象,常用＿＿＿＿＿＿和＿＿＿＿＿＿的方法。

3.6.3 选择题

3.45 组合逻辑电路分析方法的一般步骤有(多选)＿＿＿＿＿＿。

    A. 逐级写出每个门电路的逻辑表达式;

    B. 化简输出端的逻辑表达式;

    C. 列出真值表;

    D. 根据真值表,分析和确定电路的逻辑功能

3.46 若需对 50 个编码输入信号编码,则输出编码位数至少为＿＿＿＿个。

    A. 5;   B. 6;   C. 10;   D. 50

3.47 若编码器编码输出位数为 4 位,则最多可对＿＿＿＿个输入信号编码。

    A. 4;   B. 8;

    C. 16;   D. 32

3.48 74LS 系列译码器中,2-4 线译码器为＿＿＿＿;3-8 线译码器为＿＿＿＿;4-16 线译码器为＿＿＿＿;BCD 码译码器为＿＿＿＿。

    A. 74LS42;   B. 74LS138;

    C. 74LS139;   D. 74LS154

3.49 将给定的二进制码变换为相应的(多选)＿＿＿＿功能之一者,就属于译码器。

    A. 另一种形式二值代码;   B. 显示代码;

    C. BCD 码;   D. 十进制数

3.50 74LS148 输入输出端线为＿＿＿＿＿＿。

    A. 输入 2,输出 4;   B. 输入 4,输出 2;

    C. 输入 3,输出 8;   D. 输入 8,输出 3

3.51 74LS138 输入输出端线为＿＿＿＿＿＿。

    A. 输入 2,输出 4;   B. 输入 4,输出 2;

    C. 输入 3,输出 8;   D. 输入 8,输出 3

3.52 74LS138 三个控制端 G_1、$\overline{G_{2A}}$ 和 $\overline{G_{2B}}$ 的关系为＿＿＿＿。

    A. 与;   B. 或;   C. 无关;   D. 不定

3.53 16 选 1 数据选择器,其地址输入端至少应有＿＿＿＿＿＿＿位。

A. 2;   B. 4;   C. 8;   D. 16

3.54 8 路数据分配器,其地址输入端至少应有＿＿＿＿＿＿位。

A. 2;   B. 3;   C. 4;   D. 8

3.55 8 选 1 数据选择器,其数据输入端有＿＿＿＿＿＿＿个。

A. 2;   B. 3;   C. 4;   D. 8

3.56 n 选 1 数据选择器,最多能实现＿＿＿＿＿＿个变量地址组合逻辑函数。

A. $n-1$;   B. n;   C. $n+1$;   D. $2n$;

E. n^2;   F. 2^n

3.57 数据选择器主要应用功能有(多选)＿＿＿＿＿＿＿。

A. 从多路数据中选择一路输出;

B. 将并行数据变为串行数据;

C. 将串行数据变为并行数据;

D. 实现组合逻辑函数

3.58 半加器有＿＿＿＿＿＿＿;全加器有＿＿＿＿＿＿＿。

A. 2 个输入端,2 个输出端;

B. 2 个输入端,3 个输出端;

C. 3 个输入端,2 个输出端;

D. 3 个输入端,3 个输出端

3.59 全加器与半加器的区别为＿＿＿＿＿＿＿。

A. 不包含异或运算;

B. 加数中包含来自低位的进位;

C. 无进位;

D. 有进位

3.60 组合逻辑电路中,若在某种条件下形成(多选)＿＿＿＿＿＿＿,会产生竞争现象。

A. 或门电路,形成 $Y=A+\bar{A}$;

B. 或非门电路,形成 $Y=\overline{A+\bar{A}}$;

C. 与门电路,形成 $Y=A\bar{A}$;

D. 与非门电路,形成 $Y=\overline{A\bar{A}}$

3.61 下列关于组合逻辑电路竞争冒险现象说法不正确的是＿＿＿＿＿＿＿。

A. 对组合逻辑电路来说,竞争是不可避免的;

B. 竞争不一定会产生冒险;

C. 产生冒险必定存在竞争;

D. 竞争冒险可以消除

3.6.4 分析计算题

3.62 已知逻辑电路如图 3-49 所示,试分析其逻辑功能。

3.63 试分析图 3-50 所示电路逻辑功能。

3.64 已知逻辑电路如图 3-51 所示,试写出 $Y_1 \sim Y_3$ 逻辑表达式,列出真值表。

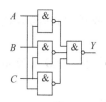

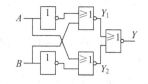

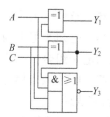

图 3-49　习题 3.62 逻辑电路　　　图 3-50　习题 3.63 逻辑电路　　　图 3-51　习题 3.64 逻辑电路

3.65　试分析图 3-52 所示电路逻辑功能。

3.66　试分析图 3-53 所示电路逻辑功能。

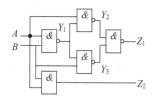

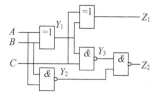

图 3-52　习题 3.65 逻辑电路　　　　　　　　图 3-53　习题 3.66 逻辑电路

3.67　试分析图 3-54 所示电路逻辑功能

3.68　试分析图 3-55 所示电路逻辑功能。

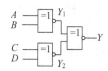

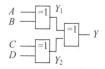

图 3-54　习题 3.67 逻辑电路　　　　　　　　图 3-55　习题 3.68 逻辑电路

3.69　已知某工厂电源允许功率容量为 100 kW,厂内有 3 台大功率设备,分别为 30 kW、50 kW 和 65 kW,其余用电设备均可忽略不计,它们投入运行为随机组合,试求工厂安全用电运行组合逻辑电路。

3.70　条件同上题,若要求实现用电超负荷报警,试求组合逻辑电路。

3.71　某企业有 2 台电动机,试用门电路设计一个故障指示电路,要求:

(1) 若 2 台电动机工作都正常,绿灯 G 亮,其余灯暗;

(2) 若其中一台发生故障,黄灯 Y 亮,其余灯暗;

(3) 若 2 台电动机均有故障,红灯 R 亮,其余灯暗。

3.72　自动控制地铁列车,在关门和下一段路轨空出条件下,列车可以开出。其中关门可分自动关门或手动关门,试用门电路设计列车可以开出的逻辑电路(设自动关门信号为 A,$A=1$,自动关门;手动关门信号为 B,$B=1$,手动关门;下一段路轨空出信号为 C,$C=1$,空出;列车可以开出信号为 Y,$Y=1$,可以开出。)

3.73　试用门电路实现 3 变量奇校验电路,即输入"1"的个数为奇数时,输出 1;否则为 0。要求列出真值表,写出逻辑表达式并化简,画出由门电路组成的组合逻辑电路。

3.74　试用门电路实现 3 变量偶校验电路,即输入"1"个数为偶数(包括 0)时,输出 1;否则为 0。要求列出真值表,写出逻辑表达式并化简,画出由门电路组成的组合逻辑电路。

3.75 条件同上题,但偶数不包括0,试重新解题。

3.76 已知某逻辑函数真值表如表3-24所示,试用三种门电路(与或式、与非与非式和其他最简门电路组合),实现该组合逻辑电路。

3.77 已知输入信号 ABC 和输出信号 Y 的波形如图3-56所示,试用最少数量与非门电路,实现该波形要求。

3.78 已知逻辑电路如图3-57所示,试求其输出端 $\overline{GS}$、EO、$\overline{Y}_2$、$\overline{Y}_1$、$\overline{Y}_0$ 电平值。

表3-24 题3.76真值表

A	B	C	Y
0	0	0	0
0	0	1	1
0	1	0	1
0	1	1	0
1	0	0	1
1	0	1	0
1	1	0	0
1	1	1	1

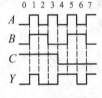

图 3-56 习题 3.77 波形

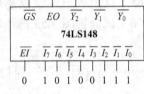

图 3-57 习题 3.78 逻辑电路

3.79 已知逻辑电路如图3-58所示,试求其输出端 $\overline{Y}_3 \sim \overline{Y}_0$ 电平值。

3.80 试用8-3线优先编码器74LS148和门电路组成BCD码优先编码器。

3.81 已知 CMOS 8-3 线优先编码器 CC 4532 引脚图如图3-59所示,芯片功能与74LS148相同,输入端 $I_0 \sim I_7$、输出端 $Y_0 \sim Y_2$、编码选通端 ST、扩展输出端 GS、选通输出端 EO 均高电平有效。试以 CC 4532 和门电路组成 0~9 数字键盘编码器,要求按引脚图排列画出连接线路。

3.82 试按习题3.81要求用 CC 4532(8-3线编码器)、4071(2输入端4或门)、4069(6反相器)在面包板上连接组成 0~9 数字键盘编码器。10个键值输入有效时接 V_{CC},无效时接地。并用万用表测试输出端编码状态。

3.83 试用2片 CC4532 组成 16-4 线编码器。

3.84 试应用74LS138和门电路实现逻辑函数: $F = ABC + \overline{A}\overline{B}C + A\overline{B}\overline{C}$。

3.85 试应用74LS138和门电路实现逻辑函数: $Y = \overline{A}\overline{B}C + A\overline{B}\overline{C} + A\overline{B}C + ABC$。

3.86 试应用74LS138和门电路实现逻辑函数: $F = \overline{B}\overline{C} + AB\overline{C}$。

3.87 试应用74LS138和门电路实现多输出逻辑函数:
$$F_1 = A\overline{B} + C \ ; \ F_2 = \overline{A}\overline{B} + \overline{A}C + AB\overline{C}。$$

3.88 试用 CC 4028 实现上题逻辑函数要求。

3.89 已知逻辑电路如图3-60所示,试写出 F_1、F_2 最简与或表达式。

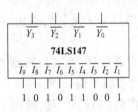

3-58 习题 3.79 逻辑电路

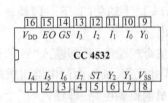

图 3-59 CC 4532 引脚图

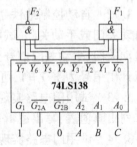

-60 习题 3.89 逻辑电路

84

3.90 试用一片74LS138辅以门电路同时实现下列函数：

（1）$F_1 = A\overline{B} + \overline{B}C + AC$；（2）$F_2 = \overline{A}C + BC + A\overline{C}$。

3.91 试利用74LS48实现2位LED数码管显示，画出电路，并说明电路连接关系。

3.92 试利用74LS47实现2位LED数码管显示，画出电路，并说明电路连接关系。

3.93 试用一片74LS47和一位共阳LED数码管组成译码显示电路。要求：

（1）按图3-61在面包板上连接电路。

（2）$\overline{LT} = 0$（接地），$\overline{BI} = 1$（接 $+5\text{ V}$），观察显示情况。

（3）$\overline{LT} = \overline{BI} = \overline{RBI} = 1$，$A_3 \sim A_0$依次接0000～1111，观察显示情况，并填写表3-25。

（4）若需使数字显示闪烁，应如何处理？

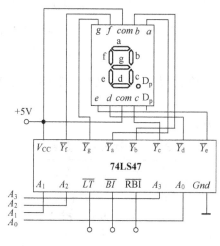

图3-61 一位74LS47译码显示电路

表3-25 习题3.93 数据表

A_3	A_2	A_1	A_0	显示字符
0	0	0	0	
0	0	0	1	
0	0	1	0	
0	0	1	1	
0	1	0	0	
0	1	0	1	
0	1	1	0	
0	1	1	1	
1	0	0	0	
1	0	0	1	
1	0	1	0	
1	0	1	1	
1	1	0	0	
1	1	0	1	
1	1	1	0	
1	1	1	1	全暗

3.94 已知逻辑电路如图3-62所示，试写出其逻辑函数表达式。

3.95 试应用74LS153实现逻辑函数：$F = \overline{A}B\overline{C} + A\overline{B} + \overline{A}BC$。

3.96 试应用数据选择器74LS151实现逻辑函数：$F = \overline{B}\,\overline{C} + AB\overline{C}$。

3.97 试应用数据选择器74LS151实现组合逻辑函数：$F = A\overline{B} + \overline{A}C + B\overline{C}$。

3.98 已知逻辑电路如图3-63所示，试分析电路逻辑功能，并写出最简与或表达式。

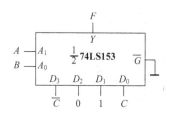

图3-62 习题3.94 逻辑电路

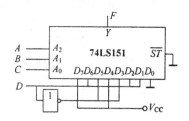

图3-63 习题3.98 逻辑电路

3.99 试应用数据选择器74LS151实现组合逻辑函数：

$$F(ABCD) = \overline{A}\,\overline{B}\,\overline{C}\,D + \overline{A}\,\overline{B}CD + \overline{A}B\,\overline{C}\,D + \overline{A}B\,\overline{C} + A\,\overline{B}\,\overline{C}D + A\,\overline{B}C\,\overline{D} + AB\,\overline{C}$$

3.100 三人多数表决实验。试分别按图3-64和图3-65两种方法在面包板上连接电路。

表决输入端接 +5 V 表示赞成,接地表示否决(每一输入端不能悬空,悬空表示接高电平)。表决通过,表决指示灯亮;否则灯暗。

(1) 图 3-64,用 3-8 线译码器 74LS138 和 4 输入端双与非门 74LS22(引脚图参阅图 2-27)。

(2) 图 3-65,用 8 选 1 数据选择器 74LS151。

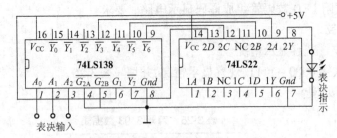

图 3-64　74LS138 三人多数表决电路

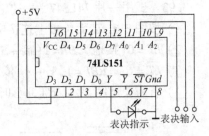

图 3-65　74LS151 三人多数表决电路

3.101　试用两片 74LS251 组成 16 选 1 数据选择器。

3.102　已知逻辑电路如图 3-66 所示,试分析电路功能,并写出 Y 最小项逻辑表达式和 $\sum m_i$ 形式,列出电路真值表。

3.103　试按表 3-26 逻辑功能设计一个组合逻辑电路。

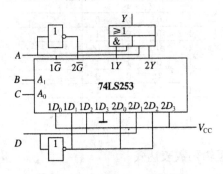

图 3-66　习题 3.102 电路

表 3-26　习题 3.103 功能表

A	B	C	F
0	0	0	1
0	0	1	$R+S$
0	1	0	$\overline{RS}$
0	1	1	$R \oplus S$
1	0	0	$\overline{R \oplus S}$
1	0	1	RS
1	1	0	$\overline{R+S}$
1	1	1	0

3.104　试将 74LS138 用作 1-8 线数据分配器,要求反码输出(即相应输出端数据与 D 相反)。

3.105　已知脉冲分配器如图 3-67a 所示。

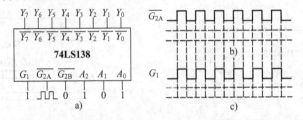

图 3-67　习题 3.105 电路与波形

(1) $\overline{G_{2A}}$ 端输入脉冲波形如图 3-67b 所示,试画出相应输出端波形。

(2) 若 $\overline{G_{2A}} = \overline{G_{2B}} = 0$,该输入脉冲波形从 G_1 输入,试画出相应输出端波形。

(3) 若需要从 $\overline{Y_0}$ 端输出脉冲,电路应如何改接?

3.106 已知逻辑电路如图 3-68 所示,P 为控制信号。试分析在下述情况下,$S_0 \sim S_3$ 和 C_0 电平状态。

(1) $P = 0, A_3A_2A_1A_0 = 0101, B_3B_2B_1B_0 = 1001$

(2) $P = 1, A_3A_2A_1A_0 = 0111, B_3B_2B_1B_0 = 1101$

(3) $P = 1, A_3A_2A_1A_0 = 1011, B_3B_2B_1B_0 = 0110$

(4) $P = 1, A_3A_2A_1A_0 = 0101, B_3B_2B_1B_0 = 1110$

3.107 已知电路如图 3-69 所示,试分析输入下列数据时,哪一个 LED 亮?

(1) $I_{13}I_{12}I_{11}I_{10} = 0110, I_{23}I_{22}I_{21}I_{20} = 0011, I_{33}I_{32}I_{31}I_{30} = 1010$

(2) $I_{13}I_{12}I_{11}I_{10} = 0101, I_{23}I_{22}I_{21}I_{20} = 1000, I_{33}I_{32}I_{31}I_{30} = 1101$

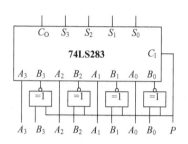

图 3-68 习题 3.106 逻辑电路

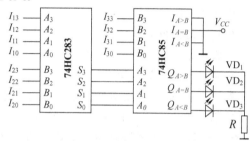

图 3-69 习题 3.107 逻辑电路

3.108 已知 CMOS 4 位超前进位加法器 CC 4008 引脚图如图 3-70 所示,其功能与 74LS283 相同。试用两片 CC 4008 按图 3-71 在面包板上连接线路,组成 8 位二进制加法器。并按表 3-27 分别置入 AB 两个加数实验数据,其中 1 接 5 V,0 接地。用万用表逐位测试两片 CC 4008 $S_3 \sim S_0$ 和 C_0 对地电压数据,并填入表 3-27。

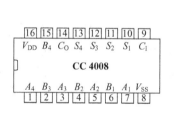

图 3-70 CC4008 引脚图

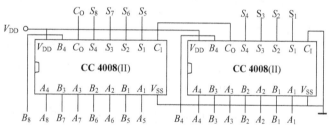

图 3-71 两片 CC4008 组成 8 位加法器

3.109 试判断下列逻辑函数有否可能产生竞争冒险? 若有,试指出其条件和消除方法。

(1) $F = AC + B\,\overline{C}$

(2) $F = (A + C)(B + \overline{C})$

表 3-27 8 位加法器实验数据

	$A_8 \sim A_1$	$B_8 \sim B_1$	$S_8 \sim S_1$	C_0
实验数据①	10110111	11010100		
实验数据②	01101001	10011110		

3.110 已知逻辑函数 $F(ABCD) = \sum m(2,3,5,7,8,10,13)$,若考虑用最少数量的与非门实现其逻辑功能时,分析电路冒险现象可能出现在什么时刻? 如何用引入冗余项的方法消除?

第4章 触 发 器

本章要点

- 触发器的基本概念
- 触发器的触发方式
- JK 触发器
- D 触发器
- T 触发器和 T′ 触发器
- 常用集成触发器
- 集成触发器的应用

数字系统中,不但要对数字信号进行算术运算和逻辑运算,而且还需要将运算结果保存起来。能够存储一位二进制数字信号的逻辑电路称为触发器(Flip-Flop,简称 FF)。和门电路一样,触发器也是组成各种复杂数字系统的一种基本逻辑单元,其主要特征是具有"记忆"功能。因此,触发器也称为半导体存储单元或记忆单元。

4.1 触发器的基本概念

4.1.1 基本 RS 触发器

1. 电路组成

图 4-1a、c 分别为由与非门和或非门组成的基本 RS 触发器。图 4-1b、d 分别为其逻辑符号。图中 Q、$\overline{Q}$ 端为输出端,逻辑电平值恒相反。Q 和 $\overline{Q}$ 端有两种稳定状态:$Q=1$、$\overline{Q}=0$ 或 $Q=0$、$\overline{Q}=1$,所以也称为双稳态触发器。S、R 分别称为置"1"端和置"0"端。即 S 有效时,Q 端输出"1";R 有效时,Q 端输出"0"。图 4-1a 中 $\overline{S}$、$\overline{R}$ 低电平有效,在图 4-1b 中以输入端小圆圈表示。

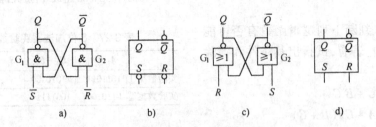

图 4-1　基本 RS 触发器及其逻辑符号

a) 由与非门组成触发器　b) 与非门组成触发器的逻辑符号
c) 由或非门组成触发器　d) 或非门组成触发器的逻辑符号

2. 逻辑功能

在描述触发器逻辑功能时,为分析方便,触发器原来的状态称为初态,用 Q^n 表示,触发以后的状态称为次态，用 Q^{n+1} 表示。现以图 4-1a 为例分析如下：

（1） $\bar{S}=0$、$\bar{R}=1$

$\bar{S}=0$，G_1 有 0 出 1，$Q=1$；G_2 全 1 出 0，$\bar{Q}=0$；因此 $Q^{n+1}=1$。

（2） $\bar{S}=1$、$\bar{R}=0$

$\bar{R}=0$，G_2 有 0 出 1，$\bar{Q}=1$；G_1 全 1 出 0，$Q=0$；因此 $Q^{n+1}=0$。

（3） $\bar{S}=1$、$\bar{R}=1$

此时触发器的次态与初态有关。若初态 $Q=1$、$\bar{Q}=0$，则 G_1 有 0 出 1，仍为 $Q=1$、$\bar{Q}=0$；若初态 $Q=0$、$\bar{Q}=1$，则 G_2 有 0 出 1，仍为 $Q=0$、$\bar{Q}=1$；因此 $Q^{n+1}=Q^n$。

（4） $\bar{S}=0$、$\bar{R}=0$

电路输出应为 $Q^{n+1}=\overline{Q^{n+1}}=1$，违背了触发器对 Q 与 $\bar{Q}$ 互补的定义，不允许出现。且触发器具有记忆功能，即触发脉冲消失后，能保持（记忆）原来的输出状态。现若 $\bar{S}=0$、$\bar{R}=0$ 触发脉冲先后消失，即为出现上述分析（1）、（2）中现象；若同时消失，则要看门 G_1、G_2 传输延迟时间 t_{pd} 的长短。若 G_1 的 t_{pd1} 短，则 G_1 首先翻转，即 $Q=0$，反馈至 G_2 输入端，使 $\bar{Q}=1$；若 G_2 的 t_{pd2} 短，则使 $\bar{Q}=0$、$Q=1$。因此，$\bar{R}\,\bar{S}=00$ 同时消失（即 $\bar{R}\,\bar{S}$ 从 00→11）后的输出状态不定。

基本 RS 触发器功能表如表 4-1 所示。由或非门组成的基本 RS 触发器，RS 触发信号高电平有效，逻辑功能相同，其中 $RS=11$ 后的输出状态不定。

3. 触发器的特点

根据上述对基本 RS 触发器逻辑功能的分析，可以得出，触发器有以下特点：

① 有两个稳定状态：

1 态：$Q=1$、$\bar{Q}=0$

0 态：$Q=0$、$\bar{Q}=1$

Q 与 $\bar{Q}$ 的电平总是以互补状态出现。

② 在外部信号触发作用下，可以由一种稳定状态转换到另一种稳定状态。

③ 具有记忆功能，即外部触发信号消失后仍能维持原来的稳定状态。

表 4-1　基本 RS 触发器功能表

与非门组成			或非门组成		
$\bar{R}$	$\bar{S}$	Q^{n+1}	R	S	Q^{n+1}
0	0	不定	0	0	Q^n
0	1	0	0	1	1
1	0	1	1	0	0
1	1	Q^n	1	1	不定

4. 触发器的分析方法

触发器常用的分析方法也是时序逻辑电路常用的分析方法，主要有以下几种：

（1）功能表

功能表也称为真值表、特性表、状态转换表。功能表表示触发器的次态与初态、输入信号之间的逻辑关系，如表 4-1 所示。

（2）时序波形图

时序波形图也称为波形图、工作波形图、时序图。时序波形图是触发器输出波形随输入信号波形变化而变化的图形。

图 4-2a 为由与非门组成的基本 RS 触发器时序波形图，图 4-2b 为由或非门组成的基本 RS 触发器时序波形图。

（3）特征方程

特征方程也称为状态方程、特性方程。特征方程是触发器输出函数的逻辑表达式和约束条件(必须满足的条件)。

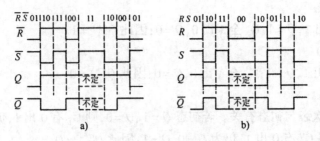

图 4-2 基本 RS 触发器时序波形

a) 与非门组成的 RS 触发器 b) 或非门组成的 RS 触发器

与非门组成的基本 RS 触发器的特征方程：

$$\begin{cases} Q^{n+1} = S + \bar{R}Q^n & \text{(4-1a)} \\ \bar{R} + \bar{S} = 1 \quad (约束条件) & \text{(4-1b)} \end{cases}$$

或非门组成的基本 RS 触发器的特征方程：

$$\begin{cases} Q^{n+1} = S + \bar{R}Q^n & \text{(4-2a)} \\ RS = 0 \quad (约束条件) & \text{(4-2b)} \end{cases}$$

(4) 状态转换图

状态转换图是触发器从一种状态转换到另一种状态时与输入信号之间的关系。

图 4-3a 为由与非门组成的基本 RS 触发器状态图，图 4-3b 为由或非门组成的基本 RS 触发器状态图。

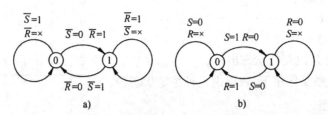

图 4-3 基本 RS 触发器状态转换器

a) 与非门组成 RS 触发器 b) 或非门组成 RS 触发器

触发器的状态转换也有用激励表形式表示，激励表是状态转换图的表格形式。

上述各种分析方法的区别是对触发器特性侧重点的不同描述，本质相同，各有特点。功能表完整清楚，波形图形象直观，特征方程便于记忆，状态转换图生动有趣。

4.1.2 基本 RS 触发器的改进

基本 RS 触发器的输出状态能跟随输入信号按一定规则相应变化。但在实际应用中，一般仅要求将输入信号 R、S 作为触发器输出状态变化的转移条件，不希望其立即变化。通常需要按一定节拍、在统一的控制脉冲作用下同步改变输出状态。

另外，基本 RS 触发器具有约束条件，出现不定状态，也影响了它的应用。

1. 钟控 RS 触发器

钟控RS触发器也称同步RS触发器，其电路符号如图4-4a所示。其中 $C1$ 代表编号为1

的时钟控制脉冲 CP，CP 在其他技术资料中也记作 CLK、CK、C 等，其名词来源于 Clock Pulse。$1R$、$1S$ 表示受 $C1$ 控制的两个输入信号，只能在 $C1$ 有效期间才能起作用。

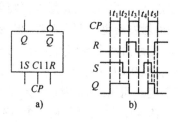

图 4-4 钟控 RS 触发器
a) 电路符号 b) 时序波形图

钟控 RS 触发器在 $CP = 0$ 时，输出信号不受输入信号 RS 变化的影响。在 $CP = 1$ 期间，RS 变化，Q 随之变化，其变化规律仍按基本 RS 触发器真值表，这种特性称为"透明"特性。所谓"透明"，即 $CP = 1$ 时，输出信号随输入信号变化而变化。钟控 RS 触发器不足之处是在 $CP = 1$ 期间，存在"空翻"现象，即 RS 多次变化，Q 也随之多次变化，如图4-4b所示。其时序波形说明如下：

① t_1 期间，$CP = 1$，$RS = 01$，$Q = 1$。

② t_2 期间，$CP = 0$，RS 变化，Q 不变。

③ t_3 期间，$CP = 1$，$RS = 10$，$Q = 0$。

④ t_4 期间，$CP = 0$，$RS = 00$，$Q = 0$ 维持不变。

⑤ t_5 期间，$CP = 1$，RS 变化，Q 随之变化（空翻），但最后，$RS = 10$，$Q = 0$。

触发器一般要求：在 CP 有效期间，只能翻转一次。

2. 主从型 RS 触发器

主从型 RS 触发器由两个钟控 RS 触发器即主触发器 F_1 和从触发器 F_2 串联而成，如图 4-5a 所示。时钟脉冲 CP 加在 F_1 时钟端 C_1，$\overline{CP}$ 加在 F_2 时钟端 C_2。$CP = 1$ 时，F_1 接收输入信号，F_2 关闭；$CP = 0$ 时，F_1 输入端被屏蔽，F_2 接收 F_1 的输出信号。因此在 CP 脉冲的一个周期内，主从型 RS 触发器的输出状态只改变一次，而不会多次翻转（空翻）。主从型 RS 触发器逻辑符号如图 4-5b 所示，其中符号"﹁"表示延时输出，即在 CP 脉冲下降沿根据条件触发翻转。其时序波形可用图 4-5c 说明。

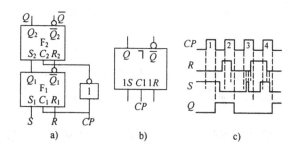

图 4-5 主从型 RS 触发器
a) 电路 b) 逻辑符号 c) 时序波形图

① $CP_1 = 1$ 期间，$RS = 01$，在 CP_1 下降沿，$Q = 1$。

② $CP_2 = 1$ 期间，RS 先为 10，后为 00。但由于主触发器已将自身输出变换为 0，RS 变为 00 后保持不变，因此在 CP_2 下降沿 $Q = 0$。

③ $CP_3 = 1$ 期间，RS 由 $00 \rightarrow 01 \rightarrow 00 \rightarrow 10$。主触发器最后一次变化是 $RS = 10$，因此在 CP_3 下降沿 $Q = 0$。

④ $CP_4 = 1$ 期间，RS 由 $11 \rightarrow 01 \rightarrow 00$，主触发器最后一次有效变化是 $RS = 01$，因此在 CP_4 下降沿 $Q = 1$。

3. 主从型 JK 触发器

主从型 RS 触发器虽然解决了 RS 触发器空翻的问题,但没有解决 $RS=11$ 时输出状态不定的问题。主从型 JK 触发器能解决两个输入端同时为 1 带来的问题,如图 4-6a 所示。主从型 JK 触发器也由两个钟控 RS 触发器串联组成。与主从型 RS 触发器不同的是,主触发器 RS 输入信号由两个与门产生:$S=J\overline{Q};R=KQ$(未写入 CP),当 JK 分别为 00、01、10 时,其输出仍分别为 00、01、10;当 $JK=11$ 时,$S=\overline{Q}$,$R=Q$,$Q^{n+1}=\overline{Q^n}$,不会出现 $RS=11$。因而不会有输出状态不定的问题,其原因是引入了反馈。

JK 触发器实际还是一个 RS 触发器,为区别逻辑功能上的不同,用 JK 表示两个输入信号端,其逻辑符号如图 4-6b 所示,其中符号"⌐"表示延时输出。

但是主从型 JK 触发器存在一次翻转特性,如图 4-6c 所示。设 $Q^n=0$,在 $CP=1$ 期间,若 $JK=01$,则 $Q_1=0$;若在 $CP=1$ 期间,J 端出现一个干扰窄脉冲,如图 4-6c 中 J' 所示,主触发器输出端 $Q_1=1$,但由于与门 G_2 被屏蔽,$Q^n=0$,F_1 输入端 R_1 为 0,即使 JK 再次变化,F_1 输出端 $Q_1=1$ 保持不变。即主触发器在 $CP=1$ 期间,只能变化一次。一旦变化后,无论 JK 再如何变化,主触发器输出端状态也不会变化。因此主从型 JK 触发器的一次翻转特性使得其抗干扰能力较差。

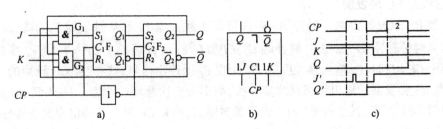

图 4-6　主从型 JK 触发器

a) 电路　b) 逻辑符号　c) 一次翻转特性

4. 边沿型触发器

边沿型触发器能根据时钟脉冲 CP 上升沿或下降沿时刻的输入信号转换输出状态,其抗干扰能力和实用性大大提高,因而得到了广泛的应用。目前,触发器中大多采用边沿触发方式。

边沿型触发器按其电路结构可分为维持－阻塞结构、传输门延迟结构或两个 D 电平触发器结构等多种,限于篇幅,具体电路不再展开,电路功能将在 4.2 节分析。

5. 初始状态的预置

触发器在实际应用中,有时需要在 CP 脉冲到来之前预置输出信号。实用的触发器大多有预置端,图 4-7 为具有预置端的 JK 触发器电路符号,其中 $\overline{R}_d$、$\overline{S}_d$ 为预置端,低电平有效(预置端也有高电平有效的品种,用 R_d、S_d 表示)。其作用可用图 4-8 说明(设该触发器为下降沿边沿触发):

① $CP_1=1$ 期间,$\overline{S}_d=0$,$Q=1$。在 CP_1 下降沿到来之前,$\overline{S}_d$ 已转为高电平,失去控制作用,此时 $JK=01$,因此 CP_1 下降沿,$Q=0$。

② CP_2 下降沿,$JK=10$,因此 $Q=1$。随后 $\overline{R}_d=0$,强置 $Q=0$。

③ CP_3 下降沿,由于 $\overline{R}_d=0$,因此无论 JK 为何值,$Q=0$。

④ 其余情况,触发器输出状态均按正常规律转换。

图 4-7　带预置端 JK 触发器电路符号

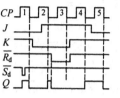

图 4-8　异步置位作用

从上述分析可以得出,预置端 $\overline{R}_d$、$\overline{S}_d$ 具有强置性质,即与 CP 脉冲无关(与 CP 脉冲不同步,所以称为异步置位端),权位最高,$\overline{R}_d$、$\overline{S}_d$ 电平有效时,输出状态立即按要求转换。

4.1.3　触发器的触发方式

根据上述分析,触发器的触发方式可有三种:电平触发、脉冲触发和边沿触发。

1. 电平触发

电平触发是在 CP 脉冲电平有效期间,输出状态跟随输入信号变化而变化,其特征是在 $CP=1$ 时,可多次翻转,有"空翻"现象,例如钟控 RS 触发器。

2. 脉冲触发

脉冲触发也称为主从触发。脉冲触发是在 CP 脉冲有效期间,输出状态跟随输入信号变化而变化,但一个脉冲周期内,输出状态只能变化一次,且在 CP 脉冲下降沿翻转变化。主从型 RS 触发器是跟随 $CP=1$ 期间的最后一个输入有效信号变化;主从型 JK 触发器是跟随 $CP=1$ 期间的第一个输入有效信号变化。

3. 边沿触发

边沿触发是输出状态跟随 CP 脉冲的上升沿或下降沿时刻的输入信号变化。

需要指出的是,触发器的触发方式是由电路的结构形式决定的,电路结构形式与触发方式之间有固定的对应关系。凡是采用钟控 RS 结构的触发器,无论其逻辑功能如何,一定是电平触发方式;凡是采用主从 RS 结构的触发器,无论其逻辑功能如何,一定是脉冲触发方式;凡是采用维持－阻塞结构、传输门延迟结构或两个电平触发 D 触发器结构的触发器,无论其逻辑功能如何,一定是边沿触发方式。

【**例 4-1**】已知在 $CP=1$ 期间,SR(或 JK)变化状态如图 4-9 所示,设触发器初态 $Q=0$,试分析钟控 RS 触发器、主从型 RS 触发器、主从型 JK 触发器、上升沿 JK 触发器和下降沿 JK 触发器输出端 Q 次态。

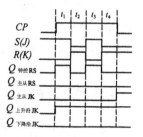

图 4-9　例 4-1 触发分析

解:(1)钟控 RS 触发器

钟控 RS 触发器属电平触发,在 $CP=1$ 期间,SR 从 10→01→10→01 变化时,Q 端跟随 SR 变化,$Q_{钟控RS}$ 在 $CP=1$ 期间,多次变化。最后一个输入有效信号为 $SR=01$,因此次态 $Q_{钟控RS}=0$。

(2)主从型 RS 触发器

主从型 RS 触发器属脉冲触发,主触发器跟随 $CP=1$ 期间的 SR 变化,从触发器(总输出

93

端 Q)不变。最后一个输入有效信号 $SR=01$,从触发器在 CP 脉冲下降沿根据主触发器信号变化,因此次态 $Q_{主从RS}=0$。

(3) 主从型 JK 触发器

主从型 JK 触发器属脉冲触发,主触发器跟随 $CP=1$ 期间的第一个输入有效信号 $JK=10$ 变化。且 JK 再次变化时,主触发器不再变化。从触发器在 CP 脉冲下降沿根据主触发器已锁定的信号变化,因此次态 $Q_{主从JK}=1$。

(4) 上升沿 JK 触发器

上升沿 JK 触发器跟随 CP 脉冲上升沿时刻的输入信号 $JK=10$,且在 CP 脉冲上升沿变化,因此次态 $Q_{上升沿JK}=1$。

(5) 下降沿 JK 触发器

下降沿 JK 触发器跟随 CP 脉冲下降沿时刻的输入信号 $JK=01$,且在 CP 脉冲下降沿变化,因此次态 $Q_{下降沿JK}=0$。

5 种触发器的输出端 Q 波形图如图 4-9 所示。

【复习思考题】

4.1 为什么触发器属于时序逻辑电路?

4.2 与非门和或非门是否都可以组成基本 RS 触发器?触发电平有什么不同?

4.3 分别写出由与非门和或非门组成的基本 RS 触发器特征方程,其约束条件有什么不同?

4.4 分析触发器有哪几种分析方法?有什么相同和不同之处?

4.5 基本 RS 触发器有什么缺点?

4.6 钟控 RS 触发器与基本 RS 触发器有什么不同?

4.7 什么叫"透明"特性?钟控 RS 触发器有什么缺点?

4.8 与钟控 RS 触发器相比,主从型 RS 触发器有什么改进?

4.9 与主从型 RS 触发器相比,主从型 JK 触发器有什么改进?

4.10 主从型 JK 触发器有什么缺点?如何解决?

4.11 触发器中的预置端 $\overline{R}_d$、$\overline{S}_d$ 有什么作用?有条件吗?

4.12 触发器有哪几种触发方式?

4.13 触发器的触发方式与电路结构形式有否关系?

4.14 主从型 JK 触发器和边沿型(下降沿)JK 触发器同为 CP 下降沿触发,有不同吗?

【相关习题】

判断题:4.1~4.12;填空题:4.24~4.35;选择题:4.49~4.57;分析计算题:4.70~4.74。

4.2 功能触发器

触发器按其电路结构可分为基本 RS 触发器、钟控 RS 触发器、主从型 RS 触发器和维持阻塞型 RS 触发器,按触发方式可分为电平触发、脉冲触发和边沿触发,按逻辑功能可分为 RS 触发器、JK 触发器、D 触发器、T 触发器和 T′触发器。其中 RS 触发器已在上节作过较为详细的介绍,其显著缺点是具有不定输出状态,因此其应用受极大限制。目前 RS 触发器几乎已被具有相同功能的无不定输出状态的 JK 触发器所取代。

4.2.1 JK 触发器

JK 触发器具有与 RS 触发器相同的功能,且无输出不定状态。其逻辑符号如图 4-10 所示。Q、$\overline{Q}$ 为输出端。$\overline{R_d}$、$\overline{S_d}$ 为预置端,有小圆圈代表低电平触发有效;无小圆圈表示高电平触发有效。$C1$ 为时钟脉冲 CP 输入端,C 端的小" ∧ "表示动态输入(即边沿触发)。有小圆圈表示下降沿触发;无小圆圈表示上升沿触发。$1J$、$1K$ 为触发信号输入端,其中 1 表示相关联序号,写在后面表示主动信号,写在前面表示被动信号。即在 $C1$ 作用下,将 $1J$、$1K$ 信号注入触发器。在本书后续课文中,为简化图形,"1"常省略不写。

1. JK 触发器基本特征

(1)功能表

表 4-2 为 JK 触发器功能表(CP 和预置端 $\overline{R_d}$、$\overline{S_d}$ 未列入),其与 RS 触发器的显著区别是无不定输出状态,$JK = 11$ 时,$Q^{n+1} = \overline{Q^n}$。

(2)特征方程

$$Q^{n+1} = J\overline{Q^n} + \overline{K}Q^n \tag{4-3}$$

(3)状态转换图

图 4-11 为 JK 触发器状态转换图。

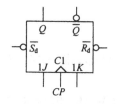

图 4-10　JK 触发器逻辑符号

表 4-2　JK 触发器功能表

J	K	Q^{n+1}
0	0	Q^n
0	1	0
1	0	1
1	1	$\overline{Q^n}$

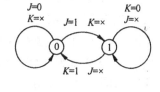

图 4-11　JK 触发器状态转换器

2. 常用 JK 触发器典型芯片介绍

(1)上升沿 JK 触发器 CC 4027

CC 4027 是 CMOS 双 JK 触发器,包含了 2 个相互独立的 JK 触发器,CP 上升沿触发有效,R_d、S_d 预置端高电平有效,引脚如图 4-12 所示。

(2)下降沿 JK 触发器 74LS112

74LS112 为 TTL 双 JK 触发器,包含了 2 个相互独立的 JK 触发器,CP 下降沿触发有效,$\overline{R_d}$、$\overline{S_d}$ 预置端低电平有效,引脚如图 4-13 所示。

【例 4-2】已知边沿型 JK 触发器 CP、J、K 输入波形如图 4-14a 所示,试分别按上升沿触发和下降沿触发画出其输出端 Q 波形(设 Q 初态为 0)。

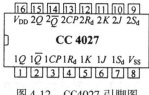

图 4-12　CC4027 引脚图

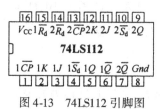

图 4-13　74LS112 引脚图

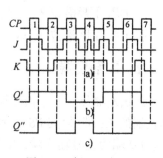

图 4-14　例 4-2 波形图

95

解：上升沿触发输出波形 Q' 如图 4-14b 所示。

① CP_1 上升沿，$JK=10$，$Q'=1$；

② CP_2 上升沿，$JK=00$，$Q'=1$（不变）；

③ CP_3 上升沿，$JK=11$，$Q'=0$（取反）；

④ CP_4 上升沿，$JK=01$，$Q'=0$；虽然在 $CP_4=1$ 期间，J 有一个窄脉冲，但上升沿已过，J 窄脉冲不起作用。

⑤ CP_5 上升沿，$JK=11$，$Q'=1$（取反）；

⑥ CP_6 上升沿，$JK=00$，$Q'=1$（不变）；

⑦ CP_7 上升沿，$JK=01$，$Q'=0$。

下降沿触发输出波形 Q'' 如图 4-14c 所示。

① CP_1 下降沿，$JK=10$，$Q''=1$；

② CP_2 下降沿，$JK=01$，$Q''=0$；

③ CP_3 下降沿，$JK=11$，$Q''=1$（取反）；

④ CP_4 下降沿，$JK=01$，$Q''=0$；虽然在 $CP_4=1$ 期间，J 有一个窄脉冲，但下降沿时 $JK=01$，J 窄脉冲不起作用。

⑤ CP_5 下降沿，$JK=00$，$Q''=0$（不变）；

⑥ CP_6 下降沿，$JK=10$，$Q''=1$；

⑦ CP_7 下降沿，$JK=00$，$Q''=1$（不变）。

【例 4-3】 已知 JK 触发器电路如图 4-15 所示，输入信号 CP 和 A 波形如图 4-16a 所示，设初始 $Q_1^0=Q_2^0=0$，试画出输出端 Q_1、Q_2 波形。

解：从图 4-15 中看出，两个 JK 触发器均为下降沿触发，且 JK 状态始终相反（10 或 01）。据此，画出输出端 Q_1Q_2 波形如图 4-16b 所示。

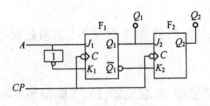

图 4-15　例 4-3 电路

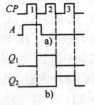

图 4-16　例 4-3 波形

① CP_1 下降沿，$J_1K_1=10$，$Q_1^1=1$；$J_2K_2=Q_1^0\overline{Q_1^0}=01$，$Q_2^1=0$。

② CP_2 下降沿，$J_1K_1=01$，$Q_1^2=0$；$J_2K_2=Q_1^1\overline{Q_1^1}=10$，$Q_2^2=1$。

③ CP_3 下降沿，$J_1K_1=01$，$Q_1^3=0$；$J_2K_2=Q_1^2\overline{Q_1^2}=01$，$Q_2^3=0$。

4.2.2　D 触发器

D 触发器只有一个信号输入端 D，实际上是将 D 反相后的 $\overline{D}$ 与原码 D 加到其内部的 RS 触发器的 RS 端，使其 RS 永远互补，从而消除它们之间的约束关系。逻辑符号如图 4-17 所示。1D 端为信号输入端，C1 端加 CP 脉冲，无小圆圈表示上升沿触发有效（集成 D 触发器均为上升沿触发）。$\overline{R}_d$、$\overline{S}_d$ 为预置端，有小圆圈表示低电平有效；无小圆圈表示高电平有效。Q

和 $\overline{Q}$ 端为互补输出端。

1. D 触发器的基本特性

（1）功能表

表 4-3 为 D 触发器功能表（预置端 $\overline{R}_d$、$\overline{S}_d$ 未列入），从表 4-3 中看出，CP 脉冲上升沿触发时，输出信号跟随 D 信号电平。非 CP 脉冲上升沿时刻，输出信号保持不变。

（2）特征方程

$$Q^{n+1} = D \tag{4-4}$$

（3）状态转换图

图 4-18 为 D 触发器状态转换图。

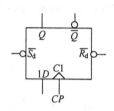

表 4-3　D 触发器功能表

CP	D	Q^{n+1}
↑	0	0
↑	1	1
非 ↑	×	Q^n

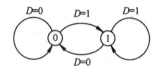

图 4-17　D 触发器逻辑符号

图 4-18　D 触发器状态转换图

2. 常用 D 触发器典型芯片介绍

（1）TTL D 触发器 74LS74

图 4-19 为 74LS74 引脚图，片内有两个相互独立的 D 触发器。预置端 $\overline{R}_d$、$\overline{S}_d$ 低电平有效。

（2）CMOS D 触发器 CC 4013

图 4-20 为 CC4013 引脚图，片内有两个相互独立的 D 触发器。预置端 R_d、S_d 高电平有效。

3. D 锁存器

D 锁存器与 D 触发器的特性不同。D 触发器输出端的状态变化是在 CP 脉冲上升沿时刻触发变化，其余时间保持不变。D 锁存器具有"透明"特性，在 CP 有效期间，输出端 Q 状态跟随输入端信号 D 变化而变化，可多次变化，即存在"空翻"现象；在 CP 锁存沿，锁存该时刻的 D 信号相应输出；在 CP 无效期间，保持已锁存的信号输出。

4D 锁存器 CC4042 引脚图如图 4-21 所示，表 4-4 为其功能表，片内有 4 个功能相同的 D 锁存器，共用一个 CP 脉冲触发信号，Pol 为触发极性控制端，若 $Pol = 0$，则在 $CP = 0$ 时透明传送 D 信号；CP 上升沿时刻锁存 D 信号；$CP = 1$ 时保持已锁存信号。若 $Pol = 1$，则在 $CP = 1$ 时透明传送 D 信号；CP 下降沿时刻锁存 D 信号；$CP = 0$ 时保持已锁存信号。

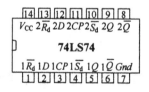

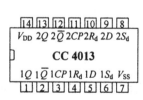

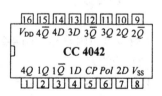

图 4-19　74LS74 引脚图

图 4-20　CC4013 引脚图

图 4-21　CC4042 引脚图

【例4-4】已知 CC4013 输入信号 CP、R_d、S_d、D 波形如图 4-22a 所示,试画出输出信号 Q 波形(设初态 $Q=1$)。

解:画出输出波形如图 4-22b 所示。

① CP_1 上升沿,$D=0$,$Q=0$。

② CP_1 期间,$S_d=1$,$Q=1$(与 CP_1 无关)。

③ CP_2 上升沿,$D=1$,$Q=1$。

④ CP_3 上升沿,$D=0$,$Q=0$;$CP_3=1$ 期间,D 变化对 Q 无影响。

⑤ CP_4 上升沿,$D=1$,$Q=1$。

⑥ CP_4 后,$R_d=1$,$Q=0$。

【例4-5】已知 CP 脉冲和 D 输入信号波形如图 4-23a 所示,试分别画出 D 触发器和 D 锁存器输出波形。

表4-4　CC4042 功能表

输　　入			输　　出
Pol	CP	D	Q^{n+1}
	0	D	传送 D
0	↑	D	锁存 D
	1	×	保持 Q^n
	1	D	传送 D
1	↓	D	锁存 D
	0	×	保持 Q^n

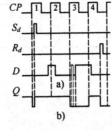
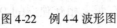

图 4-22　例 4-4 波形图

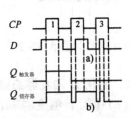

图 4-23　例 4-5 波形图

解:画出输出波形如图 4-23b 所示。

① CP_1 上升沿,$D=1$,$Q_{触发器}=Q_{锁存器}=1$;

CP_1 下降沿,$D=1$,因此 D 锁存器 Q 锁存并保持 1。

② CP_2 上升沿,$D=0$,$Q_{触发器}=0$,并保持;$Q_{锁存器}=0$,但在 $CP_2=1$ 期间,D 变为 1 且在 CP_2 下降沿仍为 1,因此 $Q_{锁存器}=1$。

③ CP_3 上升沿,$D=0$,$Q_{触发器}=0$,并保持;$Q_{锁存器}=0$,但在 $CP_3=1$ 期间,D 出现过一个高电平窄脉冲,因此 D 锁存器 Q 也有一个相应窄脉冲(透明传送);在 CP_3 下降沿 $D=0$,因此下降沿锁存时,$Q_{锁存器}=0$。

4.2.3　T 触发器和 T′触发器

1. T 触发器

(1)逻辑符号

T 触发器逻辑符号如图 4-24 所示。

(2)功能表

T 触发器功能表如表 4-5 所示。从表中看出,$T=0$,T 触发器保持;$T=1$ 时,CP 脉冲到来时,T 触发器翻转。

(3)特征方程

$$Q^{n+1} = T\,\overline{Q^n} + \overline{T}Q^n \tag{4-5}$$

(4)状态转换图

T 触发器状态转换图如图 4-25 所示。

图 4-24　T 触发器逻辑符号

表 4-5　T 触发器功能表

T	Q^{n+1}
0	Q^n
1	$\overline{Q^n}$

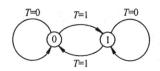

图 4-25　T 触发器状态转换图

2. T′ 触发器

T′触发器没有专门的逻辑符号。其功能为每来一个 CP 脉冲,触发器输出状态就翻转一次,相当于将 CP 脉冲二分频。

所谓分频是将某一频率的信号降低到其 $1/N$,称为 N 分频。若该信号频率为 f,二分频后频率为 $f/2$,三分频后频率为 $f/3$。分频电路的主要作用是可以组成计数器。

特征方程:
$$Q^{n+1} = \overline{Q^n} \tag{4-6}$$

3. 不同功能触发器之间的转换

集成触发器中,没有专门的 T 触发器和 $T′$ 触发器,而是由 RS 触发器、JK 触发器或 D 触发器组合转换而成。因此,T 触发器和 $T′$ 触发器可理解为触发器的 T 功能和 $T′$ 功能。

5 种不同功能的触发器相互之间均能互相转换,常用和有实用价值的转换有以下两种:

① JK 触发器转换为 T 触发器和 $T′$ 触发器,如图 4-26 所示。

② D 触发器转换为 T 触发器和 $T′$ 触发器,如图 4-27 所示。

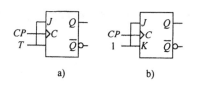

图 4-26　JK 触发器转换为 T 和 $T′$ 触发器

a) 转换为 T 触发器　b) 转换为 $T′$ 触发器

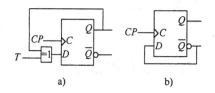

图 4-27　D 触发器转换为 T 和 $T′$ 触发器

a) 转换为 T 触发器　b) 转换为 $T′$ 触发器

【**例 4-6**】已知 T 触发器和 $T′$ 触发器的 CP、T 波形如图 4-28a 所示,试分别画出 T 触发器和 $T′$ 触发器 Q 端波形(设均为 CP 上升沿触发)。

解:根据 T 触发器功能,$T = 1$ 时,每来一个 CP 脉冲,输出端取反;$T = 0$ 时,输出端保持不变,画出其输出端波形图如图 4-28b 所示。

根据 T′触发器功能,每来一个 CP 脉冲,输出端取反,画出其输出端波形如图 4-28c 所示。

比较 T 触发器和 $T′$ 触发器输出端波形,不难得出,T 触发器相当于一个可控的 $T′$ 触发器。当 $T = 1$ 时,T 触发器功能与 $T′$ 触发器相同。

【**例 4-7**】已知电路如图 4-29 所示,试求 Q_1、Q_2、Q_3、Q_4 表达式。

解:根据 JK 触发器特征方程:$Q^{n+1} = J\,\overline{Q^n} + \overline{K}Q^n$ 可得:

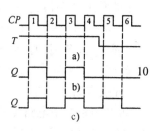

图 4-28　例 4-6 电路

$$Q_1^{n+1} = J_1 \overline{Q_1^n} + \overline{K_1} Q_1^n = Q_1^n \overline{Q_1^n} + \overline{\overline{Q_1^n}} Q_1^n = Q_1^n$$

$$Q_2^{n+1} = J_2 \overline{Q_2^n} + \overline{K_2} Q_2^n = \overline{Q_2^n} \overline{Q_2^n} + \overline{Q_2^n} Q_2^n = \overline{Q_2^n}$$

$$Q_3^{n+1} = J_3 \overline{Q_3^n} + \overline{K_3} Q_3^n = 1 \cdot \overline{Q_3^n} + \overline{Q_3^n} Q_3^n = \overline{Q_3^n}$$

$$Q_4^{n+1} = J_4 \overline{Q_4^n} + \overline{K_4} Q_4^n = \overline{Q_4^n} \overline{Q_4^n} + 0 \cdot Q_4^n = \overline{Q_4^n}$$

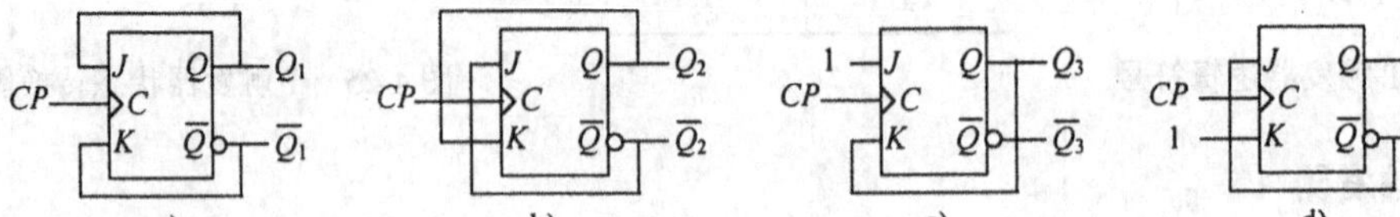

图 4-29　例 4-7 电路

【复习思考题】

4.15　触发器按功能分类可分为哪 5 种触发器?

4.16　为什么 JK 触发器可以替代 RS 触发器?

4.17　JK 触发器有哪几种触发方式? D 触发器有哪几种触发方式?

4.18　D 触发器与 D 锁存器有什么不同?

4.19　简述 T 触发器和 T′触发器功能。

4.20　什么叫分频? 分频电路主要有什么作用?

4.21　触发器构成二分频电路的要素是什么?

【相关习题】

判断题:4.13~4.23;填空题:4.36~4.46;选择题:4.58~4.69;分析计算题:4.75~4.93。

4.3　集成触发器的应用

在数字电路中,触发器是数字电路的重要部件,是时序逻辑电路的基本逻辑单元,可组成分频器、寄存器、计数器、顺序脉冲发生器等,其应用主要在后续章节中介绍分析。本节仅介绍其简单应用。

1. 消除机械开关抖动

机械开关一般由弹性元件组成,在切换时,会产生一定的抖动。如图 4-30a 中,S_K 从 R 端打向 S 端,或从 S 端打向 R 端时,在 R 端和 S 端会产生电平不稳定,这个时间约几毫秒。利用 RS 触发器可在 Q 端得到一个没有抖动的波形。

S_K 从 $R \rightarrow S$ 时,$SR = 10$,$Q = 1$,虽然 S 端电平不稳定,但只要不出现 $SR = 01$,Q 端电平不会改变;同理 S_K 从 $S \rightarrow R$ 时,$SR = 01$,$Q = 0$,虽然 R 端电平不稳定,但只要不出现 $SR = 10$,Q 端电平不会改变。图 4-30b 为 SR 和 Q 波形图。

2. 分频电路

分频电路是数字电路中的一种常用功能电路,也是构成计数器的基本部件。图 4-31a 为由 74LS112(双 JK)组成的分频电路,F_1、F_2 分别构成 T′触发器(参阅图 4-26b)。图 4-31b 为时序波形图,从图中看出,Q_1 是对 CP 的二分频,Q_2 是对 Q_1 的二分频(对 CP 是四分频)。

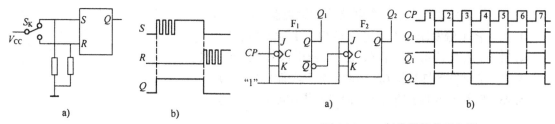

图 4-30　RS 触发器消抖电路

a) 电路　b) 波形

图 4-31　JK 触发器部分频电路

a) 电路　b) 时序波形

【复习思考题】

4.22　集成触发器主要有什么应用?

【相关习题】

填空题:4.47~4.48。

4.4　习题

4.4.1　判断题

4.1　触发器也称为半导体存储单元。(　　)

4.2　基本 RS 触发器可以由与非门组成,也可以由或非门组成。(　　)

4.3　由两个 TTL 或非门构成的基本 RS 触发器,当 $R=S=0$ 时,触发器状态不定。(　　)

4.4　RS 触发器的约束条件 $RS=0$ 表示不允许出现 $R=S=1$ 的输入。(　　)

4.5　由与非门组成的基本 RS 触发器和由或非门组成的基本 RS 触发器的特征方程是不相同的。(　　)

4.6　由与非门组成的基本 RS 触发器和由或非门组成的基本 RS 触发器的约束条件是相同的。(　　)

4.7　钟控 RS 触发器也称同步 RS 触发器。(　　)

4.8　同步触发器存在空翻现象,而边沿型触发器和主从型触发器克服了空翻。(　　)

4.9　钟控 RS 触发器的触发方式是脉冲触发。(　　)

4.10　主从触发就是脉冲触发。(　　)

4.11　边沿触发就是脉冲触发。(　　)

4.12　触发器电路结构形式与触发方式之间有固定的对应关系。(　　)

4.13　目前,RS 触发器的应用几乎已被 JK 触发器所取代。(　　)

4.14　JK 触发器的 JK 端,相当 RS 触发器的 SR 端。(　　)

4.15　JK 触发器具有与 RS 触发器相同功能,且无输出不定状态。(　　)

4.16　D 触发器的特性方程为 $Q^{n+1}=D$,与 Q^n 无关,所以它没有记忆功能。(　　)

4.17　D 触发器 $Q^{n+1}=D$,输出端信号 Q^{n+1} 能跟随输入端信号 D 变化而变化,因此 D 触发器具有"透明"特性。(　　)

4.18　集成触发器中,没有专门的 T 触发器和 T'触发器。(　　)

4.19 T 触发器相当于一个可控的 T′触发器。（　　　）

4.20 将 T 触发器的 *T* 端接 0,就构成 T′触发器。（　　　）

4.21 T′触发器每来一个 *CP* 脉冲,输出状态就翻转一次。（　　　）

4.22 T 触发器具有将 *CP* 脉冲二分频功能。（　　　）

4.23 T′触发器具有将 *CP* 脉冲二分频功能。（　　　）

4.4.2 填空题

4.24 触发器常用的分析方法主要有_____、_____、_____和_____。上述分析方法的区别是对触发器特性_____的不同描述,_____相同。

4.25 基本 RS 触发器具有_____条件,出现_____状态,影响了它的应用。

4.26 与非门组成的基本 RS 触发器的特征方程为_____;约束条件为_____。

4.27 或非门组成的基本 RS 触发器的特征方程为_____;约束条件为_____。

4.28 钟控 RS 触发器的触发方式为_____触发,具有_____特性,存在_____现象。

4.29 主从型 RS 触发器无空翻现象的原因是具有_____结构。

4.30 主从型 JK 触发器存在_____特性,其_____能力较差。

4.31 主从型触发器逻辑符号中_____表示延时输出。

4.32 触发器预置端 $\overline{R}_\mathrm{d}$、$\overline{S}_\mathrm{d}$ 具有_____性质,即与 *CP* 脉冲_____,权位_____。

4.33 触发器的触发方式可有三种:_____触发、_____触发和_____触发。

4.34 触发器的触发方式是由电路的_____决定的。

4.35 凡是采用钟控 RS 结构的触发器,一定是_____触发方式;凡是采用主从 RS 结构的触发器,一定是_____触发方式;凡是采用维持－阻塞结构、传输门延迟结构或两个电平触发 D 触发器结构的触发器,一定是_____触发方式。

4.36 触发器按逻辑功能可分为_____触发器、_____触发器、_____触发器、_____触发器和_____触发器。

4.37 触发器逻辑符号中 *C* 端的_____表示动态输入,即触发方式为_____触发。有小圆圈表示_____沿触发;无小圆圈表示_____沿触发。

4.38 JK 触发器与 RS 触发器的显著区别是无_____状态。

4.39 JK 触发器,$JK=11$ 时,$Q^{n+1}=$_____;$JK=00$ 时,$Q^{n+1}=$_____。

4.40 JK 触发器的特征方程是_____。

4.41 D 触发器的特征方程是_____。

4.42 D 锁存器具有_____特性,在_____期间,输出端跟随输入端变化而变化,因而存在_____现象;在_____沿,锁存该时刻的 *D* 信号相应输出;在_____期间,保持已锁存的信号输出。

4.43 T 触发器的特征方程是_____。

4.44 T′触发器的特征方程是_____。

4.45 D 触发器,*D* 端与_____连接时,构成 T′触发器。

4.46 JK 触发器,*JK* 端接_____时,构成 T′触发器。

4.47 触发器构成_____触发器时,对 *CP* 脉冲具有二分频功能。

4.48 触发器是数字电路的_____部件,是时序逻辑电路的_____单元,可组成_____、_____、_____、_____等。

4.4.3 选择题

4.49 不属于触发器特点的是_____。
   A. 有两个稳定状态;
   B. 可以由一种稳定状态转换到另一种稳定状态;
   C. 具有记忆功能;
   D. 有不定输出状态

4.50 由与非门组成的基本 RS 触发器输入状态不允许出现_____。
   A. $\bar{R}\,\bar{S}=00$;   B. $\bar{R}\,\bar{S}=01$;   C. $\bar{R}\,\bar{S}=10$;   D. $\bar{R}\,\bar{S}=11$

4.51 由或非门组成的基本 RS 触发器输入状态不允许出现_____。
   A. $RS=00$;   B. $RS=01$;   C. $RS=10$;   D. $RS=11$

4.52 由与非门组成的基本 RS 触发器输出状态不定出现在_____。
   A. $\bar{R}\,\bar{S}=00$;   B. $\bar{R}\,\bar{S}=11$;   C. $\bar{R}\,\bar{S}=00\rightarrow11$;   D. $\bar{R}\,\bar{S}=11\rightarrow00$

4.53 由或非门组成的基本 RS 触发器输出状态不定出现在_____。
   A. $RS=00$;   B. $RS=11$;   C. $RS=00\rightarrow11$;   D. $RS=11\rightarrow00$

4.54 有关由与非门组成和由或非门组成的基本 RS 触发器的正确说法是_____。
   A. 特征方程和约束条件均相同;
   B. 特征方程和约束条件均不相同;
   C. 特征方程相同,约束条件不相同;
   D. 特征方程不相同,约束条件相同

4.55 各种触发器的缺点(可多选)是:基本 RS 触发器_____;钟控 RS 触发器_____;主从型 RS 触发器_____;主从型 JK 触发器_____;边沿型触发器_____。
   A. 存在不定状态;   B. 翻转不受统一时钟脉冲控制;
   C. 存在"空翻"现象;   D. 存在一次翻转特性;
   E. 上述问题均不存在

4.56 在 CP 有效期间内,输出状态最多可改变的次数:基本 RS 触发器_____;钟控 RS 触发器_____;主从型 RS 触发器_____;主从型 JK 触发器_____;边沿型触发器_____。
   A. 一次;   B. 二次;   C. 多次;   D. 与 CP 无关

4.57 在 CP 有效期间内,主从型触发器只能变化一次。主从型 RS 触发器取决于_____;主从型 JK 触发器取决于_____。
   A. 第一个输入触发有效信号;   B. 最后一个输入触发有效信号;
   C. CP 上升沿时刻的输入信号;   D. CP 下降沿时刻的输入信号

4.58 欲使 JK 触发器按 $Q^{n+1}=1$ 工作,可使 JK 触发器的输入端(多选)_____。
   A. $J=K=1$;   B. $J=1,K=0$;
   C. $J=K=\bar{Q}$;   D. $J=K=0$;
   E. $J=\bar{Q},K=0$

4.59 欲使 JK 触发器按 $Q^{n+1}=Q^n$ 工作,可使 JK 触发器的输入端(多选)_____。

A. $J=K=0$;　　　　　　　　　B. $J=Q,K=\bar{Q}$;

C. $J=\bar{Q},K=Q$;　　　　　　D. $J=Q,K=0$;

E. $J=0,K=\bar{Q}$

4.60 欲使 JK 触发器按 $Q^{n+1}=0$ 工作,可使 JK 触发器的输入端(多选)_____。

A. $J=K=1$;　　　　　　　　　B. $J=0,K=Q$;

C. $J=Q,K=1$;　　　　　　　　D. $J=0,K=1$;

E. $J=K=0$

4.61 欲使 JK 触发器按 $Q^{n+1}=\bar{Q}^n$ 工作,可使 JK 触发器的输入端(多选)_____。

A. $J=K=1$;　　　　　　　　　B. $J=Q,K=\bar{Q}$;

C. $J=\bar{Q},K=Q$;　　　　　　D. $J=Q,K=1$;

E. $J=1,K=Q$

4.62 为实现将 JK 触发器转换为 D 触发器,应使_____。

A. $J=D,K=\bar{D}$;　　　　　　B. $K=D,J=\bar{D}$;

C. $J=K=D$;　　　　　　　　　D. $J=K=\bar{D}$

4.63 具有"透明"特性的有(多选)_____。

A. D 触发器;　　　　　　　　　B. D 锁存器;

C. 钟控 RS 触发器;　　　　　　D. 主从型 RS 触发器;

E. 主从型 JK 触发器

4.64 对于 JK 触发器,若 $J=K$,则可完成_____触发器的逻辑功能。

A. RS;　　　　B. D;　　　　C. T;　　　　D. T'

4.65 对于 JK 触发器,若 $J=K=1$,则可完成_____触发器的逻辑功能。

A. RS;　　　　B. D;　　　　C. T';　　　　D. T

4.66 欲使 D 触发器按 $Q^{n+1}=\bar{Q}^n$ 工作,应使输入 D 端接_____。

A. 0;　　　　B. 1;　　　　C. Q;　　　　D. $\bar{Q}$

4.67 对于 D 触发器,欲使 $Q^{n+1}=Q^n$,应使输入 $D=$_____。

A. 0;　　　　B. 1;　　　　C. Q;　　　　D. $\bar{Q}$

4.68 (多选)对于 T 触发器,若初态 $Q^n=0$,欲使次态 $Q^{n+1}=1$,应使输入 $T=$_____。

A. 0;　　　　B. 1;　　　　C. Q;　　　　D. $\bar{Q}$

4.69 (多选)对于 T 触发器,若初态 $Q^n=1$,欲使次态 $Q^{n+1}=1$,应使输入 $T=$_____。

A. 0;　　　　B. 1;　　　　C. Q;　　　　D. $\bar{Q}$

4.4.4 分析计算题

4.70 已知由与非门组成的基本 RS 触发器输入信号波形如图 4-32 所示,试画出其输出端 Q 波形。

4.71 已知由或非门组成的基本 RS 触发器输入信号波形如图 4-33 所示,试画出其输出端 Q 波形。

4.72 已知触摸开关电路如图 4-34 所示,试判断 S_1、S_2 中哪一个是开? 哪一个是关?

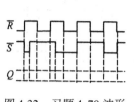

图 4-32 习题 4.70 波形

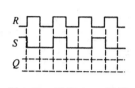

图 4-33 习题 4.71 波形

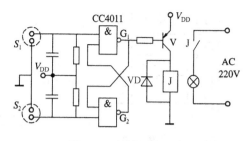

图 4-34 触摸开关电路

4.73 已知主从型 RS 触发器如图 4-5b 所示,输入信号 CP、S、R 波形如图 4-35 所示,试画出其输出端 Q 波形。

4.74 已知主从型 JK 触发器如图 4-6b 所示,输入信号 CP、J、K 波形如图 4-35 所示(J、K 波形与 S、R 波形相同),试画出其输出端 Q 波形。

4.75 已知上升沿触发 JK 触发器 CP、J、K 波形如图 4-36 所示,试画出 JK 触发器输出端 Q 波形(设初态 $Q=0$)。

4.76 已知下降沿触发 JK 触发器 CP、J、K 波形如图 4-37 所示,试画出其输出端 Q 波形(设初态 $Q=0$)。

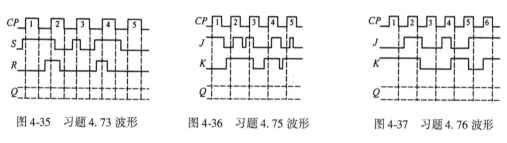

图 4-35 习题 4.73 波形　　　图 4-36 习题 4.75 波形　　　图 4-37 习题 4.76 波形

4.77 已知边沿型 JK 触发器 CP、J、K 输入波形如图 4-38 所示,试分别按上升沿触发和下降沿触发画出其输出端 Q' 和 Q'' 波形(设 Q' 和 Q'' 初态为 0)。

4.78 已知电路如图 4-39 所示,CP 波形如图 4-40 所示,设初态 $Q_1=Q_2=0$,试画出 Q_1、Q_2 波形。

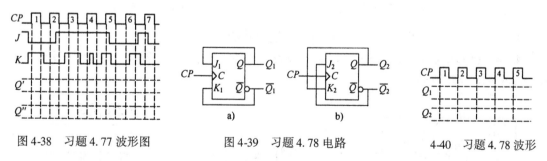

图 4-38 习题 4.77 波形图　　　图 4-39 习题 4.78 电路　　　4-40 习题 4.78 波形

4.79 已知 D 触发器 CP、$\overline{R}_d$、$\overline{S}_d$ 和 D 波形如图 4-41 所示,试画出输出端 Q 波形(设初态 $Q=0$)。

4.80 已知由双 D 触发器 74LS74 组成的单脉冲发生器如图 4-42 所示,按一次 S,CP 和 S 波形如图 4-43 所示,Y 端得到一个单脉冲,试分析其工作原理(画出 Q_1、$\overline{Q}_1$、Q_2、Y 波形)。

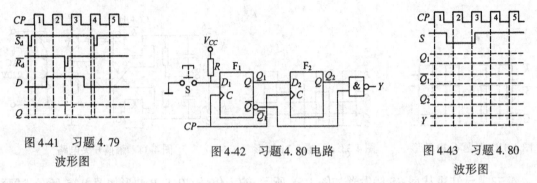

图 4-41 习题 4.79
波形图

图 4-42 习题 4.80 电路

图 4-43 习题 4.80
波形图

4.81 已知电路如图 4-44 所示,输入信号 CP、A、B、$\overline{S}_d$、$\overline{R}_d$ 波形如图 4-45 所示,试画出 D 端和 Q 端波形(设初态 $D=0$、$Q=0$)

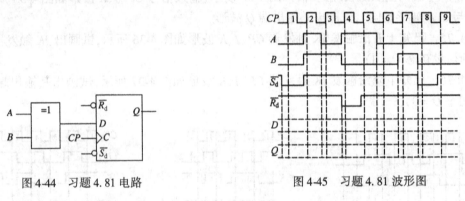

图 4-44 习题 4.81 电路

图 4-45 习题 4.81 波形图

4.82 已知 D 触发器电路如图 4-46 所示,CP 波形如图 4-47 所示,试画出 Q_1、Q_2 波形(设初态 $Q_1^0 = Q_2^0 = 0$)。

图 4-46 习题 4.82 电路

图 4-47 习题 4.82 波形

4.83 已知电路如图 4-48 所示,试判断其逻辑功能。

4.84 已知电路如图 4-49 所示,输入波形 CP 和 A 如图 4-50 所示。设 D 触发器初态 $Q=0$,试画出 Q 端波形。

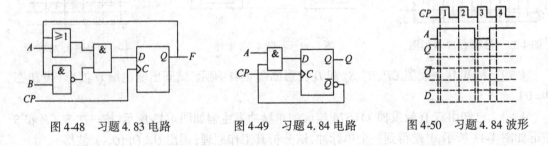

图 4-48 习题 4.83 电路

图 4-49 习题 4.84 电路

图 4-50 习题 4.84 波形

4.85 已知电路如图 4-51 所示,CP 脉冲如图 4-52 所示,试分别画出 Q 端波形(设初态 $Q_1 = Q_2 = Q_3 = 0$)。

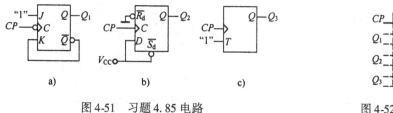

图 4-51 习题 4.85 电路   图 4-52 习题 4.85 波形

4.86 已知电路如图 4-53 所示,CP 脉冲如图 4-54 所示,试画出 Q 端波形(设 $Q_1 \sim Q_6$ 初态均为 0)。

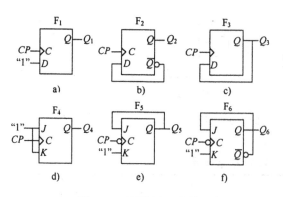
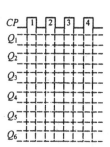

图 4-53 习题 4.86 电路   图 4-54 习题 4.86 波形

4.87 已知电路如图 4-55 所示,CP 波形如图 4-56 所示,设初始 $Q_1 = Q_2 = 0$,试画出 Q_1、Q_2 波形。

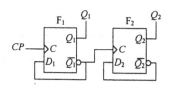
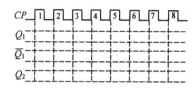

图 4-55 习题 4.87 电路   图 4-56 习题 4.87 波形

4.88 已知由 74LS74 组成的电路如图 4-57 所示,CP 波形如图 4-58 所示,试画出 Q_1、Q_2 波形。

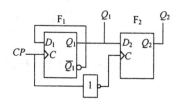
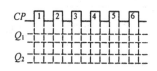

图 4-57 习题 4.88 电路   图 4-58 习题 4.88 波形

4.89 已知电路如图 4-59 所示，CP 波形如图 4-60 所示，试画出 Q、$\overline{Q}$、A、B 波形。

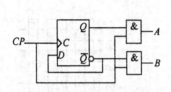

图 4-59 习题 4.89 电路

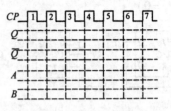

图 4-60 习题 4.89 波形

4.90 已知电路如图 4-61 所示，试分析功能。

4.91 已知触发器功能表如表 4-6 所示，X、Y 为激励（输入）信号，Q^{n+1} 为次态输出信号，试确定它们属于何种触发器。

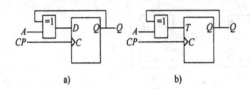

图 4-61 习题 4.90 电路

表 4-6 习题 4.91 功能表

a		b		c		d	
激励	输出	激励	输出	激励	输出	激励	输出
X Y	Q^{n+1}	X Y	Q^{n+1}	X	Q^{n+1}	X	Q^{n+1}
0 1	1	1 0	1	0	0	0	Q^n
1 0	0	0 1	0	1	1	1	$\overline{Q}^n$
0 0	Q^n	0 0	Q^n				
1 1	不定	1 1	$\overline{Q}^n$				

4.92 已知实验电路如图 4-62 所示，Y_A、Y_B 为双踪示波器的信号输入端，试画出示波器显示的波形。

4.93 某同学用图 4-63 所示集成电路组成电路，并从示波器上观察到该电路波形如图 4-64 所示，试问该电路是如何连接的？（画出电路连线）

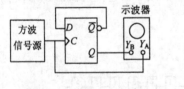

图 4-62 习题 4.92 电路

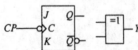

图 4-63 习题 4.93 电路

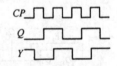

图 4-64 习题 4.93 波形

第5章 时序逻辑电路

本章要点

- 时序逻辑电路的特点和分析方法
- 数码寄存器功能及其应用
- 移位寄存器功能及其应用
- 异步二进制计数器
- 异步十进制计数器
- 同步计数器
- 集成计数器及其应用
- 顺序脉冲发生器

数字逻辑电路按输出量与电路原来的状态有无关系可分为组合逻辑电路和时序逻辑电路。前者的输出仅取决于输入信号的组合,后者的输出则与输入信号和电路原来的输出状态均有关系,触发器就属于时序逻辑电路的基本电路。本章将在触发器的基础上进一步分析研究时序逻辑电路的组成和功能。

5.1 时序逻辑电路的基本概念

5.1.1 时序逻辑电路概述

1. 定义

任意时刻的输出不仅取决于该时刻的输入信号,而且还与输入信号作用前电路的输出状态有关,这种逻辑电路称为时序逻辑电路。

2. 特点

时序逻辑电路的特点是具有记忆功能。

3. 组成

时序逻辑电路一般由组合逻辑电路和存储电路组成,如

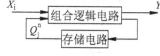

图 5-1 时序逻辑电路结构框图

图 5-1 所示。X_i 为输入信号(可有 i 个),Q_j^n 为输入信号作用前电路的输出状态(可有 j 个,包括电路总输出和中间输出的逻辑变量),它们共同控制组合逻辑电路。

需要说明的是,并不是所有时序逻辑电路都具有图 5-1 所示的完整结构。有的没有输入变量,有的没有组合逻辑电路,但只要与输入信号作用前电路的输出状态有关,均属时序逻辑电路。

4. 分类

时序逻辑电路有多种分类方法。

按电路模型分,可分为米勒(Mealy)模型和莫尔(Moore)模型。米勒模型具有图 5-1 完整结构;莫尔模型无输入变量,其输出仅取决于电路的状态量,是米勒模型中的一个特例。

按是否有统一时钟控制,可分为同步时序逻辑电路和异步时序逻辑电路。

按功能划分,可分为寄存器、计数器和顺序脉冲发生器等。

5.1.2　时序逻辑电路的分析方法

同步时序逻辑电路和异步时序逻辑电路的分析方法基本相同,但异步时序逻辑电路稍复杂些,在分析电路状态转换时,还需注意各触发器有否有效触发脉冲。现分别加以叙述。

1.　同步时序逻辑电路的分析方法

若组成时序电路的各触发器具有统一的时钟脉冲 CP,则称为同步时序逻辑电路。

同步时序逻辑电路的分析方法(或称分析步骤)可用例 5-1 说明。

【例 5-1】试分析图 5-2 所示的同步时序逻辑电路。

解:分析步骤如下:

(1) 列出各触发器的激励方程(即写出各触发器输入变量逻辑表达式)

根据图 5-2 所示电路的连接关系,可得出:

$$\begin{cases} J_0 = 1 \\ K_0 = Q_1 \end{cases} \quad \begin{cases} J_1 = Q_0 \\ K_1 = \overline{Q_0} \end{cases} \quad \begin{cases} J_2 = \overline{Q_0} \\ K_2 = \overline{Q_0} \end{cases}$$

(2) 列出各触发器的输出状态方程

将每个触发器的激励方程代入该触发器的特征方程并化简,就得到各触发器的输出状态方程。图 5-2 所示电路的触发器为 JK 触发器,JK 触发器的特征方程为 $Q^{n+1} = J\overline{Q^n} + \overline{K}Q^n$,因此:

$$Q_0^{n+1} = 1 \cdot \overline{Q_0^n} + \overline{Q_1^n} \cdot Q_0^n = \overline{Q_0^n} + Q_0^n \cdot \overline{Q_1^n} = \overline{Q_0^n} + \overline{Q_1^n}$$

$$Q_1^{n+1} = Q_0^n \cdot \overline{Q_1^n} + \overline{\overline{Q_0^n}} \cdot Q_1^n = Q_0^n(\overline{Q_1^n} + Q_1^n) = Q_0^n$$

$$Q_2^{n+1} = \overline{Q_0^n} \cdot \overline{Q_2^n} + \overline{\overline{Q_0^n}} \cdot Q_2^n = \overline{Q_0^n} \cdot \overline{Q_2^n} + Q_0^n \cdot Q_2^n = \overline{Q_0^n \oplus Q_2^n}$$

(3) 列出电路总输出状态方程:$Y = Q_2 \cdot Q_1 \cdot \overline{Q_0}$

(4) 列出状态转换真值表,并画出状态转换图

根据上述各触发器的输出状态方程和电路总输出状态方程,并设 3 个触发器初态为 000,列出电路状态转换表,如表 5-1 所示。需要指出的是,次态 Q_2^{n+1}、Q_1^{n+1}、Q_0^{n+1} 应根据初态 Q_2^n、Q_1^n、Q_0^n 得出,而电路总输出 Y 应根据 Q_2^{n+1}、Q_1^{n+1}、Q_0^{n+1} 得出(因为 Y 与 Q_2^{n+1}、Q_1^{n+1}、Q_0^{n+1} 的关系为组合逻辑电路)。

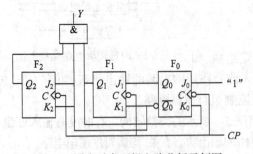

图 5-2　同步时序逻辑电路分析示例图

表 5-1　电路状态转换表

CP	Q_2^n	Q_1^n	Q_0^n	Q_2^{n+1}	Q_1^{n+1}	Q_0^{n+1}	Y
1	0	0	0	1	0	1	0
2	1	0	1	1	1	1	0
3	1	1	1	1	1	0	1
4	1	1	0	0	0	1	0
5	0	0	1	0	1	1	0
6	0	1	1	0	1	0	0
7	0	1	0	1	0	1	0
8	1	0	1	1	1	1	0

从表 5-1 中看出,状态转换表中次态 Q_2^{n+1}、Q_1^{n+1}、Q_0^{n+1} 只有 6 种状态,还有两种状态 000 和 100 未出现。其中初态 000 能转换为次态 101;初态 100 根据上述各触发器的输出状态方程,也能转换为次态 001。据此,可画出状态转换图,如图 5-3 所示。

(5) 画出时序波形图

根据状态转换真值表,可画出电路时序波形如图 5-4 所示。需要说明的是,时序波形图并

非分析时序电路的必要步骤,可根据需要画出。时序波形图反映了输入信号、电路原状态、时钟信号与输出信号在时间上的对应关系,一目了然,并可通过示波器观测加以验证。

（6）分析电路功能

① 判断电路能否自启动。

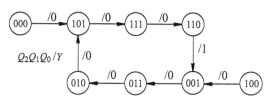

图 5-3　电路状态转换图

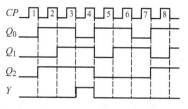

图 5-4　电路时序波形图

所谓电路自启动是指电路在 CP 时钟作用下能从无效状态自动转换为有效状态,或可理解为从有效循环圈外自动进入循环圈内。图 5-2 所示电路有 6 个有效状态,组成一个循环圈;有 2 个无效状态 000 和 100,在 CP 时钟作用下,能自动进入循环圈内。因此,属自启动电路。

② 分析电路功能。

由于电路只有 3 个触发器,因此存储数据最大值为 $2^3 = 8$,电路计数不会超出 8 进制。又由于电路只有 6 个有效状态,因此电路属于 6 进制计数器。当电路中 3 个触发器输出状态 $Q_2Q_1Q_0 = 110$ 时,$Y = 1$;其余状态,均 $Y = 0$。

2. 异步时序逻辑电路的分析方法

若组成时序电路的各触发器没有统一的时钟脉冲 CP,则称为异步时序逻辑电路。

异步时序逻辑电路的分析方法可用例 5-2 说明。

【例 5-2】试分析图 5-5 所示的异步时序逻辑电路。

解:分析步骤如下:

（1）列出各触发器的激励方程

$$\begin{cases} J_0 = \overline{Q_2} \\ K_0 = 1 \end{cases} \quad \begin{cases} J_1 = 1 \\ K_1 = 1 \end{cases} \quad \begin{cases} J_2 = Q_1 Q_0 \\ K_2 = 1 \end{cases}$$

（2）列出各触发器的时钟方程

$$CP_0 = CP \downarrow ; CP_1 = Q_0 \downarrow ; CP_2 = CP \downarrow$$

上式表示,触发器 F_2、F_0 在时钟 CP 下降沿触发,F_1 在 Q_0 下降沿触发。

（3）列出各触发器的输出状态方程

$$Q_0^{n+1} = \overline{Q_2^n} \cdot \overline{Q_0^n} + 0 \cdot Q_0^n = \overline{Q_2^n} \cdot \overline{Q_0^n}$$

$$Q_1^{n+1} = (1 \cdot \overline{Q_1^n} + 0 \cdot Q_1^n) \cdot (Q_0^{n+1} \downarrow) = \overline{Q_1^n} \cdot (Q_0^{n+1} \downarrow)$$

$$Q_2^{n+1} = Q_1^n Q_0^n \cdot \overline{Q_2^n} + 0 \cdot Q_2^n = \overline{Q_2^n} Q_1^n Q_0^n$$

其中,Q_1^{n+1} 的状态变换是在 Q_0 出现下降沿跳变时刷新,否则,保持原状态不变。

（4）列出各触发器状态转换表,并画出状态转换图

根据各触发器的输出状态方程,列出状态转换表如表 5-2 所示,需要说明的是,Q_1^{n+1} 在 Q_0^{n+1} 从 1→0 时改变状态。

表 5-2 中,还有 3 种状态(101、110、111)未出现,按各触发器输出状态方程,均能在 CP 脉冲作用下,进入循环圈内。据此画出电路状态转换图如图 5-6 所示。

（5）画出电路时序波形图如图 5-7 所示

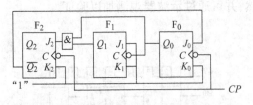

图 5-5　异步时序逻辑电路分析示例图

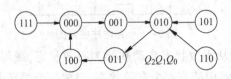

图 5-6　电路状态转换图

表 5-2　图 5-5 电路状态转换表

CP	Q_2^n	Q_1^n	Q_0^n	Q_2^{n+1}	Q_1^{n+1}	Q_0^{n+1}
1	0	0	0	0	0	1
2	0	0	1	0	1	0
3	0	1	0	0	1	1
4	0	1	1	1	0	0
5	1	0	0	0	0	0

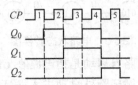

图 5-7　电路时序波形图

通过分析可知,图 5-5 所示电路为一个具有自启动功能的异步五进制计数器。

比较上述同步时序逻辑电路与异步时序逻辑电路的分析方法可以得出,两种电路的分析方法基本相同。但分析异步时序逻辑电路时,需要列出组成异步时序逻辑电路的各触发器的时钟方程,且在列出各触发器状态转换表时,需注意是否满足触发器的触发时钟条件。

【复习思考题】

5.1　什么叫时序逻辑电路? 有什么特点?

5.2　时序逻辑电路如何组成? 米勒模型和莫尔模型有何区别?

5.3　叙述同步逻辑电路的分析方法。

5.4　异步时序逻辑电路与同步时序逻辑电路的分析方法有什么不同?

【相关习题】

判断题:5.1 ~ 5.6;填空题:5.21 ~ 5.26;选择题:5.42 ~ 5.44;分析计算题:5.76 ~ 5.78。

5.2　寄存器

5.2.1　寄存器概述

1. 定义
能存放一组二进制数码的逻辑电路称为寄存器。

2. 组成
在数字电路中,寄存器一般由具有记忆功能的触发器和具有控制功能的门电路组成。

3. 分类
寄存器按其功能可分为数码寄存器和移位寄存器。

4. 用途
① 在计算机中存放数据、中间运算结果、指令代码和地址等。

② 组成加法器、计数器等运算电路。

5.2.2 数码寄存器

1. 工作原理

以图 5-8 为例，D 触发器 $F_0 \sim F_3$ 组成 4 位数码寄存器，输入信号为 $D_0 \sim D_3$，输出信号为 $Q_0 \sim Q_3$，CP 脉冲为控制信号，CP 有效（上升沿）时，输入信号 $D_0 \sim D_3$ 分别寄存至 $F_0 \sim F_3$，并从 $Q_0 \sim Q_3$ 输出。

需要注意的是，输入信号 $D_0 \sim D_3$ 必须在 CP 脉冲触发有效前输入，否则将出错。

2. 集成数码寄存器

现代电子电路中，用一个个触发器组成的多位数码寄存器已不多见，常用的是集成数码寄存器，即在一片集成电路中，集成 4 个、6 个、8 个甚至更多触发器，如 74LS175（4D 触发器）、74LS174（6D 触发器）、74LS377（8D 触发器）和 74LS373（8D 锁存器）等。

（1）74LS377

图 5-9 为 74LS377 逻辑结构引脚图，内部有 8 个 D 触发器，输入端分别为 $1D \sim 8D$，输出端分别 $1Q \sim 8Q$，共用一个时钟脉冲，上升沿触发；同时 8 个 D 触发器共用一个控制端 G，低电平有效。门控端 $\overline{G}$ 的作用是在门控电平有效，且在触发脉冲作用下，允许从 D 端输入数据信号；门控电平无效时，输出状态保持不变。其功能表如表 5-3 所示。

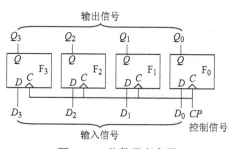

图 5-8　4 位数码寄存器

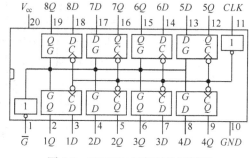

图 5-9　74LS377 逻辑结构引脚图

（2）74LS373

74LS373 为 8D 锁存器，图 5-10 为其引脚图。锁存器与触发器的区别在于触发信号的作用范围。触发器是边沿触发，在触发脉冲的上升沿锁存该时刻的 D 端信号，例如 74LS377；锁存器是电平触发，在 CP 脉冲有效期间（74LS373 是门控端 G 高电平），且输出允许（$\overline{OE}$ 有效）条件下，Q 端信号随 D 端信号变化而变化，即 4.1.2 中所述钟控 RS 触发器的"透明"特性，当 CP 脉冲有效结束跳变时，锁存该时刻的 D 端信号。

$\overline{OE}$ 为输出允许（Output Enable），低电平有效，与门控端共同控制输出信号，$\overline{OE}$ 无效时，输出端呈高阻态（相当于断开），表 5-4 为 74LS373 功能表。

表 5-3　74LS377 功能表

$\overline{G}$	CLK	D	Q^{n+1}
1	×	×	Q^n
0	↑	0	0
0	↑	1	1
×	0	×	Q^n

图 5-10　74LS373 引脚图

表 5-4　74LS373 功能表

G	$\overline{OE}$	D	Q^{n+1}
1	0	0	0
1	0	1	1
0	0	×	Q^n
×	1	×	Z

5.2.3 移位寄存器

1. 功能

移位寄存器除具有数码寄存功能外,还能使寄存数码逐位移动。

2. 用途

① 移位寄存器是计算机系统中的一个重要部件,计算机中的各种算术运算就是由加法器和移位寄存器组成的。例如,将多位数据左移一位,相当于乘 2 运算;右移一位,相当于除 2 运算。

② 现代通信中数据传送主要以串行方式传送,而在计算机或智能化通信设备内部,数据则主要以并行形式传送。移位寄存器可以将并行数据转换为串行传送,也可将串行数据转换为并行传送。

3. 分类

按数据移位方向,可分为左移和右移移位寄存器,单向移位型和双向移位型。

按数据形式变换,可分为串入并出型和并入串出型。

4. 工作原理

图 5-11 为移位寄存器原理电路图。数据输入可以串行输入也可并行输入。

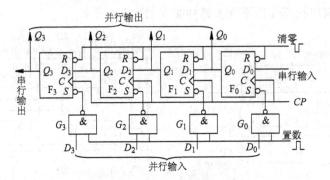

图 5-11 移位寄存器原理图

(1) 串入并出

数据串行输入时,从最低位触发器 F_0 的 D 端输入,随着 CP 移位脉冲作用,串行数据依次移入 $F_0 \sim F_3$,此时,若从 $Q_3 \sim Q_0$ 输出,则为并行输出;若从 F_3 的 Q_3 端输出,则为串行输出。若在 F_3 左侧再级联更多触发器,则可组成 8 位、16 位或更多位并行数据。

设串行输入信号为 D_0,如图 5-12 所示,CP_4 来到时,$Q_3Q_2Q_1Q_0 = 1011$。

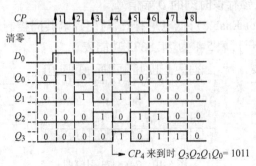

图 5-12 移位寄存器串入并出

114

（2）并入串出

数据并行输入时,采用两步接收。第一步先用清零脉冲把各触发器清 0;第二步利用置数脉冲打开 4 个与非门 $G_3 \sim G_0$,将并行数据 $D_3 \sim D_0$ 置入 4 个触发器,然后再在 CP 移位脉冲作用下,逐位从 Q_3 端串行输出。

设并行输入数据 $D_3 D_2 D_1 D_0 = 1011$,则移位过程如图 5-13 所示。

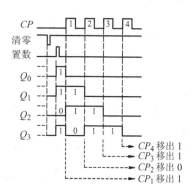

图 5-13　移位寄存器并入串出

5. 集成移位寄存器

常用集成移位寄存器中,TTL 芯片主要有 74LS164、74LS165 等,CMOS 芯片主要有 CC 4014、CC 4094 等。

（1）74LS164

74LS164 为串入并出 8 位移位寄存器,表 5-5 为功能表,图 5-14 为引脚图。

表 5-5　74LS164 功能表

输入				输出								功能
$\overline{CLR}$	CP	D_{SA}	D_{SB}	Q_0	Q_1	Q_2	Q_3	Q_4	Q_5	Q_6	Q_7	
0	×	×	×	0	0	0	0	0	0	0	0	清 0
1	↑	1	1	1	Q_0^n	Q_1^n	Q_2^n	Q_3^n	Q_4^n	Q_5^n	Q_6^n	移位
1	↑	0	×	0	Q_0^n	Q_1^n	Q_2^n	Q_3^n	Q_4^n	Q_5^n	Q_6^n	
1	↑	×	0	0	Q_0^n	Q_1^n	Q_2^n	Q_3^n	Q_4^n	Q_5^n	Q_6^n	
1	0	×	×	Q_0^n	Q_1^n	Q_2^n	Q_3^n	Q_4^n	Q_5^n	Q_6^n	Q_7^n	保持

$Q_0 \sim Q_7$:并行数据输出端;

D_{SA}、D_{SB}:串行数据输入端;当 $D_{SA} D_{SB} = 11$ 时,移入数据为 1;

当 D_{SA}、D_{SB} 中有一个为 0 时,移入数据为 0。实际运用中,常将 D_{SA}、D_{SB} 短接,串入数据同时从 D_{SA}、D_{SB} 输入。需要注意的是,串入数据从最低位 Q_0 移入,然后依次移至 $Q_1 \sim Q_7$。

$\overline{CLR}$:并行输出数据清 0 端,低电平有效;

CP:移位脉冲输入端,上升沿触发。

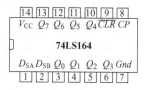

图 5-14　74LS164 引脚图

（2）74LS165

74LS165 为串/并行输入、互补串行输出、8 位移位寄存器,表 5-6 为功能表,图 5-15 为引脚图。

表 5-6　74LS165 功能表

输入												内部数据								输出		功能
$S/\overline{L}$	INH	CP	D_S	D_0	D_1	D_2	D_3	D_4	D_5	D_6	D_7	Q_0	Q_1	Q_2	Q_3	Q_4	Q_5	Q_6	Q_7	Q_H	$\overline{Q_H}$	
0	×	×	×	d_0	d_1	d_2	d_3	d_4	d_5	d_6	d_7	d_0	d_1	d_2	d_3	d_4	d_5	d_6	d_7	d_7	$\overline{d_7}$	置入数据
1	0	0	×	×	×	×	×	×	×	×	×	Q_0^n	Q_1^n	Q_2^n	Q_3^n	Q_4^n	Q_5^n	Q_6^n	Q_7^n	Q_7^n	$\overline{Q_7^n}$	保持

（续）

输入													内部数据								输出		功能
$S/\overline{L}$	INH	CP	D_S	D_0	D_1	D_2	D_3	D_4	D_5	D_6	D_7		Q_0	Q_1	Q_2	Q_3	Q_4	Q_5	Q_6	Q_7	Q_H	$\overline{Q_H}$	
1	1	×	×	×	×	×	×	×	×	×	×		Q_0^n	Q_1^n	Q_2^n	Q_3^n	Q_4^n	Q_5^n	Q_6^n	Q_7^n	Q_7^n	$\overline{Q_7^n}$	保持
1	×	1	×	×	×	×	×	×	×	×	×		Q_0^n	Q_1^n	Q_2^n	Q_3^n	Q_4^n	Q_5^n	Q_6^n	Q_7^n	Q_7^n	$\overline{Q_7^n}$	
1	↑	0	0	×	×	×	×	×	×	×	×		0	Q_0^n	Q_1^n	Q_2^n	Q_3^n	Q_4^n	Q_5^n	Q_6^n	Q_6^n	$\overline{Q_6^n}$	移位
1	↑	0	1	×	×	×	×	×	×	×	×		1	Q_0^n	Q_1^n	Q_2^n	Q_3^n	Q_4^n	Q_5^n	Q_6^n	Q_6^n	$\overline{Q_6^n}$	
1	0	↑	0	×	×	×	×	×	×	×	×		0	Q_0^n	Q_1^n	Q_2^n	Q_3^n	Q_4^n	Q_5^n	Q_6^n	Q_6^n	$\overline{Q_6^n}$	
1	0	↑	1	×	×	×	×	×	×	×	×		1	Q_0^n	Q_1^n	Q_2^n	Q_3^n	Q_4^n	Q_5^n	Q_6^n	Q_6^n	$\overline{Q_6^n}$	

数据输入既可并行输入又可串行输入：串行数据输入端 D_S，并行数据输入端 $D_0 \sim D_7$。

$S/\overline{L}$ 为移位/置数控制端。$S/\overline{L} = 0$，芯片从 $D_0 \sim D_7$ 置入并行数据；$S/\overline{L} = 1$，芯片在时钟脉冲作用下，允许移位操作。

串行数据输出端 Q_H、$\overline{Q_H}$，为互补输出。

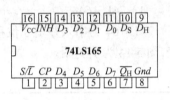

图 5-15　74LS165 引脚图

时钟脉冲输入端有两个：CP 和 INH，功能可互换使用。一个为时钟脉冲输入（CP 功能），另一个为时钟禁止控制端（INH 功能）。当其中一个为高电平时，该端履行 INH 功能，禁止另一端时钟输入；当其中一个为低电平时，允许另一端时钟输入，时钟输入上升沿有效。

5.2.4　寄存器应用举例

【例 5-3】试将 74LS373 在单片机系统中用作低 8 位地址锁存器。

解：图 5-16 为 74LS373 在单片机系统中用作低 8 位地址锁存器。MCS－51 单片机 $P0.0 \sim P0.7$ 分时传送两种信号：一种是低 8 位地址信号，另一种是 8 位数据信号。因此低 8 位地址信号不能与 $P2.0 \sim P2.7$ 传送的高 8 位地址信号形成稳定的 16 位地址总线，只有将它锁存，才能达到目的，74LS373 的作用就在于此。当 MCS-51 单片机 $P0.0 \sim P0.7$ 传送低 8 位地址的同时，地址

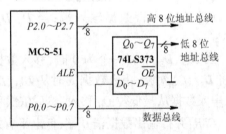

图 5-16　74LS373 用作低 8 位地址锁存器

锁存信号 ALE 有效，打开 74LS373 门控端 G，锁存该低 8 位地址信号，并从 74LS373 $Q_0 \sim Q_7$ 端输出。当 $P0.0 \sim P0.7$ 随后传送 8 位数据信号时，ALE 信号无效，74LS373 不受数据信号的影响，保持输出原低 8 位地址信号 $Q_0 \sim Q_7$ 与 $P2.0 \sim P2.7$ 传送的高 8 位地址信号组成稳定的 16 位地址总线。

【例 5-4】试将 74LS377 用作显示驱动缓冲器。

解：图 5-17 为 74LS377 用作显示驱动缓冲器，输入信号是已经过译码器处理的 8 段显示码，从 74LS377 $D_0 \sim D_7$ 端输入，门控端 G 接地，CP 脉冲加在 CLK 端，CP 上升沿时，8 段显示码从 $Q_0 \sim Q_7$ 输出显示。由于使用共阳数码管，显示段码低电平有效，输出低电平有效属灌

电流负载,驱动电流较大,有足够的显示亮度;又由于 74LS377 最大灌电流为 8 mA,因此即使共阳数码管 *Com* 端不接限流电阻而直接接 +5 V,也不会损坏数码管。

【例 5-5】试将 74LS164 用作串入并出数据缓冲器。

解:图 5-18 为 74LS164 用作串入并出传送 16 位显示段码。16 位串行显示段码从 74LS164(Ⅰ) D_{SA}、D_{SB} 输入,随移位脉冲逐位移入,并从 Q_7 端移出,进入 74LS164(Ⅱ) D_{SA}、D_{SB} 端,CP 端接受 16 个移位脉冲后,16 位串行显示数码移位完毕,停发 CP 移位脉冲,形成并行稳定输出。若移位脉冲频率足够快,则视觉感受不到移位过程。

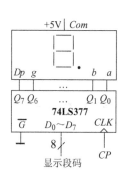
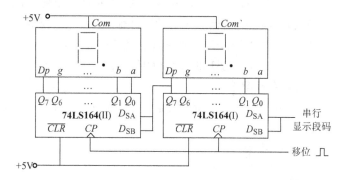

图 5-17 74LS377 用作显示驱动缓冲器　　　　图 5-18 74LS164 串入并出传送显示段码

【例 5-6】试将 74LS165 用作并入数据串行输出。

解:图 5-19 为 74LS165 并入串出传送按键信息数据。按键 $K_0 \sim K_7$ 按下时,信息数据为 0,否则为 1;R、C 用于消除按键抖动。每隔一段时间,置数控制端输入一个负脉冲,采集按键信息数据。然后发送移位脉冲,按键信息数据即从 $\overline{Q_H}$ 端逐位串出,先输出按键 K_7 信息数据,最后输出按键 K_0 信息数据。若某位数据为 1,表明相应按键按下。只要置数控制间隔足够短(宜小于 50 ms),移位脉冲频率较高,则捕捉按键按下的信息就不会产生遗漏现象。

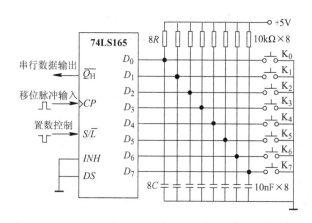

图 5-19 74LS165 并入串出传送按键信息

【复习思考题】

5.5　寄存器一般由哪些部件组成? 主要有什么用途?

5.6　寄存器输入信号的输入时刻有什么要求?

5.7 8D 触发器与 8D 锁存器有什么区别?

5.8 74LS377 中的门控端 $\overline{G}$ 有什么作用?与 CP 脉冲有否区别?

5.9 $\overline{OE}$ 代表什么含义?

5.10 移位寄存器与数码寄存器有什么区别?

5.11 移位寄存器主要有什么用途?

5.12 简述移位寄存器数据输入/输出形式。

5.13 74LS164 有两个串行数据输入端,如何理解?如何处理?

5.14 74LS164 串行输入数据时,最先移入至哪一位?

5.15 74LS165 有两个时钟脉冲输入端,如何理解?如何处理?

5.16 两片 74LS164 级联时电路如何连接?

5.17 简述 74LS165 $S/\overline{L}$ 端的作用。

【相关习题】

判断题:5.7~5.10;填空题:5.27~5.30;选择题:5.45~5.56;分析计算题:5.79~5.82。

5.3 计数器

5.3.1 计数器概述

1. 定义

统计输入脉冲个数的过程叫做计数,能够完成计数工作的数字电路称为计数器。

2. 功能

计数器不仅可用来对脉冲计数,而且广泛用于分频、定时、延时、顺序脉冲发生和数字运算等。

3. 分类

按计数脉冲引入方式可分为异步计数器和同步计数器;

按计数长度可分为二进制、十进制和 N 进制计数器;

按计数增减趋势可分为加法计数器、减法计数器和可逆计数器。

5.3.2 异步计数器

计数脉冲未加到组成计数器的所有触发器的 CP 端,只作用于其中一些触发器 CP 端的计数器称为异步计数器。其特点是各触发器的翻转时刻不同。因此,分析异步计数器时,应特别注意各触发器的时钟条件是否有效。

1. 异步二进制加法计数器

(1) 电路和工作原理

图 5-20a 为由 JK 触发器组成的异步二进制加法计数器,$JK=11$,各触发器构成 T′ 触发器。

图 5-20b 为由 D 触发器组成的异步二进制加法计数器,$\overline{Q}$ 端与 D 端相接,组成 T′ 触发器。

(2) 时序波形图

T′ 触发器的特点是每来一个 CP 脉冲,电路翻转。图 5-20a 是 CP 下降沿触发,图 5-20b 是 CP 上升沿触发,画出它们的时序波形分别如图 5-21a、b 所示。需要注意的是,图 5-21b 中,F_1、F_2 的时钟信号分别为 $\overline{Q_0}$、$\overline{Q_1}$,是在 $\overline{Q_0}$、$\overline{Q_1}$ 上升沿触发翻转。

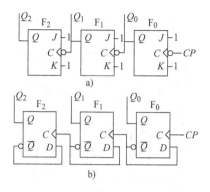

图 5-20　异步二进制加法计数器

a）由 JK 触发器组成　b）由 D 触发器组成

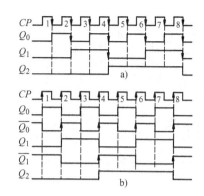

图 5-21　异步二进制加法计数器时序波形图

a）下降沿触发　b）上升沿触发

（3）状态转换表和状态转换图

根据时序波形图列出异步二进制加法计数器状态转换表如表 5-7 所示。画出状态转换图如图 5-22 所示。

表 5-7　二进制加法计数器状态转换表

CP	Q_2	Q_1	Q_0
0	0	0	0
1	0	0	1
2	0	1	0
3	0	1	1
4	1	0	0
5	1	0	1
6	1	1	0
7	1	1	1
8	0	0	0

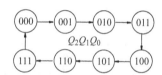

图 5-22　二进制加法计数器状态转换图

（4）分频功能

从图 5-21 中看出，Q_0 的频率只有 CP 的 $1/2$，Q_1 的频率只有 CP 的 $1/4$，Q_2 的频率只有 CP 的 $1/8$。即计数脉冲每经过一个 T' 触发器，输出信号频率就下降一半。由 N 个 T' 触发器组成的二进制加法计数器，其末级触发器输出信号频率为 CP 脉冲频率的 $1/2^N$，即实现对 CP 的 2^N 分频。

2. 异步二进制减法计数器

（1）电路

图 5-23a、b 分别为由 JK 触发器和 D 触发器组成的异步二进制减法计数器，共同的特点是：均组成 T' 触发器。T' 触发器的功能是实现二分频，二分频就是二进制。

（2）时序波形图

由 JK 触发器和 D 触发器组成的异步二进制减法计数器的时序波形图分别如图 5-24a、b 所示。需要注意的是，图 5-24a 中，F_1、F_2 的时钟信号分别为 $\overline{Q_0}$、$\overline{Q_1}$，并在下降沿触发翻转。

（3）状态转换表和状态转换图

根据时序波形图列出异步二进制减法计数器状态转换表如表 5-8 所示，画出状态转换图如图 5-25 所示。

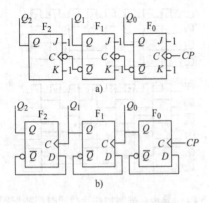

图 5-23　异步二进制减法计数器

a) 由 JK 触发器组成　b) 由 D 触发器组成

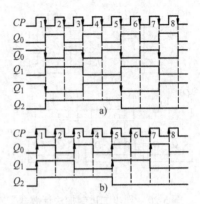

图 5-24　异步二进制减法计数器时序波形图

a) 下降沿触发　b) 上升沿触发

表 5-8　异步二进制减法
计数器状态转换表

CP	Q_2	Q_1	Q_0
0	0	0	0
1	1	1	1
2	1	1	0
3	1	0	1
4	1	0	0
5	0	1	1
6	0	1	0
7	0	0	1
8	0	0	0

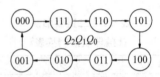

图 5-25　异步二进制减法
计数器状态转换图

（4）异步二进制计数器级间连接规律

分析图 5-20a、b 和图 5-23a、b，发现异步二进制计数器级间连接有规律可循，如表 5-9 所示。

① 异步二进制计数器均接成 T' 触发器。

② 上升沿触发时，若 CP 端接低位触发器 $\overline{Q}$ 端，则构成加法计数器；若 CP 端接低位触发器 Q 端，则构成减法计数器。

③ 下降沿触发时，若 CP 端接低位触发器 Q 端，则构成加法计数器；若 CP 端接低位触发器 $\overline{Q}$ 端，则构成减法计数器。

表 5-9　异步二进制计数器
级间连接规律

连接规律	T'触发器触发沿	
	上升沿	下降沿
加法计数	$CP_i = \overline{Q_{i-1}}$	$CP_i = Q_{i-1}$
减法计数	$CP_i = Q_{i-1}$	$CP_i = \overline{Q_{i-1}}$

3. 异步十进制计数器

为适应人们对数制的习惯，在数字电路中常用到十进制计数器。

（1）十进制计数器与二进制计数器的区别

十进制计数器有 0～9 十个数码，需要 4 个触发器才能满足要求，但 4 个触发器共有 $2^4 =$ 16 种不同状态，其中 1010～1111 六种状态属冗余码（即无效码），应予剔除。因此，十进制计数器实际上是 4 位二进制计数器的改型，是按二 – 十进制编码（一般为 8421 BCD 码）的计数器。

（2）异步十进制计数器电路

图 5-26 为异步十进制计数器电路,实际上,其由一个二进制计数器(F_0)和一个五进制计数器(由 $F_1 F_2 F_3$ 组成,参阅图 5-5)串联而成,$2 \times 5 = 10$,时序波形图如图 5-27 所示,状态转换表如表 5-10 所示。在 $CP_0 \sim CP_8$ 时,该计数器均按二进制数正常进位至 $Q_3 Q_2 Q_1 Q_0 = 1000$。CP_8 下降沿后,使 $J_3 K_3 = 01$,而 Q_0 用作 F_3 的 CP 脉冲。CP_9 时,Q_3 不变,$Q_3 Q_2 Q_1 Q_0 = 1001$;CP_{10} 时,Q_0 产生下降沿,使 F_3 翻转,$Q_3 Q_2 Q_1 Q_0 = 0000$。进位脉冲 $C = Q_3 Q_0$,出现在 $Q_3 Q_2 Q_1 Q_0 = 1001$ 时。

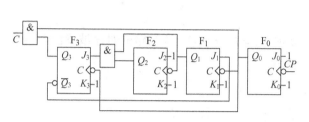

图 5-26 异步十进制计数器

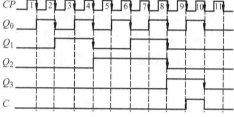

图 5-27 异步十进制计数器时序波形图

画出状态转换图如图 5-28 所示。不难得出,$Q_3 Q_2 Q_1 Q_0$ 初态为其余 6 种冗余码时,能从循环圈外自动进入圈内,因此,该电路具有自启动功能。

表 5-10　十进制计数器状态转换表

CP	计数器状态				进位 C
	Q_3	Q_2	Q_1	Q_0	
0	0	0	0	0	0
1	0	0	0	1	0
2	0	0	1	0	0
3	0	0	1	1	0
4	0	1	0	0	0
5	0	1	0	1	0
6	0	1	1	0	0
7	0	1	1	1	0
8	1	0	0	0	0
9	1	0	0	1	1
10	0	0	0	0	0

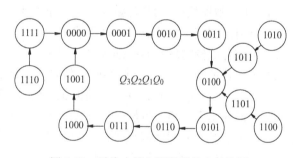

图 5-28 异步十进制计数器状态转换图

4. 异步 N 进制计数器

除二进制、十进制计数器外,在实际应用中,常要用到任意进制计数器。N 进制计数器是在二进制和十进制计数器的基础上,运用级联法、反馈法获得的。

级联法是由若干个低于 N 进制的计数器串联而成。级联法如图 5-26 所示,十进制计数器由一个二进制和一个五进制串联而成,即 $2 \times 5 = 10$。

反馈法是由一个高于 N 进制的计数器缩减而成。缩减的方法有反馈复位法、反馈置数法和反馈阻塞法。反馈阻塞法可参照图 5-26,图中 $\overline{Q_3}$ 与 J_1 连接,使得 CP_{10} 下降沿到来时,F_1 不能翻转。反馈复位法、反馈置数法将在 5.3.4 一节中举例说明。

5. 异步计数器的特点

1）电路结构简单。

2）组成计数器的触发器的翻转时刻不同。

3）工作速度较慢。由于异步计数器后级触发器的触发脉冲需依靠前级触发器的输出,而每个触发器信号的传递均有一定的延时,因此其计数速度受到限制,工作信号频率不能太高。

4) 译码时易出错。由于触发器信号传递有一定延时时间,若将计数器在延时过渡时间范围内的状态译码输出,则会产生错误(延时过渡结束稳定后,无错)。

5.3.3 同步计数器

计数脉冲同时加到各触发器的时钟输入端,在时钟脉冲触发有效时同时翻转的计数器称为同步计数器。

1. 同步二进制加法计数器

同步二进制加法计数器如图 5-29 所示,其中 $J_2 = K_2 = Q_1Q_0$,该电路的时序波形图与异步二进制加法计数器相同(参阅图 5-21a),不再赘述。

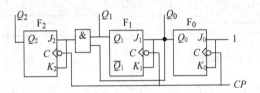

图 5-29　同步二进制加法计数器

2. 同步计数器的特点

与异步计数器相比,同步计数器具有以下特点:

1) 电路结构较异步计数器稍复杂些。

2) 组成计数器的触发器的翻转时刻相同。

3) 工作速度较快。因 CP 脉冲同时触发同步计数器中的全部触发器,各触发器的翻转与 CP 同步,因此工作速度快,允许有较高的工作信号频率。

4) 译码时不会出错。虽然触发器信号传递也有一定延时时间,甚至各触发器的延时时间也有快有慢,在这个延时时间范围内的过渡状态也有可能不符合要求,但由于有统一时钟 CP,可将 CP 同时控制译码,仅在翻转稳定后译码,则译码输出不会出错。

5.3.4 集成计数器

用触发器组成计数器,电路复杂且可靠性差。随着电子技术的发展,一般均用集成计数器(也称为中规模集成计数器)构成具有各种功能的计数器。现介绍几种常用的集成计数器。

1. 74LS160/161

74LS160/161 为同步可预置计数器,74LS160 为十进制计数器,74LS161 为二进制计数器(最大计数值 16)。功能如表 5-11 所示,引脚图如图 5-30 所示。其中:

表 5-11　74LS160/161 功能表

$\overline{CLR}$	$\overline{LD}$	CP	CT_T	CT_P	功能
0	×	×	×	×	清零
1	0	↑	×	×	置数
1	1	↑	1	1	计数
1	1	×	0	×	保持
1	1	×	×	0	保持

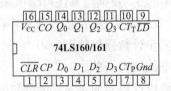

图 5-30　74LS160/161 引脚图

$\overline{CLR}$——异步清零端,低电平有效,$\overline{CLR}=0$ 时,$Q_3Q_2Q_1Q_0=0000$;

$\overline{LD}$——同步置数端,低电平有效。$\overline{LD}=0$ 时,在 CP 上升沿,将并行数据 $D_3D_2D_1D_0$ 置入片内触发器,并从 $Q_3Q_2Q_1Q_0$ 端分别输出,即 $Q_3Q_2Q_1Q_0=D_3D_2D_1D_0$。

CT_T、CT_P——计数允许控制端。$CT_T \cdot CT_P=1$ 时允许计数;$CT_T \cdot CT_P=0$ 时禁止计数,保持输出原状态。CT_T、CT_P 可用于级联时超前进位控制。

$D_3 \sim D_0$——预置数据输入端。

$Q_3 \sim Q_0$——计数输出端。

CO——进位输出端。其进位时序图如图 5-31 所示。

CP——时钟脉冲输入端,上升沿触发。

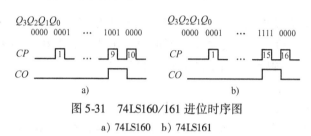

图 5-31　74LS160/161 进位时序图
a) 74LS160　b) 74LS161

利用 74LS160/161 可以很方便地组成 N 进制计数器(N 须小于最大计数值)。

【例 5-7】试利用 74LS161 组成 12 进制计数器。

解:利用 74LS161 组成 12 进制计数器,方法可有多种,现举例说明如下:

(1) 反馈置数法

图 5-32a 为 74LS161 利用反馈置数法构成 12 进制计数器,其计数至 1011 时,$Q_3Q_1Q_0$ 通过与非门全 1 出 0,置数端 $\overline{LD}=0$,重新置入 $Q_3Q_2Q_1Q_0=D_3D_2D_1D_0=0000$。该电路状态转换图如图 5-32b 所示。

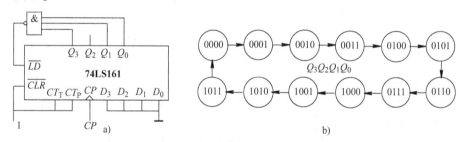

图 5-32　反馈置数法构成 12 进制计数器
a) 电路图　b) 状态转换图

(2) 反馈复位法

图 5-33a 为 74LS161 利用反馈复位法构成 12 进制计数器,计数至 1100 时,Q_3Q_2 通过与非门全 1 出 0,复位端 $\overline{CLR}=0$,复位 $Q_3Q_2Q_1Q_0=0000$,该电路状态转换图如图 5-33b 所示。

图 5-33 与图 5-32 有什么不同? 为什么图 5-32 是计数到 1011,而图 5-33 要计数到 1100? 图 5-32 是反馈到同步置位端 $\overline{LD}$,而同步置位的条件是要有 CP 脉冲,因此计数至 1011 后,需等待至下一 CP 上升沿,才能复位 0000。而图 5-33 是反馈到异步复位端 $\overline{CLR}$,异步复位是不需要 CP 脉冲的,电路计数至 1100 瞬间,即能产生复位信号,1100 存在时间约几纳秒,因此实际上 1100 状态是不会出现的。但是在要求较高的场合,这类电路仍有可能出错,应采用 RC

滤波电路吸收干扰脉冲。

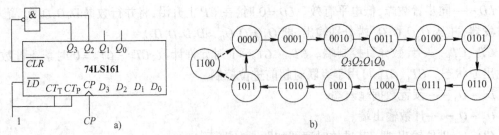

图 5-33　反馈复位法构成 M12 计数器

a) 电路图　b) 状态转换图

需要说明的是,对 N 进制计数器的广义理解,并不仅是计数 0→N,只要有 N 种独立的状态,计满 N 个计数脉冲后,状态能复位循环的时序电路均称为模 N 计数器,或称为 N 进制计数器。为此,再例举几种能实现 12 进制的计数器。

（3）进位信号置位法

图 5-34a 为 74LS161 利用进位信号 CO 置位,构成 M12 计数器。进位信号产生于 1111,数据输入端接成 0100,计数从 0100 开始,至 1111 时,触发 74LS161 重新置位 0100,则从 0100→1111 共有 12 种状态构成 M12 计数器,其状态转换图如图 5-34b 所示。

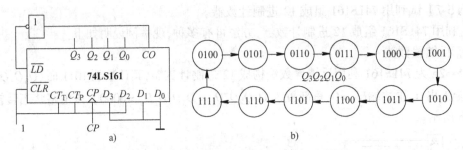

图 5-34　进位信号置位法构成 M12 计数器

a) 电路图　b) 状态转换图

（4）多次置位法

图 5-35a 为 74LS161 利用多次置位法构成 M12 计数器。图中,置位端 $\overline{LD}$ 接 Q_1,只要满足 $Q_1 = 0$,电路就置位,置入电路的初始值也不是一个常数,其中 $D_0 = 0$,$D_1 = 1$,$D_2 = Q_2$,$D_3 = Q_3$,其状态转换图如图 5-35b 所示,共有 12 种状态,但不是按二进制大小排列。

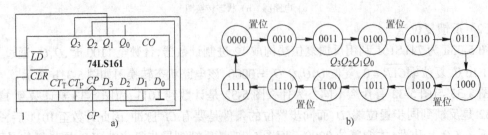

图 5-35　多次置位法构成 M12 计数器

a) 电路图　b) 状态转换图

2. 74LS192/193

74LS192/193 为同步可预置可逆计数器,74LS192 为十进制计数器,74LS193 为 16 进制计数器。其引脚图如图 5-36 所示,功能如表 5-12 所示。其中:

CLR——异步清 0 端,高电平有效。$CLR = 1$ 时,$Q_3Q_2Q_1Q_0 = 0000$。

$\overline{LD}$——异步置数端,低电平有效。$\overline{LD} = 0$ 时,$Q_3Q_2Q_1Q_0 = D_3D_2D_1D_0$,这一点与 74LS160/161 不同,74SL160/161 是同步置数,除 $\overline{LD} = 0$ 外,还需 CP 上升沿触发;74LS192/193 是异步置数,只需 $\overline{LD} = 0$,不需 CP 配合。

CP_U、CP_D——加/减计数脉冲输入端,上升沿有效。加计数时,计数脉冲从 CP_U 输入,CP_D 应保持高电平;减计数时,计数脉冲从 CP_D 输入,CP_U 应保持高电平。

$D_3 \sim D_0$——预置数据输入端。

$Q_3 \sim Q_0$——计数输出端。

$\overline{CO}$、$\overline{BO}$——进/借位输出端。74LS192 进/借位时序图如图 5-37 所示,在加计数至最大值 1001 后,输出 $\overline{CO}$ 负脉冲;在减计数至 0000 时,输出 $\overline{BO}$ 负脉冲。74LS193 进/借位时序与该图相似,在加计数至最大值 1111 后,输出 $\overline{CO}$ 负脉冲;在减计数至 0000 时,输出 $\overline{BO}$ 负脉冲。

<table>
<tr><td colspan="5">表5-12　74LS192/193 功能表</td></tr>
<tr><td>CLR</td><td>$\overline{LD}$</td><td>CP_U</td><td>CP_D</td><td>功能</td></tr>
<tr><td>1</td><td>×</td><td>×</td><td>×</td><td>清零</td></tr>
<tr><td>0</td><td>0</td><td>×</td><td>×</td><td>置数</td></tr>
<tr><td>0</td><td>1</td><td>↑</td><td>1</td><td>加计数</td></tr>
<tr><td>0</td><td>1</td><td>1</td><td>↑</td><td>减计数</td></tr>
</table>

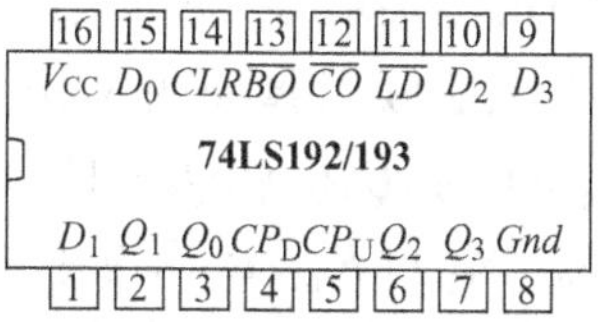

图 5-36　74LS192/193 引脚图

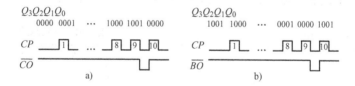

图 5-37　74LS192 进/借位时序图

a) 加计数　b) 减计数

利用 74LS192/193 可很方便地组成可逆计数器。如图 5-38 所示,加减控制端为 1 时是加计数器,加减控制端为 0 时是减计数器。

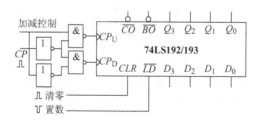

图 5-38　74LS192/193 引脚图

125

【例5-8】试利用74LS192设计一个60进制加法计数器,输出两位8421 BCD码。

解:设计电路如图5-39所示,两片74LS192组成 $6 \times 10 = 60$ 进制计数器,芯片 I 为十进制计数器;芯片 II 为六进制计数器,在计数至0110瞬间产生一个置数脉冲,使芯片 II 复位0000。计数脉冲从芯片 I 的 CP_U 输入,芯片 I 的进位 $\overline{CO}$ 直接与芯片 II 的 CP_U 连接,作为芯片 II 的加计数脉冲。

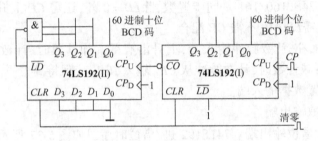

图5-39 74LS192组成60进制加法计数器

3. 74LS290

74LS290为异步二 – 五 – 十进制计数器,内部有两个独立的计数器,一个是二进制计数器,一个是五进制计数器。若将二进制计数器(时钟端 $\overline{CP_0}$)的输出端 Q_0 与五进制计数器的时钟 $\overline{CP_1}$ 端相连,则其结构就与5.3.2节中图5-26相同。74LS290引脚如图5-40所示。功能如表5-13所示。其中,S_{9A}、S_{9B} 为异步置9端,当 $S_{9A} = S_{9B} = 1$ 时,$Q_3 Q_2 Q_1 Q_0 = 1001$;R_{0A}、R_{0B} 为异步清0端,当 $R_{0A} = R_{0B} = 1$ 时,$Q_3 Q_2 Q_1 Q_0 = 0000$。但 S_{9A}、S_{9B} 与 R_{0A}、R_{0B} 不能同时为1;当 $S_{9A} \cdot S_{9B} = 0$,$R_{0A} \cdot R_{0B} = 0$ 时,且在 CP 脉冲下降沿,触发计数。74LS290基本工作方式如图5-41所示,既可单独用作二进制计数器、五进制计数器,又可复合用作十进制计数器:2×5 方式构成8421码十进制计数器;5×2 方式构成5421码十进制计数器。

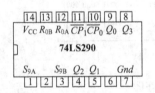

图5-40 74LS290引脚图

表5-13 74LS290 功能表

$S_{9A} \cdot S_{9B}$	$R_{0A} \cdot R_{0B}$	CP	功能
1	0	×	置1001
0	1	×	清零
0	0	↓	计数

图5-41 74LS290构成计数器基本工作方式

a) 十进制(8421码) b) 十进制(5421码) c) 二进制 d) 五进制

【例5-9】试利用74LS290设计一个60进制加法计数器。

解:设计电路如图 5-42 所示,两片 74LS290 组成 $6 \times 10 = 60$ 进制计数器,芯片 I 为十进制计数器(个位);芯片 II 为六进制计数器(十位)。芯片 I Q_3 进位作为芯片 II 的 CP_0 脉冲,芯片 II Q_2、Q_1 分别为与 R_{0B}、R_{0A} 相接,$Q_2Q_1 = 11$ 时,芯片 II 复位。因此,芯片 II 组成六进制计数器,整个电路为六十进制计数器。时序波形图如图 5-43 所示。

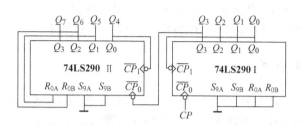

图 5-42　74LS290 组成 60 进制加法计数器

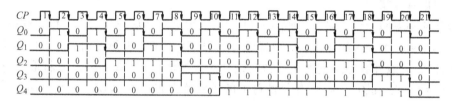

图 5-43　例 5-9 时序波形图

显然,图 5-42 所示电路要比图 5-39 简单,原因是 74LS290 中 R_{0A}、R_{0B} 之间具有"与"逻辑功能。

4. CC4060

CC4060 为 14 级二进制串行计数器/分频器,其引脚图如图 5-44 所示,CC4060 由两部分组成,一部分是 14 级分频器,另一部分是振荡器。振荡器需外接 RC 网络(或石英晶体),如图 5-45 所示,振荡频率 $f_0 \approx 1/2.2RC$,详细分析参阅 6.3.1 一节。CC4060 采用双列直插 DIP16 封装,引脚较少,其中 $Q_1Q_2Q_3$ 及 Q_{11} 没有相应输出管脚,因此,输出的分频系数只有 $2^4 \sim 2^{10}$ 及 $2^{12} \sim 2^{14}$,分别从 $Q_4 \sim Q_{10}$ 及 $Q_{12} \sim Q_{14}$ 输出。

【例 5-10】试应用 CC4060 组成一个秒闪烁电路。

解:设计电路如图 5-46 所示。为精确产生秒信号,电路选用 32768 Hz 晶振,各种电子钟、电子表和电脑内部时钟均用此晶振,只要晶振频率精确,电路振荡稳定,分频后秒信号就精确。32768 Hz 经 2^{14} 分频后为 2 Hz,再经过一个由 D 触发器组成的 T' 触发器二分频,就得到 1 Hz 秒

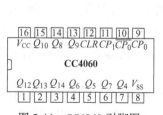

图 5-44　CC4060 引脚图

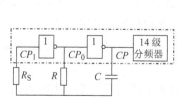

图 5-45　CC4060 振荡结构框图

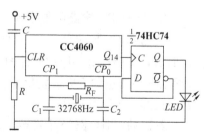

图 5-46　CC4060 组成秒闪烁电路

127

脉冲,D 触发器选用 74HC74(双 D 触发器),以与 CMOS 电平匹配,74HC74 输出最大电流可达 4 mA,正好用于驱动发光二极管,不需另加驱动电路。晶体振荡电路采用典型应用电路,其中 R_F 为直流负反馈电阻,一般取 1 MΩ 左右,使 CC4060 内部与非门工作于传输特性的线性转折区;C_1、C_2 用于稳定振荡,一般取几十皮法;RC 组成上电复位电路,在接通电源瞬间产生一个微分脉冲,使 CC4060 输出清 0,R、C 一般分别取 10 kΩ、10 μF。

集成计数器品种繁多,应用方便。读者可参阅有关技术资料。

5.3.5 计数器应用举例

计数器主要用于计数、分频。此外,还常用于测量脉冲频率和脉冲宽度(或周期),组成定时电路、数字钟和顺序脉冲发生器等。顺序脉冲发生器将在下节叙述。

1. 测量脉冲频率和脉冲宽度

(1) 测量脉冲频率

测量脉冲频率的示意电路框图如图 5-47 所示。被测脉冲从与门的一个输入端输入,取样脉冲从与门的另一个输入端输入。无取样脉冲时,与门关;有取样脉冲时,与门开,被测脉冲进入计数器计数,若取样脉冲的宽度 T_w 已知,则被测脉冲的频率 $f = N/T_w$。若将取样脉冲的宽度 T_w 设定为 1 s、0.1 s、0.01 s…,则被测脉冲的频率就为 N、$10N$、$100N$…,可经过译码直接显示出来。

取样脉冲的产生可用石英晶体振荡器(精度高)振荡产生,并经十进制计数器逐级分频而得,例 100 kHz 晶体振荡器,10 分频后为 10 kHz($T = 0.1$ ms),再 10 分频($T = 1$ ms),再 10 分频($T = 10$ ms),…

(2) 测量脉冲宽度

测量脉冲宽度的方法与图 5-47 类似,但被测脉冲代替了取样脉冲的位置,而与门的另一个输入端输入单位时钟脉冲(频率较高),如图 5-48 所示。设单位时钟脉冲的周期为 T_0,则被测脉冲宽度 $T_w = NT_0$。例如,若 $T_0 = 1$ μs,则 $T_w = N$ μs。

图 5-47 脉冲频率测量示意电路框图　　　　图 5-48 脉冲频率测量示意电路框图

2. 组成定时电路和数字钟

若已知 CP 脉冲周期 T_0,则计数 N 个 CP 脉冲就可得到 $t = NT_0$ 的定时时间。单片机中的定时器就是根据这一原理设计的。在精度要求不高的场合,CP 脉冲可由 RC 多谐振荡器产生(多谐振荡器也称为方波发生器,将在 6.3 一节分析);在精度要求较高的场合,可由石英晶体组成的多谐振荡器产生。

精确的定时电路经计数器计数还可组成数字钟,其框图如图 5-49 所示。秒基准信号与例 5-10 电路相同,除作为秒个位十进制计数器的 CP 脉冲外,同时可作为秒闪烁冒号(用两个发光二极管串联组成)驱动信号,秒和分显示位分别为 6×10 计数,而时计数除驱动时译码显示外,还应有 24 进制计数器,计数满 24,产生一个复位脉冲,使时计数器清 0。具体电路可参阅 10.14 节,数字钟电路图 10-18。

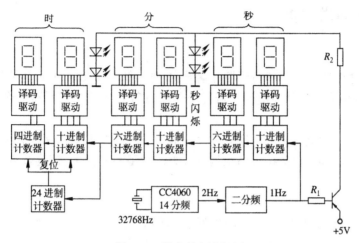

图 5-49　数字钟电路框图

【复习思考题】

5.18　叙述计数器分类情况。

5.19　异步计数器和同步计数器如何定义区分?

5.20　图 5-20 中,a、b 两种电路的触发器有什么共同特点?

5.21　什么叫分频?哪一种触发器具有二分频功能?

5.22　异步二进制计数器级间连接有什么规律?

5.23　十进制计数器与 4 位二进制计数器有什么异同?

5.24　什么叫计数器的自启动功能?

5.25　在二进制和十进制计数器的基础上,N 进制计数器常用哪些方法改型?

5.26　异步计数器和同步计数器各有什么特点?

5.27　为什么一般异步计数器较同步计数器的工作速度慢?

5.28　异步计数器输出译码时易出错的原因是什么?

5.29　集成计数器中,欲使计数器输出端为 0 有几种方法?

5.30　集成计数器中,如何理解清 0 异步同步、置位异步同步?

5.31　图 5-32 与图 5-33 电路的状态转换图有什么区别?

5.32　如何从广义上理解 N 进制计数器?

5.33　叙述 74LS160 与 74LS161 的异同。

5.34　叙述 74LS192 与 74LS193 的异同。

5.35　如何理解 74LS192 进/借位输出脉冲?

5.36　简述 74LS290 的功能。

5.37　简述 CC 4060 的功能。

5.38　试分析图 5-46 产生秒基准脉冲信号的工作原理。

5.39　计数器主要有哪些用途?

【相关习题】

判断题:5.11 ~ 5.17;填空题:5.31 ~ 5.37;选择题:5.57 ~ 5.72;分析计算题:5.83 ~ 5.96。

5.4 顺序脉冲发生器

1. 概述

在数字系统中常需要一些串行周期性信号,在每个循环周期中,1 和 0 数码按一定规则顺序排列,这种信号称为序列脉冲信号。若每个循环周期中,1 的个数只有一个,则称为顺序脉冲信号。

能产生顺序脉冲的电路称为顺序脉冲发生器。顺序脉冲发生器又称为节拍脉冲发生器、脉冲分配器。顺序脉冲发生器按电路结构可分为计数型和移位型,按连接方式可分为环型和扭环型。

2. 组成

计数型顺序脉冲发生器一般由计数器和译码器组成,如图 5-50 所示。在计数脉冲 CP 的作用下,计数器不断改变状态,经译码器译码,使译码器的输出端出现顺序脉冲。

图 5-50 顺序脉冲发生器框图

移位型顺序脉冲发生器可由移位寄存器连接成环型构成,但组成移位寄存器的各位,1 的个数只有一个。

将移位寄存器最后一级输出 Q_n 直接反馈到第一级输入端 D_0,则组成环型计数器;若将移位寄存器最后一级输出 $\overline{Q_n}$ 直接反馈到第一级输入端 D_0,则组成扭环型计数器。扭环型计数器构成顺序脉冲发生器时,可使译码简化,并消除竞争冒险现象。

3. 工作原理

图 5-51a 电路中,JK 触发器 F_1F_0 组成二位计数器,与门 $G_0 \sim G_3$ 组成译码器。$Z_0 = \overline{Q_1}Q_0$,$Z_1 = Q_1\overline{Q_0}$,$Z_2 = Q_1Q_0$,$Z_3 = \overline{Q_1}\overline{Q_0}$,其各点时序波形如图 5-51b 所示。从时序波形图中看出,$Z_0Z_1Z_2Z_3$ 按 0000→0001→0010→0100→1000→0001→ …,循环变化,即产生了顺序脉冲。

需要说明的是,图 5-51a 中 4 个与门译码器用 CP 脉冲控制,目的是为了防止在 $Z_0 \sim Z_3$ 输出端出现干扰脉冲。因为计数器是处于异步工作状态,两个触发器不同时翻转,因此在译码过程中,可能会在 $Z_0 \sim Z_3$ 输出端出现干扰脉冲。

4. 集成计数器和集成译码器组成 16 位顺序脉冲发生器

图 5-52 为由计数器 74LS161 和译码器 74LS154(参阅 3.2.2)组成的 16 位顺序脉冲发生器。74LS161 输出端 $Q_0 \sim Q_3$ 接 74LS154 译码输入端 $A_0 \sim A_3$,在 CP 脉冲作用下,74LS161 $Q_0 \sim Q_3$ 依次输出 0000 ~ 1111,74LS154 译码输出端 $\overline{Y_0} \sim \overline{Y_{15}}$ 依次输出低电平脉冲。其各点时序波形如图 5-53 所示。

5. 集成顺序脉冲发生器

CC 4017 为 CMOS 十进制计数/分频器,其内部由计数器和译码器两部分电路组成,即兼有计数和译码功能,能实现对输入 CP 脉冲的信号分配,是一种应用广泛的数字集成电路。图 5-54 为其引脚图,图 5-55 为其时序波形图,表 5-14 为其功能表。

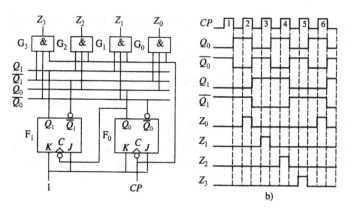

图 5-51　计数型顺序脉冲发生器

a）原理电路　b）时序波形

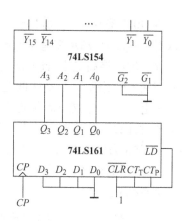

图 5-52　16 位顺序脉冲发生器

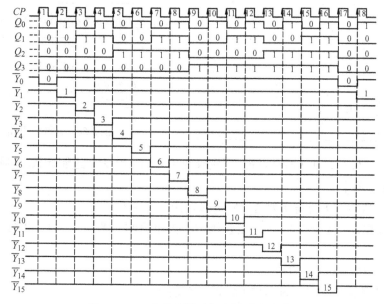

图 5-53　16 位顺序脉冲发生器时序波形图

图 5-54　CC4017 引脚图

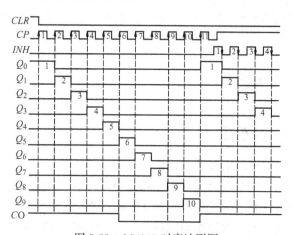

图 5-55　CC4017 时序波形图

CC 4017 有两个 CP 脉冲输入端:CP 和 INH,类似于 5.2.3 节中介绍的 74LS165。当 CP 端输入时钟脉冲时,INH 端应接低电平;此时时钟脉冲上升沿触发计数;当从 INH 端输入时钟脉冲时,CP 端应接高电平,此时时钟脉冲下降沿触发计数。或者说:当需要上升沿触发时,时钟脉冲应从 CP 端输入,INH 端低电平;当需要下降沿触发时,时钟脉冲应从 INH 端输入,CP 端应接高电平。另外,在 CP 端低电平期间或 INH 端高电平期间时钟脉冲从另一时钟端输入均不会触发计数;CP 端输入的下降沿和 INH 端输入的上升沿也不会触发计数。

图 5-56 为应用 CC4017 实现的循环灯电路,在 CP 脉冲作用下,LED_0 ~ LED_9 依次点亮,每次亮一个,不断循环(注意 CP 脉冲频率不要太高,以视觉能辨别为宜,否则 10 个 LED 灯相当于全部点亮)。

表 5-14 CC4017 功能表

输　　　入			输　　　出	
CLR	CP	INH	Q_0 ~ Q_9	CO
1	×	×	$Q_0 = 1$	——
0	↑	0	计数	Q_0 ~ $Q_4 = 1$ 时, $CO = 1$; Q_5 ~ $Q_9 = 1$ 时, $CO = 0$
0	1	↓		
0	0	×	保持	
0	×	1		
0	↓	×		
0	×	↑		

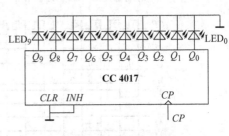

图 5-56　循环灯电路

CC 4022 具有与 CC 4017 相同功能,区别仅在于 CC 4022 为 8 进制计数/分频器。

【复习思考题】

5.40　顺序脉冲发生器与序列信号发生器有什么区别?

5.41　图 5-51a 中 4 个与门为什么要用 CP 脉冲控制?若撤除与门的 CP 脉冲有什么问题?

5.42　CC 4017 有什么功能?

5.43　如何理解 CC 4017 的 CP 功能和 INH 功能?

【相关习题】

判断题:5.18 ~ 5.20;填空题:5.38 ~ 5.41;选择题:5.73 ~ 5.75;分析计算题:5.97 ~ 5.100。

5.5　习题

5.5.1　判断题

5.1　时序电路不含记忆功能的器件。(　　)

5.2　组合电路不含记忆功能的器件。(　　)

5.3　异步时序逻辑电路无自启动功能。(　　)

5.4　同步时序逻辑电路具有统一的时钟 CP 控制。(　　)

5.5　D 触发器的特征方程 $Q^{n+1} = D$,而与 Q^n 无关,所以,D 触发器不是时序电路。(　　)

5.6 异步时序逻辑电路的分析方法比同步时序逻辑电路稍复杂些。( )

5.7 N 个触发器最多可寄存 N 位二进制数码。( )

5.8 N 个触发器寄存的二进制数码最大值为 N。( )

5.9 N 个触发器寄存的二进制数码最大值为 $2N$。( )

5.10 N 个触发器寄存的二进制数码最大值为 2^N。( )

5.11 4 位同步二进制加法计数器与 4 位异步二进制加法计数器的状态转换表不同。
( )

5.12 利用异步反馈置零组成 N 进制计数器时,不能立刻为 0,有短暂的过渡状态。( )

5.13 把一个 5 进制计数器与一个 10 进制计数器串联可得到一个 15 进制计数器。( )

5.14 计数器的模是指输入计数脉冲的个数。( )

5.15 计数器的模是指构成计数器的触发器的个数。( )

5.16 模 N 计数器可用作 N 分频器。( )

5.17 具有 N 个独立的状态,计满 N 个计数脉冲后,状态能进入循环的时序电路,称为模
N 计数器。( )

5.18 扭环型计数器构成顺序脉冲发生器时,可使译码简化。( )

5.19 扭环型计数器构成顺序脉冲发生器时,可消除竞争冒险现象。( )

5.20 CC 4017 兼有计数和译码功能。( )

5.5.2 填空题

5.21 数字电路按照是否有记忆功能通常可分为_____逻辑电路和_____逻辑
电路。

5.22 组合逻辑电路任何时刻的输出信号,与该时刻的输入信号_____;与电路原来所
处的状态_____;时序逻辑电路任何时刻的输出信号,与该时刻的输入信号____
__;与信号作用前电路原来所处的状态_____。

5.23 输出状态不仅取决于该时刻的输入状态,还与电路原先状态有关的逻辑电路,称为
_____;输出状态仅取决于该时刻输入状态的逻辑电路,称为_____。

5.24 时序逻辑电路按其触发器有否统一时钟控制可分为_____时序电路和
_____时序电路。

5.25 时序电路自启动是指电路在 CP 时钟作用下能从_____状态自动转换为_____
__状态。

5.26 同步时序逻辑电路与异步时序逻辑电路的分析方法_____。但异步时序逻辑电
路需注意各触发器的触发时钟条件是否_____。

5.27 寄存器按照功能不同可分为_____寄存器和_____寄存器。

5.28 移位寄存器除具有数码寄存功能外,还能使寄存数码_____。

5.29 移位寄存器按数据移位方向,可分为_____移和_____移移位寄存器;按数据
形式变换,可分为_____并出型和_____串出型。

5.30 一个 4 位移位寄存器输入 4 位串行数码,经过_____个时钟脉冲后,4 位串行数
码全部存入寄存器;再经过_____个时钟脉冲后,串行输出全部 4 位数码。

5.31 计数器不仅可用来对脉冲计数,而且广泛用于_____、_____、_____、____

_____和_____等。

5.32　分析异步计数器时,应特别注意各触发器的时钟条件是否_____。

5.33　同步计数器中所有触发器的时钟端应_____。

5.34　n 个触发器最大可构成_____进制计数器。

5.35　异步二进制计数器一般接成_____。上升沿触发时,若 CP 端接低位触发器__ _____端,则构成加法计数器;若 CP 端接低位触发器_____端,则构成减法计数器。下降沿触发时,若 CP 端接低位触发器_____端,则构成加法计数器;若 CP 端接低位触发器_____端,则构成减法计数器。

5.36　要组成模 15 计数器,至少需要采用_____个触发器。

5.37　二进制计数器利用反馈法组成 N 进制计数器时,异步复位时,计数至_____反馈;同步置 0 时,计数至_____反馈。

5.38　串行周期性脉冲信号,在每个循环周期中,1 和 0 数码按一定规则顺序排列,这种信号称为_____脉冲信号。若每个循环周期中,1 的个数只有一个,则称为_____脉冲信号。

5.39　顺序脉冲发生电路按结构可分为_____型和_____型,按连接方式可分为__ _____型和_____型。

5.40　顺序脉冲发生器一般由_____器和_____器组成。

5.41　CC 4017 时钟脉冲输入端有_____个,引脚名为_____。

5.5.3　选择题

5.42　下列电路中,不属于组合逻辑电路的是_____。

　　A. 编码器　　　　　B. 译码器　　　　　C. 数据选择器　　　　D. 计数器

5.43　同步时序逻辑电路和异步时序逻辑电路比较,其差异在于_____。

　　A. 没有触发器　　　　　　　　　　B. 没有统一的时钟脉冲控制

　　C. 没有稳定状态　　　　　　　　　D. 输出只与内部状态有关

5.44　图 5-57 分别为四个时序逻辑电路的状态转移图,其中不具备自启动特性的是___ _____。

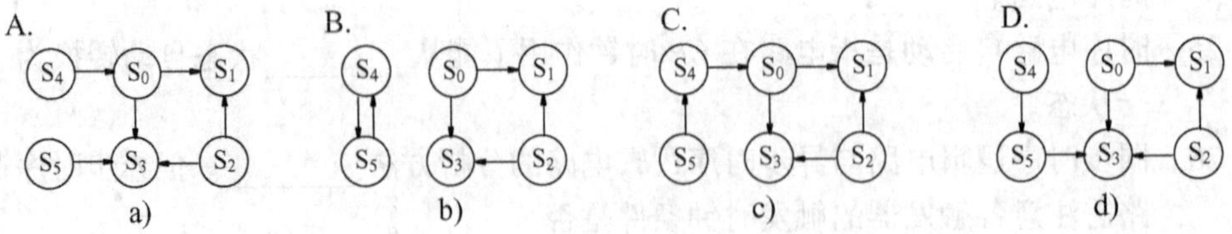

图 5-57　习题 5.44 状态转换图

5.45　常用于数据串并行转换的电路是_____。

　　A. 加法器　　　　　　　　　　　　B. 数值比较器

　　C. 计数器　　　　　　　　　　　　D. 移位寄存器

5.46　某移位寄存器的时钟脉冲频率为 100 kHz,欲将存放在该寄存器中的二进制数码左移 8 位,完成该操作需要_____。

	A. 10 μs	B. 80 μs	C. 100 μs	D. 800 μs

5.47 一个触发器可记录＿＿＿＿＿＿位二进制代码。

A. 1 　　　　　　B. 2 　　　　　　C. 4 　　　　　　D. 8

5.48 存储 8 位二进制信息至少要＿＿＿＿＿＿个触发器。

A. 2 　　　　B. 3 　　　　C. 4 　　　　D. 8 　　　　E. 2^8

5.49 8 位移位寄存器,串行输入时,须经＿＿＿＿＿＿个脉冲后,8 位数码全部移入寄存器中。

A. 1 　　　　　　B. 2 　　　　　　C. 4 　　　　　　D. 8

5.50 下列逻辑电路中为时序逻辑电路的是＿＿＿＿＿＿。

A. 数码寄存器 　　　　　　　　B. 数据选择器

C. 变量译码器 　　　　　　　　D. 加法器

5.51 N 个触发器最多可寄存＿＿＿＿＿＿位二进制数码。

A. $N-1$ 　　　B. N 　　　C. $N+1$ 　　　D. $2N$ 　　　E. 2^N

5.52 常用集成数码寄存器 74LS373 为＿＿＿＿＿＿;74LS377 为＿＿＿＿＿＿。

A. 4D 触发器 　　B. 6D 触发器 　　C. 8D 触发器 　　D. 8D 锁存器

5.53 74LS373 引脚 $\overline{OE}=1$ 时,输出端 Q 为＿＿＿＿＿＿;74LS377 引脚 $\overline{G}=1$ 时,输出端 Q 为＿＿＿＿＿＿。

A. 高电平 　　　B. 低电平 　　　C. 高阻态 　　　D. Q^n

5.54 (多选)74LS164 有两个串行数据输入端 D_{SA}、D_{SB},在满足串行移位条件下,欲移入 1,则应＿＿＿＿＿＿;欲移入 0,则应＿＿＿＿＿＿。

A. $D_{SA}=0,D_{SB}=0$ 　　　　　　B. $D_{SA}=0,D_{SB}=1$

C. $D_{SA}=1,D_{SB}=0$ 　　　　　　D. $D_{SA}=1,D_{SB}=1$

5.55 74LS164 在满足串行移位条件下,串行数据移入＿＿＿＿＿＿。

A. D_{SA} 　　　B. D_{SB} 　　　C. Q_0 　　　D. Q_7

5.56 (多选)74LS165 在满足串行移位条件下,串行数据从引脚＿＿＿＿＿＿移出。

A. D_S 　　　B. INH 　　　C. Q_H 　　　D. $\overline{Q_H}$

5.57 用二进制异步计数器从 0 起做加法计数,最少需要＿＿＿＿＿＿个触发器才能计数到 100。

A. 6 　　　B. 7 　　　C. 8 　　　D. 10 　　　E. 100

5.58 某数字钟需要一个分频器,将 32768 Hz 的脉冲转换为 1 Hz 的脉冲,欲达此目的,该分频器至少需要＿＿＿＿＿＿个触发器。

A. 10 　　　　B. 15 　　　　C. 32 　　　　D. 32768

5.59 一位 8421 BCD 码计数器至少需要＿＿＿＿＿＿个触发器。

A. 3 　　　　B. 4 　　　　C. 5 　　　　D. 10

5.60 欲设计 0~7 计数器,如果设计合理,采用同步二进制计数器,最少应使用＿＿＿＿＿＿个触发器。

A. 2 　　　　B. 3 　　　　C. 4 　　　　D. 8

5.61 同步计数器和异步计数器比较,同步计数器的显著优点是＿＿＿＿＿＿。

A. 工作速度高 　　　　　　　　B. 触发器利用率高

C. 电路简单   D. 不受时钟 CP 控制

5.62 N 个触发器可以构成最大计数长度(进制数)为_____的计数器。

A. N   B. 2N   C. N^2 D. 2^N

5.63 把一个五进制计数器与一个四进制计数器串联可得到_____进制计数器。

A. 4   B. 5   C. 9   D. 20

5.64 已知 74LS161 组成的计数器电路,图 5-58a 的模是_____;图 5-58b 的模是_____。

A. 10   B. 11   C. 12   D. 13

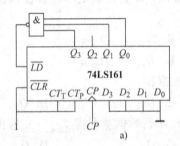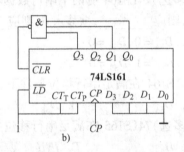

图 5-58 习题 5.64 电路

5.65 已知 74LS161 组成的计数器电路,图 5-59a 的模是_____;图 5-29b 的模是_____。

A. 10   B. 11   C. 12   D. 13

图 5-59 习题 5.65 电路

5.66 已知 74LS161 组成的计数器电路,图 5-60a 的模是_____;图 5-60b 的模是_____。

A. 10   B. 11   C. 12   D. 13   E. 16

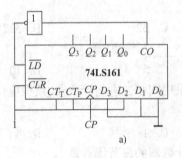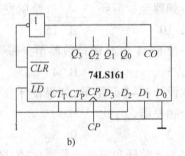

图 5-60 习题 5.66 电路

5.67 （多选）已知 JK 触发器组成的计数器电路如图 5-61 所示，其中_____属加法计数器；_____属减法计数器。

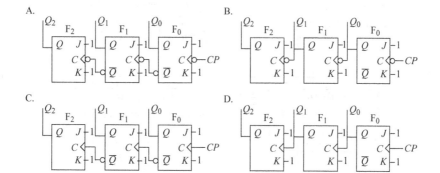

图 5-61　习题 5.67 电路

5.68 图 5-62 所示电路为_____计数器。
   A. 异步二进制减法
   B. 同步二进制减法
   C. 异步二进制加法
   D. 同步二进制加法

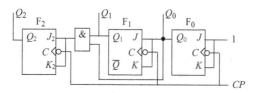

图 5-62　习题 5.68 电路

5.69 已知计数器电路如图 5-63 所示，电路（1）属_____；电路（2）属_____；电路（3）属_____。
   A. 同步二进制加法
   B. 同步二进制减法
   C. 异步二进制加法
   D. 异步二进制减法

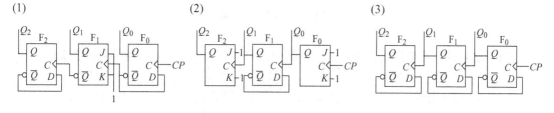

图 5-63　习题 5.69 电路

5.70 已知计数器电路如图 5-64 所示，其中电路（1）为模_____计数器；电路（2）为模_____计数器；电路（3）为模_____计数器；电路（4）为模_____计数器。
   A. 5
   B. 6
   C. 7
   D. 8

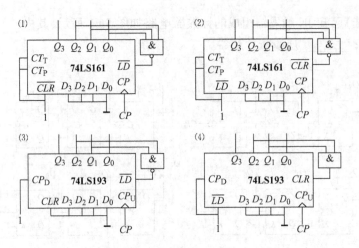

图 5-64　习题 5.70 电路

5.71　已知计数器电路如图 5-65 所示,其中电路(1)为模_____计数器;电路(2)为模____
__计数器;电路(3)为模_____计数器;电路(4)为模_____计数器。

A. 5　　　　　　　B. 6　　　　　　　C. 7　　　　　　　D. 12

E. 13　　　　　　　F. 14

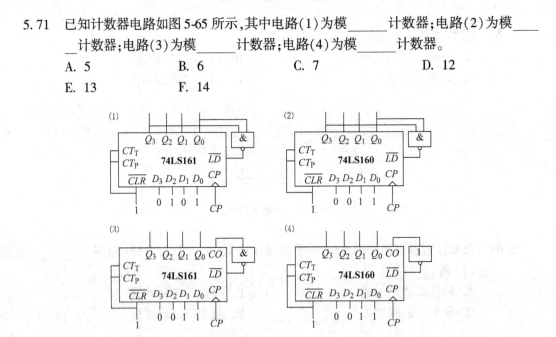

图 5-65　习题 5.71 电路

5.72　已知计数器电路如图 5-66 所示,其中电路(1)为_____计数器;电路(2)为____
____计数器;电路(3)为_____计数器;电路(4)为_____计数器。

A. 模 8 加法　　　B. 模 8 减法　　　C. 模 6 加法　　　D. 模 6 减法

E. 模 5 加法　　　F. 模 5 减法　　　G. 模 9 加法　　　H. 模 9 减法

5.73　(多选)序列脉冲信号的特点是_____;顺序脉冲信号的特点是_____。

A. 周期性的循环脉冲信号

B. 脉冲信号须串行排列

C. 每个循环周期中,1 和 0 数码按一定规则顺序排列

D. 每个循环周期中,1 的个数只有一个

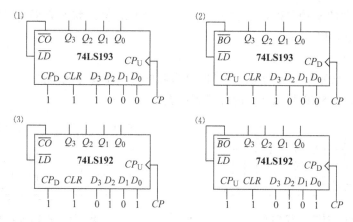

图 5-66 习题 5.72 电路

5.74 扭环型计数器的连接方式是_____。

A. 最后一级输出 Q_n 连接第一级输入端 D_0

B. 最后一级输出 $\overline{Q_n}$ 连接第一级输入端 D_0

C. 每一级输出 Q_n 连接后级输入端 D_{n+1}

D. 每一级输出 $\overline{Q_n}$ 连接后级输入端 D_{n+1}

5.75 (多选)CC 4017 处于_____状态时,允许计数。

A. 时钟↑沿从 CP 端输入,$INH = 1$

B. 时钟↑沿从 CP 端输入,$INH = 0$

C. 时钟↓沿从 CP 端输入,$INH = 1$

D. 时钟↓沿从 CP 端输入,$INH = 0$

E. 时钟↑沿从 INH 端输入,$CP = 1$

F. 时钟↑沿从 INH 端输入,$CP = 0$

G. 时钟↓沿从 INH 端输入,$CP = 1$

H. 时钟↓沿从 INH 端输入,$CP = 0$

5.5.4 分析计算题

5.76 已知电路如图 5-67 所示,输入信号 CP 与 X 波形如图 5-68 所示,试分析或回答(选择答案)下列问题:

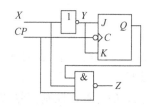

图 5-67 习题 5.76 电路

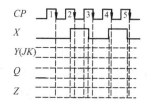

图 5-68 习题 5.76 输入信号 CP 与 X 波形

(1) 电路属_____逻辑电路(A. 组合;B. 时序),原因是电路中含有_____(A. 非门;B. 与非门;C. JK 触发器)。

（2）JK 触发器的激励方程：$J = K = $ _____ ;JK 触发器的状态方程：$Q^{n+1} = $ _____ 。

（3）电路输出方程：$Z = $ _____ 。

（4）画出 Y、Q、Z 时序波形。

5.77 已知电路如图 5-69 所示,试按时序电路的分析步骤分析电路。

5.78 试分析图 5-70 所示同步时序逻辑电路。

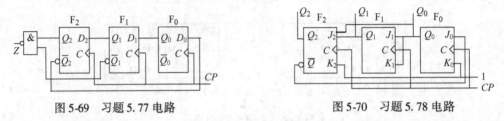

图 5-69 习题 5.77 电路　　　　　　图 5-70 习题 5.78 电路

5.79 已知电路如图 5-71 所示,CP、R、D 端波形如图 5-72 所示,试画出 $Q_3 Q_2 Q_1 Q_0$ 时序波形图。

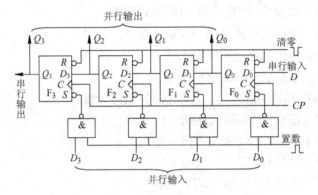

图 5-71 习题 5.79 电路图

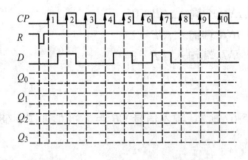

图 5-72 习题 5.79 时序波形图

5.80 已知电路同上,并行数据输入端数据 $D_3 D_2 D_1 D_0 = 1101$,串行数据输入端 $D = 01010000$,CP、R 和置数脉冲如图 5-73 所示,试画出时序波形图。

5.81 已知 74LS164 组成的电路如图 5-74 所示,时钟脉冲 CP、清 0 控制信号 $\overline{CLR}$ 和串行输入数据 D_S 如图 5-75 所示,试画出并行输出端 $Q_0 \sim Q_7$ 时序波形。

5.82 已知 74LS165 组成的电路如图 5-76 所示,控制信号 CP、INH、$S/\overline{L}$ 波形如图 5-77 所示,并行输入信号 $D_7 \sim D_0 = 10110101$,串行输入信号 $D_{IS} = 0110101$,试画出串行输出端 Q_H、$\overline{Q_H}$ 时序波形。

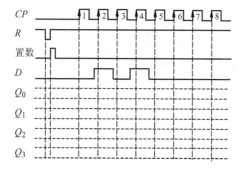

图 5-73　习题 5.80 时序波形图

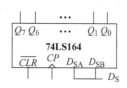

图 5-74　习题 5.81 电路

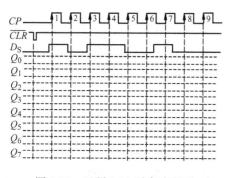

图 5-75　习题 5.81 时序波形图

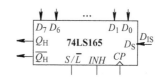

图 5-76　习题 5.82 电路

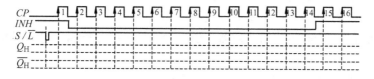

图 5-77　习题 5.82 时序波形图

5.83　两个 JK 触发器组成的同步计数器电路如图 5-78 所示,试按下列要求分析电路。

（1）列出各触发器的激励方程;

（2）列出各触发器的输出状态方程;

（3）列出状态转换真值表和状态转换图;

（4）画出时序波形图;

（5）分析电路功能。

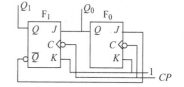

图 5-78　习题 5.83 电路

5.84　试用 74LS160 异步复位和同步置 0 功能构成八进制计数器。

5.85　试用异步复位法和同步置位法将 74LS161 改为 8421 BCD 码计数器。

5.86　试用 74LS161 异步复位和同步置 0 构成 11 进制计数器,并列出状态转换表。

5.87　已知由 74LS161 组成的 2421 BCD 码和余 3 BCD 码的计数器如图 5-79 所示,试列出其状态转换表和状态转换图。

5.88　已知用 74LS161 组成的级联 8 位二进制计数电路如图 5-80a、b 所示,试分别分析其级联功能。

5.89　数字钟电路中,时计数器计满 24 小时需复位,试用 74LS160 组成该计数电路。

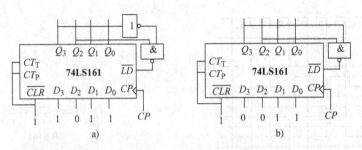

图 5-79 习题 5.87 2421、余 3 BCD 码电路

a) 2421 BCD 码　b) 余 3 BCD 码

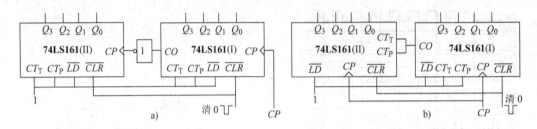

图 5-80 习题 5.88 电路

5.90 试用 74LS192 按反馈复位法和反馈置数法组成 9 进制加法计数器。

5.91 试用 74LS192 组成模 9 加法计数器。

5.92 试用 74LS192 组成模 6 减法计数器。

5.93 已知由 74LS290 组成的计数器如图 5-81 所示,试分析属几进制计数器,并画出时序波形图,设初态 $Q_3Q_2Q_1Q_0 = 0000$。

5.94 已知计数器电路如图 5-82 所示,试分析电路属几进制计数器? 并画出其时序波形图。

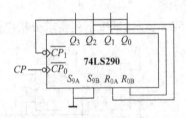

图 5-81 习题 5.93 电路

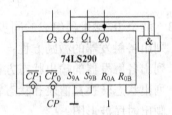

图 5-82 习题 5.94 电路

5.95 已知计数器电路如图 5-83 所示,试分析电路属几进制计数器?

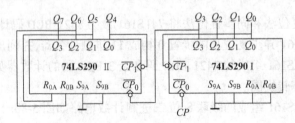

图 5-83 习题 5.95 电路

5.96 已知电路如图 5-84 所示,试分析其为几进制计数器?

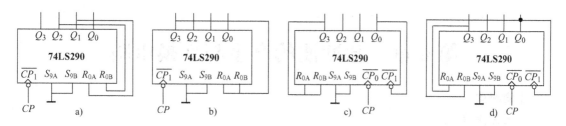

图 5-84　习题 5.96 电路

5.97 已知计数器电路如图 5-85 所示,试分析电路功能,并画出 $Z_0 \sim Z_3$ 时序波形图。

5.98 已知由 74LS161 与 74LS138 组成的计数译码器如图 5-86 所示,试画出输出端时序波形图,并分析电路逻辑功能。

5.99 试用 CC 4017 实现上题电路功能。

5.100 已知电路如图 5-87 所示,试分析电路功能。

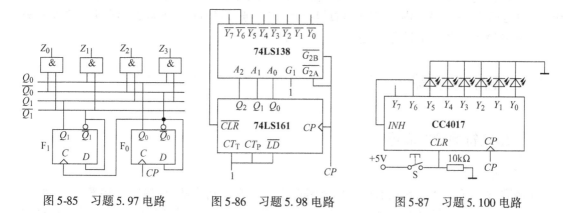

图 5-85　习题 5.97 电路　　　图 5-86　习题 5.98 电路　　　图 5-87　习题 5.100 电路

第6章 脉冲波的产生与变换电路

本章要点

- 施密特触发器
- 单稳态触发器及其应用
- 由门电路组成的多谐振荡器
- 由施密特触发器组成的多谐振荡器
- 石英晶体多谐振荡器
- 555 集成定时器及其应用

数字电路研究的对象是在时间上不连续的脉冲信号,电路对这些脉冲信号通常有一定的要求,如脉冲幅度、宽度、频率、上升沿和下降沿的陡峭程度等。这些具有一定要求的脉冲通常由两种方法获得:一是利用脉冲振荡器直接产生,二是通过已有信号变换整形产生。本章将分析研究这些脉冲波的产生和变换电路。

6.1 施密特触发器

6.1.1 施密特触发器概述

1. 定义

具有两个阈值电压的触发器称为施密特触发器。需要指出的是,施密特触发器的"触发器"(Schmitt Trigger)与第 4 章中的"触发器"(Flip-Flop)是性质完全不同的两种电路。施密特触发器因最初译名为"触发器"而一直沿用下来,不是第 4 章中具有双稳态功能的触发器。

2. 电压传输特性

施密特触发器电压传输特性如图 6-1 所示。其中图 6-1a 为同相输出时的特性曲线,当 u_I 从 0 逐渐增大时,u_0 沿特性曲线 abcde 路径运行,须当 $u_I > U_{TH+}$ 时,触发器翻转;当 u_I 逐渐减小时,u_0 沿特性曲线 edfba 路径运行,须当 $u_I < U_{TH-}$ 时,触发器翻转。图 6-1b 为反相输出时的特性曲线,u_I 增大时,u_0 沿 abcde 路径运行;u_I 减小时沿 edfba 路径运行。即触发器具有两个阈值电压 U_{TH+} 和 U_{TH-},这种特性类似于磁滞回线,因此施密特特性也称为滞回特性、回差特性。

为与其他电路区别,施密特触发器标有施密特符号"$\sqcap$"标志,如图 6-2 所示。

3. 施密特触发器的特点

1)具有回差特性,即具有两个阈值电压。

2)施密特触发器的输出电压波形边沿陡峭。

3)施密特触发器属于电平触发,即其不仅状态翻转需要外加触发信号,而且状态的维持也需要外加触发信号。

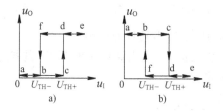

图 6-1　施密特触发器电压传输特性

a) 同相输出　b) 反相输出

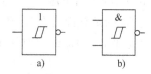

图 6-2　施密特门电路符号

a) 施密特反相器　b) 施密特与非门

4. 施密特电路的用途

在数字系统中,施密特电路主要用于脉冲波形整形、波形变换和脉冲幅度鉴幅等用途,如图 6-3 所示。此外,还可构成单稳态、双稳态和无稳态电路,将在后续部分详述。

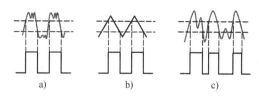

图 6-3　施密特触发器的用途

a) 整形　b) 变换　c) 鉴幅

6.1.2　由 CMOS 门电路组成的施密特触发器

由 CMOS 门电路组成的施密特触发器如图 6-4 所示。

1. 工作原理

(1) u_I 由低电平上升至高电平

u_I 低电平时,u_0 也为低电平,即 $u_0 = 0$。根据电路可得

$$u_A = \frac{(u_I - u_0)R_2}{R_1 + R_2} = \frac{u_I R_2}{R_1 + R_2}$$

当 u_I 上升至 $u_A = U_{TH}$ 时,电路翻转,此时 u_I 应为 U_{TH+},化简得

$$U_{TH+} = u_I = \frac{R_1 + R_2}{R_2}U_{TH} = \left(1 + \frac{R_1}{R_2}\right)U_{TH} \tag{6-1}$$

(2) u_I 由高电平下降至低电平

u_I 高电平时,u_0 也为高电平,即 $u_0 = V_{DD}$。根据电路可得

$$u_A = u_0 - u_{R2} = V_{DD} - \frac{(V_{DD} - u_I)R_2}{R_1 + R_2}$$

当 u_I 下降至 $u_A = U_{TH}$ 时,电路翻转,此时 u_I 应为 U_{TH-},对 CMOS 门电路来讲,$U_{TH} = V_{DD}/2$,即 $V_{DD} = 2U_{TH}$,代入化简得

$$U_{TH-} = u_I = \frac{R_1 + R_2}{R_2}U_{TH} - \frac{R_1}{R_2}V_{DD} = \left(1 - \frac{R_1}{R_2}\right)U_{TH} \tag{6-2}$$

2. 特性分析

图 6-4 实际为一个正反馈电路,R_2 越小,正反馈越强。根据式(6-1)和(6-2),应有:

1）$R_1 < R_2$。否则,电路将进入自锁状态,不能正常工作。

2）R_2 越小,两阈值电压 U_{TH+} 与 U_{TH-} 之间的差值越大,回差特性越明显。

3）因门 G_2 的负载能力有限,R_2 受到一定限制,须确保 u_O 输出高电平时门 G_2 的拉电流和 u_O 输出低电平时门 G_2 的灌电流不能过大,即应满足:

$$\frac{U_{OH} - U_{TH}}{R_2} < I_{OHmax} \quad \text{且} \quad \frac{U_{TH} - U_{OL}}{R_2} < I_{OLmax}$$

【例6-1】已知施密特触发器的两个阈值电压:$U_{TH+} = 3.2\ V$,$U_{TH-} = 1.8\ V$,输出高电平 $U_{OH} = 4.9\ V$,输出低电平 $U_{OL} = 0.1\ V$。输入电压 $u_I = (2.5 + 2.5\sin\omega t)\ V$,波形如图 6-5a 所示。试画出输出电压波形。

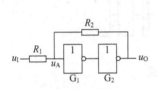

图 6-4　施密特触发器

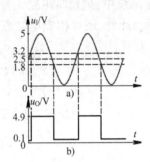

图 6-5　例 6-1 波形

解:$u_I = (2.5 + 2.5\sin\omega t)\ V$,当输入电压上升至 $u_I \geqslant U_{TH+} = 3.2\ V$ 时,电路翻转,输出高电平;当输入电压下降至 $u_I \leqslant U_{TH-} = 1.8\ V$ 时,电路翻转,输出低电平 U_{OL}。

画出输出电压波形如图 6-5b 所示。

6.1.3　集成施密特电路

集成施密特触发器具有性能优良、触发阈值电压稳定、一致性好的优点。

1. TTL 集成施密特电路

1）74LS24/74LS132 均为 2 输入端 4 施密特与非门,引脚与 74LS00 兼容,如图 2-26 所示。

2）74LS13/74LS18 均为 4 输入端双施密特与非门,引脚与 74LS20 兼容,如图 2-26 所示。

3）74LS14/74LS19 均为 6 施密特反相器,引脚与 74LS04 兼容,如图 2-31 所示。

2. CMOS 集成施密特电路

1）CC4093 为 CMOS 2 输入端 4 施密特与非门,引脚与 CC4011 兼容,如图 2-26 所示。

2）CC40106 为 CMOS 6 施密特反相器,引脚与 CC4069 兼容,如图 2-31 所示。

【复习思考题】

6.1　简述施密特触发器的特点。

6.2　定性画出施密特触发器的电压传输特性,如何理解?

6.3　施密特触发器主要有什么用途?

【相关习题】

判断题:6.1~6.7;填空题:6.25~6.29;选择题:6.44~6.47;分析计算题:6.65~6.68。

6.2 单稳态触发器

第 4 章中介绍的触发器具有两个稳定状态,两个稳定状态能在一定条件下由 CP 脉冲触发而相互转换,因此这种触发器称为双稳态触发器。单稳态触发器只有一个稳定状态,除此以外还有一个暂稳态状态。在外来触发信号作用下,能从稳态翻转到暂稳态,经过一段时间,无需外界触发,能自动翻转,恢复原来的稳定状态,因此称为单稳态触发器。

6.2.1 由门电路组成的单稳态触发电路

单稳态电路可以分为微分型和积分型,既可以由分列元件构成,也可由门电路构成。为便于理解单稳态电路的工作原理,我们分析由门电路组成的单稳态触发电路。

1. 微分型单稳态电路

图 6-6 为由 CMOS 门电路组成的微分型单稳态电路,分析如下。

(1) 稳态

当 u_I 为高电平且 $R < R_{OFF}$ 时,G_2 门关闭,u_O 输出高电平;G_1 门全 1 出 0,u_{O1} 为低电平,电路处于稳态。

(2) 暂稳态

当 u_I 加负触发脉冲时,u_{O1} 跳变为高电平,经微分电路,u_R产生一个正微分脉冲,正微分脉冲触发 G_2 翻转,u_O 输出低电平。

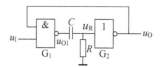

图 6-6 微分型单稳态电路

(3) 自动返回稳态

随着电容两端电压升高,u_R 减小,减小至阈值电压 U_{TH},G_2 又发生翻转,u_O 恢复输出高电平。电路经历了一个暂稳态过程,暂稳的时间取决于门电路阈值电压 U_{TH} 和充电时间常数 RC,RC 越大,t_W 越宽。从分析得出

$$t_W = (R_{O1} + R)\, C \ln \frac{U_{OL} - U_{OH}}{U_{OL} - U_{TH}} \tag{6-3}$$

式中,R_{O1} 为门 G_1 的输出电阻,$R_{O1} << R$,可忽略不计;又因 CMOS 门电路 $U_{OL} \to 0$,$U_{OH} \to V_{DD}$,$U_{TH} = V_{DD}/2$,因此暂稳脉宽为

$$t_W \approx RC \ln 2 \approx 0.693RC \tag{6-4}$$

(4) 恢复过程

暂稳结束返回稳态后,因电容 C 上已充有一定电压,若 u_I 再次输入负脉冲,则不能立即产生正微分脉冲,需待电容 C 放电后才有效果,C 放电的过程称为恢复过程,恢复时间取决于 RC 放电时间 t_{re},一般认为需 $(3 \sim 5)\tau$,即 $t_{re} = (3 \sim 5)RC$。

微分型单稳态电路各点波形如图 6-7 所示。

另一种由或非门组成的微分型单稳态电路如图 6-8 所示,其工作原理与图 6-6 相同,读者可自行分析。

【例6-2】已知由 CMOS 门电路组成的单稳态触发器如图 6-6 所示,$V_{CC} = 5$ V,$U_{OL} \approx 0$,$U_{OH} \approx V_{DD}$,输出电阻可忽略不计,试求其暂稳脉冲宽度计算公式。

解: $\qquad t_W = (R_{O1} + R)\, C \ln \frac{U_{OL} - U_{OH}}{U_{OL} - U_{TH}} = RC \ln \frac{V_{DD}}{V_{DD}/2} = RC \ln 2 \approx 0.693RC$

2. 积分型单稳态电路

图 6-9a 为积分型单稳态电路,与微分型单稳态电路相比,电路中的 RC 交换了位置,构成

积分电路。图 6-9b 为其时序波形图,读者可自行分析。需要指出的是,这种积分型单稳电路的输出脉冲波形边沿较差,其原因是电路无正反馈。另外,触发脉冲 u_I 宽度应大于输出脉冲 u_O 的宽度,否则 u_O 仅通过 G_2 门将 u_I 反相而已。改进电路如图 6-9c 所示,一是可使 u_O 输出上升沿更陡峭;二是使 u_I 脉宽不必大于 u_O。

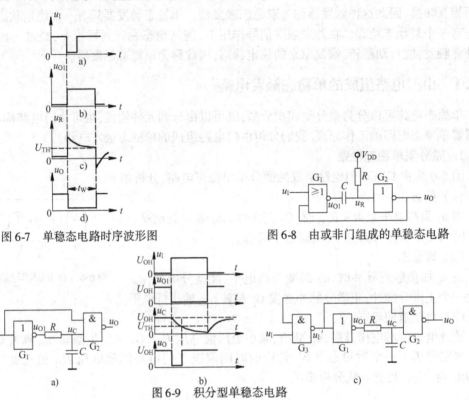

图 6-7 单稳态电路时序波形图   图 6-8 由或非门组成的单稳态电路

图 6-9 积分型单稳态电路
a) 基本电路 b) 时序波形 c) 改进电路

3. 施密特触发器构成单稳态电路

施密特触发器构成的单稳态电路和波形如图 6-10a 所示。电路处于稳态时 u_O 为高电平,若 u_I 输入一个正脉冲(脉冲幅度应大于 U_{TH+}),因电容两端电压不能突变,u_R 出现一个上跳变正脉冲,若此正脉冲幅度大于施密特触发器 U_{TH+},则电路翻转,u_O 输出低电平。随着电容充电,u_R 逐渐减小,减小至 U_{TH-},电路再次翻转,u_O 输出高电平,如图 6-10b 所示。

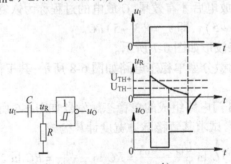

图 6-10 施密特触发器构成的单稳态电路
a) 电路 b) 波形

6.2.2 集成单稳态电路

1. 74LS121

74LS121为不可重触发微分型TTL集成单稳态电路,图6-11a为其引脚图,图6-11b为逻辑符号图,其功能可用图6-11c和表6-1说明。

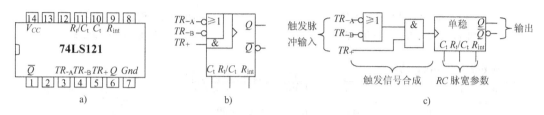

图6-11 集成单稳态电路74LS121

a)引脚图 b)逻辑符号图 c)逻辑电路框图

（1）触发脉冲

74LS121有两种触发方式,可以上升沿触发,也可下降沿触发。

① 上升沿触发时,触发脉冲应从 TR_+ 端输入,且 TR_{-A} 和 TR_{-B} 中至少有一个为低电平。

② 下降沿触发时,触发脉冲可从 TR_{-A} 或 TR_{-B} 输入,也可同时从 TR_{-A}、TR_{-B} 端输入,但 TR_+ 及 TR_{-A}、TR_{-B} 中未输入触发脉冲端应为高电平。

③ 无边沿触发脉冲或边沿不符合要求时,74LS121保持稳态。

（2）定时元件RC连接方式

74LS121内部集成有定时电阻 $R_{int} = 2\ k\Omega$,因此74LS121组成单稳态电路中,微分定时元件RC有两

表6-1 74LS121功能表

TR_{-A}	TR_{-B}	TR_+	Q	$\overline{Q}$	功能
0	×	1	0	1	稳态
×	0	1	0	1	
×	×	0	0	1	
1	1	×	0	1	
1	↓	1	⊓	⊔	翻转
↓	1	1	⊓	⊔	
↓	↓	1	⊓	⊔	
0	×	↑	⊓	⊔	
×	0	↑	⊓	⊔	

种连接方式。图6-12a为利用片内定时电阻 R_{int},图6-12b为外接定时元件RC。Q端输出暂稳脉冲宽度可用式(6-4)估算。

（3）可重触发和不可重触发

在6.2.1节中分析图6-6时曾得出:输出暂稳态脉冲返回稳态后有一个恢复过程,即若电容C两端电压放电尚未结束时,再次输入触发脉冲无效,这种类型称为不可重触发,如图6-13a所示。若再次触发与电容C是否放电完毕无关,则称为可重触发。可重触发单稳态电路再次被触发时,使输出暂稳脉冲再继续延迟一个 t_W,如图6-13b所示。

2. CC 4098

CC 4098为CMOS可重触发双单稳态集成电路,内部有两个独立的单稳态触发器,图6-14a为其引脚图,图6-14b为定时元件RC连接方式。CC 4098可上升沿触发,也可下降沿触发,其功能表如表6-2所示。上升沿触发时,触发脉冲须从 TR_+ 输入,且 TR_- 为高电平;下降沿触发时,触发脉冲须从 TR_- 输入,且 TR_+ 为低电平。

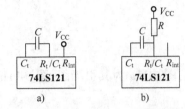

图 6-12　74LS121 *RC* 元件连接
a) 利用片内定时电阻　b) 外接电阻 *R*

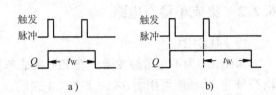

图 6-13　重触发示意图
a) 不可重触发　b) 可重触发

表 6-2　CC 4098 功能表

TR_+	TR_-	$\overline{R}$	Q	$\overline{Q}$	功能
×	×	0	0	1	复位
↑	0	1	Q	$\overline{Q}$	不变
↑	1	1	⊓	⊔	翻转
0	↓	1	⊓	⊔	翻转
1	↓	1	Q	$\overline{Q}$	不变

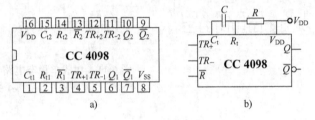

图 6-14　CMOS 单稳态电路 CC 4098
a) 引脚图　b) 定时元件 *RC* 连接方式

　　各类单稳态电路的暂稳脉宽除与 *RC* 参数有关外,还与该电路的 U_{IL}、U_{IH}、U_{TH} 等参数有关,各种不同参数的门电路不尽相同,可按式(6-4)估算,但应知道实际输出的暂稳脉宽与按式(6-4)计算的数值有一定误差。

6.2.3　单稳态触发器的应用

　　单稳态电路用途很广,主要可用于脉冲整形、展宽、延时、定时等场合。

　　1. 脉冲整形

　　单稳态电路可以将各种幅度不等、宽度不等、前后沿不规则、平顶有毛刺的脉冲波形整形。当输入不规则脉冲符合触发条件达到触发电平 U_{TH} 时,单稳态电路输出幅度一定、宽度相同、前后沿陡峭、平顶规则的矩形脉冲,如图 6-15 所示。

　　2. 脉冲展宽

　　用 CC 4098 展宽脉冲的电路如图 6-16 所示,脉宽 $t_W \approx 0.693RC$。

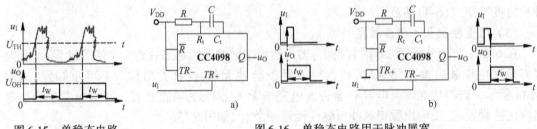

图 6-15　单稳态电路
脉冲整形示意图

图 6-16　单稳态电路用于脉冲展宽
a) 上升沿触发　b) 下降沿触发

　　3. 脉冲延时

　　用 CC 4098 实现脉冲延时的电路如图 6-17 所示。脉冲延时时间 $t_{W1} \approx 0.693R_1C_1$,输出脉冲宽度 $t_{W2} \approx 0.693R_2C_2$。

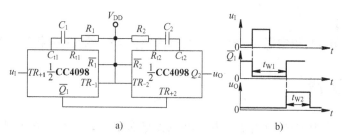

图 6-17 单稳态电路用于脉冲延时

a) 电路 b) 波形

【例 6-3】试利用 CC 4098 将宽度为 500 μs 的正脉冲延时 1000 μs(原正脉冲宽度不变)。

解：延时应由正脉冲前边沿(上升沿)触发，根据表 6-2，上升沿触发信号应从第一个单稳态电路的 TR_+ 端输入，延时时间 $t_{W1} \approx 0.693R_1C_1 = 1000$ μs；然后应用该暂稳脉冲后边沿去触发第二个单稳态电路，第一个单稳态电路的暂稳脉冲从 Q_1 端输出是正脉冲，从 $\overline{Q}_1$ 端输出是负脉冲。因此，第二个单稳态电路的触发信号若是从 TR_{+2} 输入，则应用 $\overline{Q}_1$ 端的负脉冲(上升沿)；若是从 TR_{-2} 输入，则应用 Q_1 端的正脉冲(下降沿)。图 6-17 是从第一个单稳态电路的 $\overline{Q}_1$ 端输出，输入到第二个单稳态电路 TR_{+2} 端，再延时 $t_{W2} = 0.693R_2C_2 = 500$ μs，维持原正脉冲宽度不变。RC 参数计算如下：

$t_{W1} = 0.693R_1C_1 = 1000$ μs，若取 $C_1 = 100$ nF，则 $R_1 = 14.4$ kΩ

$t_{W2} = 0.693R_2C_2 = 500$ μs，若取 $C_2 = 100$ nF，则 $R_2 = 7.2$ kΩ

4. 脉冲定时

在数字系统中，常需要有一个一定宽度的矩形脉冲去控制门电路的开启和关闭，如 5.3.5 节图 5-47 中的取样脉冲，这个有一定宽度(定时)的矩形脉冲可由单稳态电路产生，在图 6-18 中，单稳态电路输出的 u_B 脉冲，控制与门的开启和关闭。在 u_B 高电平期间，允许 u_A 端脉冲通过；在 u_B 低电平期间，禁止 u_A 端脉冲通过。

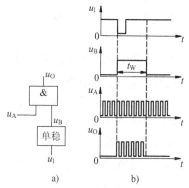

图 6-18 单稳态电路定时作用

a) 原理图 b) 波形图

【复习思考题】

6.4 单稳态电路与双稳态电路有何区别？

6.5 试分析图 6-8 单稳态电路工作原理，并画出时序波形图。

6.6 试分析图 6-9a 积分型单稳态电路工作原理。

6.7 图 6-9a 积分型单稳态电路有什么缺点？试分析图 6-9c 如何改进。

6.8 由门电路组成的单稳态电路中的微(积)分电阻 R 有什么要求？为什么？

6.9 简述集成单稳态电路 74LS121 的 3 个触发信号输入端的组合作用。

6.10 何谓可重触发和不可重触发？

6.11 单稳态电路主要有哪些用途？

【相关习题】
判断题:6.8~6.13;填空题:6.30~6.33;选择题:6.48~6.50;分析计算:6.69~6.76。

6.3 多谐振荡器

多谐振荡器又称为方波(矩形波)发生器或无稳态电路。单稳态电路有一个稳态一个暂稳态;双稳态电路有两个稳态;多谐振荡器无稳定状态,只有两个暂稳态,在高电平和低电平之间来回振荡。之所以称为"多谐",源自于傅氏级数理论,周期性方波展开后,谐波分量很多,即"多谐"。

在模拟电子技术中,我们曾经学过,由集成运放组成方波(矩形波)发生器。在数字电子技术中,用门电路组成方波发生器,电路更简单可靠。

6.3.1 由门电路组成的多谐振荡器

1. 电路组成和工作原理

由门电路组成的多谐振荡器如图 6-19 所示。

(1) 暂稳态 I

设接通电源瞬间 u_I 为 0,则 u_{O1} 为高电平,u_O 为低电平。

(2) 暂稳态 II

因 u_{O1} 输出高电平,u_O 输出低电平,则 u_{O1} 通过 R 向 C 充电,u_I 电平逐渐上升,上升至门 G_1 阈值电压 U_{TH},门 G_1 翻转,u_{O1} 输出低电平,u_O 输出高电平,由于电容两端电压不能突变,$u_I = u_C + u_O$,产生一个正微分脉冲,形成正反馈,使 u_O 输出波形上升沿很陡峭。

(3) 返回暂稳态 I

因 u_{O1} 输出低电平,电容 C 上的电压随即通过 R 放电,u_I 电平从正微分脉冲逐渐下降,下降至门 G_1 阈值电压 U_{TH},门 G_1 再次翻转,u_{O1} 输出高电平,u_O 输出低电平。

(4) 不断循环

如此反复,不断循环,u_O 输出方波。多谐振荡器时序波形图如图 6-20 所示。需要指出的是,图 6-19 电路若由 TTL 门电路组成,则 $t_{W1} \neq t_{W2}$,输出不是方波;若由 CMOS 门电路组成,则因 $U_{TH} = V_{DD}/2$,$t_{W1} = t_{W2}$,输出是方波。

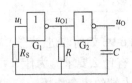

图 6-19　由门电路组成的多谐振荡器

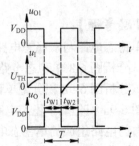

图 6-20　多谐振荡器时序波形

2. 参数计算

(1) 振荡周期

图 6-19 电路的振荡周期与门电路 U_{OH}、U_{TH} 和 RC 参数有关。一般可按下式估算：

$$T \approx 2RC\ln 3 \approx 2.2RC \tag{6-5}$$

（2）R_S 的作用和取值范围

R_S 的作用是避免电容 C 上的瞬间正负微分脉冲电压损坏门 G_1；同时使电容放电几乎不经过门 G_1 的输入端，避免门 G_1 对振荡频率带来影响，即提高电路振荡频率的稳定性。因此，要求 $R_S \gg R$，一般取 $R_S = (5 \sim 10)R$。但 R_S 也不可太大，R_S 与 G_1 门的输入电容构成的时间常数将影响电路振荡频率的提高。

3. 可控型多谐振荡器

在自动控制系统中，常需要能控制多谐振荡器的起振和停振，图 6-21 即为可控型多谐振荡器。其中图 6-21a 由与非门组成，控制端输入高电平振荡，输入低电平停振；图 6-21b 由或非门组成，控制端输入低电平振荡，输入高电平停振。

4. 占空比和振荡频率可调的多谐振荡器

门电路组成的多谐振荡器的振荡频率为 $f \approx 1/2.2RC$，调节 R 及 C 均能调节其振荡频率，通常情况下调 R。

占空比的定义是输出脉冲波的高电平持续时间与脉冲波周期之比，即占空比 $q = t_W/T$。对方波而言，$q = 50\%$，即方波的高电平时间与低电平时间相等。但在数字系统中，常需各种不同占空比的矩形波。根据对多谐振荡器的分析，输出脉冲波的高电平时间与 RC 放电时间有关，低电平时间与 RC 充电时间有关。因此，只要调节多谐振荡器的充放电时间比例，即可调节其输出脉冲波的占空比。

图 6-22 电路即为占空比和振荡频率可调的多谐振荡器，调节 R_{P1} 可调振荡频率，调节 R_{P2} 可调占空比。图中串入的两个二极管提供了电容 C 充电和放电的不同通路，设 R_{P2} 被调节触点分为 R'_{P2} 和 R''_{P2}，则充电通路为 $G_1 \rightarrow R_{P1} \rightarrow VD_2 \rightarrow R''_{P2} \rightarrow C$，放电通路为 $C \rightarrow R'_{P2} \rightarrow VD_1 \rightarrow R_{P1} \rightarrow G_1$，调节 R_{P2} 即调节了充电和放电时不同的时间常数，从而调节了输出脉冲波的占空比。

图 6-22 电路的振荡频率：$f = \dfrac{1}{t_{W1} + t_{W2}} = \dfrac{1}{1.1(2R_{P1} + R_{P2})C}$

占空比调节范围：$q = \dfrac{t_{W1}}{t_{W1} + t_{W2}} = \dfrac{R_{P1}}{2R_{P1} + R_{P2}} \sim \dfrac{R_{P1} + R_{P2}}{2R_{P1} + R_{P2}}$

上式表示，调节 R_{P2} 对振荡频率无影响，调节 R_{P1} 主要对振荡频率有影响，对占空比也略有影响。

【例 6-4】已知电路如图 6-22 所示，$R_S = 100\ \text{k}\Omega$，$R_{P1} = 33\ \text{k}\Omega$，$R_{P2} = 47\ \text{k}\Omega$，$C = 1\ \text{nF}$，试求电路振荡频率可调范围。若 R_{P1} 调至 $10\ \text{k}\Omega$，试求占空比可调范围。

解： $f_{min} = \dfrac{1}{1.1(2R_{P1} + R_{P2})C} = \dfrac{1}{1.1 \times (66 + 47) \times 10^3 \times 1 \times 10^{-9}}\ \text{Hz} = 8.05\ \text{kHz}$

$f_{max} = \dfrac{1}{1.1 R_{P2} C} = \dfrac{1}{1.1 \times 47 \times 10^3 \times 1 \times 10^{-9}}\ \text{Hz} = 19.3\ \text{kHz}$

电路振荡频率调节范围 $8.05 \sim 19.3\ \text{kHz}$。

$q = \dfrac{t_{W1}}{t_{W1} + t_{W2}} = \dfrac{R_{P1}}{2R_{P1} + R_{P2}} \sim \dfrac{R_{P1} + R_{P2}}{2R_{P1} + R_{P2}} = \dfrac{10}{2 \times 10 + 47} \sim \dfrac{10 + 47}{2 \times 10 + 47} = 0.149 \sim 0.851$

电路占空比调节范围 $0.149 \sim 0.851$。

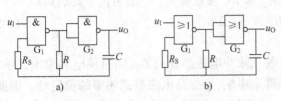
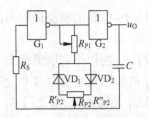

图 6-21　可控型多谐振荡器 　　　　图 6-22　占空比和振荡频率

a) 输入高电平振荡　b) 输入低电平振荡 　　　　　　可调的多谐振荡器

5. 由施密特触发器组成的多谐振荡器

由于施密特触发器有两个阈值电压,所以可以很方便地构成多谐振荡器。图 6-23a 即为施密特触发器组成的多谐振荡器。设接通电源瞬间 u_O 输出高电平,即通过 R 向 C 充电,充至 U_{TH+},施密特触发器翻转,u_O 输出低电平;电容 C 上的电压通过 R 放电,放至 U_{TH-},施密特触发器再次翻转,u_O 输出高电平。如此反复,不断循环,u_O 输出连续方波。

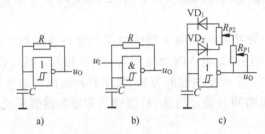

图 6-23　由施密特触发器组成的多谐振荡器

a) 基本电路　b) 可控电路　c) 振荡频率和占空比可调电路

图 6-23b 为施密特触发器组成的可控多谐振荡器,因由与非门组成,故控制端输入高电平有效可控。图 6-23c 为振荡频率和占空比可调的施密特触发器组成的多谐振荡器,调节 R_{P1} 可调节振荡频率;调节 R_{P2} 可调节输出脉冲波占空比。

由于各类施密特触发器两个阈值电压 U_{TH+} 和 U_{TH-} 参数分散性较大,因此振荡频率难于准确计算。一般,由 TTL74LS 系列施密特触发器组成的多谐振荡器,振荡周期可按下式估算:

$$T \approx 1.1RC \tag{6-6}$$

由 CMOS 施密特触发器组成的多谐振荡器,振荡周期可按下式估算:

$$T \approx 0.81RC \tag{6-7}$$

【例 6-5】试用 CC40106 设计一个振荡频率为 100 kHz 的方波发生器。

解:CC40106 是 CMOS 6 施密特反相器,施密特触发器构成的方波发生器如图 6-23a 所示。

$T = 1/f = 1/100 \times 10^3 = 10 \ \mu s$,

$T = 0.81RC$,取 $C = 1$ nF,则 $R = 12.3$ kΩ。

6. 其余形式的多谐振荡器

图 6-19 和图 6-23 所示电路是由门电路组成的多谐振荡器的常用基本电路。此外,还有些多谐振荡器电路,可作为一般了解。

（1）对称式多谐振荡器

对称式多谐振荡器如图 6-24 所示,之所以称为对称,要求 G_1、G_2 门参数相同,$R_1 = R_2 = R$,$C_1 = C_2 = C$,且 $R_{OFF} < R < R_{ON}$,其振荡波形为方波,即 $t_{W1} = t_{W2}$。

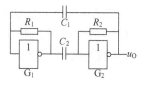

图 6-24　对称式多谐振荡器

（2）环形振荡器

将奇数个门首尾相接而构成的振荡器称为环形振荡器,如图 6-25a 所示。其工作原理是利用门的延时和 RC 网络的延时形成正反馈。图 6-25b 是为了进一步加大延时时间,将 C 接地端改接到 G_1 门的输出端,R_S 是为了防止 G_3 门输入电流过大而串接的保护电阻,要求 $(R + R_S) < R_{OFF}$。图 6-25 电路为非对称式,$t_{W1} \neq t_{W2}$。

（3）集基耦合多谐振荡器

集基耦合多谐振荡器由分列元件组成,如图 6-26 所示。其工作原理是,设接通电源瞬间,i_{C1} 稍微增大一些,则引起一系列正反馈:

$$i_{C1}\uparrow \rightarrow u_{C1}\downarrow \rightarrow u_{B2}\downarrow \rightarrow i_{B2}\downarrow \rightarrow i_{C2}\downarrow \rightarrow u_{C2}\uparrow \rightarrow u_{B1}\uparrow \rightarrow i_{B1}\uparrow$$

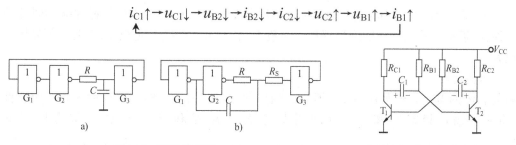

图 6-25　环形振荡器

图 6-26　集基耦合多谐振荡器

使得 T_1 迅速饱和、T_2 迅速截止。此后 C_2 充电（$V_{CC} \rightarrow R_{C2} \rightarrow C_2 \rightarrow T_{1BE}$）,$C_1$ 放电（或称反向充电）（$V_{CC} \rightarrow R_{B1} \rightarrow C_1 \rightarrow T_{1CE}$）,当 C_1 上电压极性向相反方向转变至 T_2 临界导通后,又发生一系列相反方向的正反馈:

$$i_{C2}\uparrow \rightarrow u_{C2}\downarrow \rightarrow u_{B1}\downarrow \rightarrow i_{B1}\downarrow \rightarrow i_{C1}\downarrow \rightarrow u_{C1}\uparrow \rightarrow u_{B2}\uparrow \rightarrow i_{B2}\uparrow$$

使得 T_1 迅速截止、T_2 迅速饱和。此后 C_1 充电（$V_{CC} \rightarrow R_{C1} \rightarrow C_1 \rightarrow T_{2BE}$）,$C_2$ 放电（$V_{CC} \rightarrow R_{B2} \rightarrow C_2 \rightarrow T_{2CE}$）,如此反复循环,若 $R_{C1} = R_{C2}$,$R_{B1} = R_{B2} = R$,$C_1 = C_2 = C$,T_1 和 T_2 集电极输出方波。

6.3.2　石英晶体多谐振荡器

由 RC 元件和门电路组成的多谐振荡器的振荡频率稳定度还不够高,一致性还不够好,主要原因是 RC 元件的数值以及门电路阈值电压 U_{TH} 易受温度、电源电压和其他因素的影响,在振荡频率稳定度和一致性要求高的场合不太适用。

石英晶体的物理化学性质十分稳定,Q 值很高,可达 $10^4 \sim 10^6$,晶体参数的一致性也相当好,用石英晶体和门电路组成的多谐振荡器频率稳定性非常高。

1. 石英晶体基本特性

石英晶体主要成分是二氧化硅,具有稳定的物理化学性能。从一块晶体按一定方位角切割下来的薄片,称为石英晶片,在晶片的两面涂上银层引出电极外壳封装,便构成石英晶体谐振器,其电路符号如图 6-27a 所示。

（1）等效电路

石英晶体两极若施加交变电压,晶片会产生机械变形振动,同时晶片的机械变形振动又会产生交变电场,当外加交变电压的频率与晶片固有振荡频率相等时,会产生压电谐振。压电谐振与 LC 回路谐振十分相似,其等效电路如图 6-27b 所示。

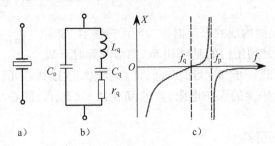

图 6-27　石英晶体

a）电路符号　b）等效电路　c）电抗特性

其中 C_o 表示晶片极板间静电电容,约几～几十皮法;L_q 和 C_q 分别模拟晶片振动时的惯性和弹性,r_q 模拟晶片振动时的摩擦损耗。一般 L_q 很大,C_q 很小,r_q 也很小,因此石英晶体的 Q 值很大。

（2）电抗特性

石英晶体的电抗特性如图 6-27c 所示,它有三个电抗特性区域:两个容性区和一个感性区,并有两个谐振频率 f_q 和 f_p,f_q 称为串联谐振频率,是利用 L_q 与 C_q 串联谐振,$f_q = \dfrac{1}{2\pi\sqrt{L_qC_q}}$;$f_p$ 称为并联谐振频率,是利用 L_q 与 C_o 并联谐振,$f_p \approx f_q\left(1 + \dfrac{C_q}{2C_o}\right)$。由于 $C_q << C_o$,因此 f_q 与 f_p 很接近。一般来讲,石英晶体主要工作在感性区,即 $f_q < f < f_p$。

2. 石英晶体组成的多谐振荡器

石英晶体与门电路组成多谐振荡器时,可由二级反相器或一级反相器组成,现代电子技术普遍以一级反相器与石英晶体组成,如图 6-28 所示。振荡频率取决于石英晶体的振荡频率,R_F 为直流负反馈电阻,使反相器静态工作点位于线性放大区。R_F 不宜过大或过小,过小使反相器损耗过大;过大使反相器脱离线性放大区,一般取 $R_F = 1 \sim 10 \ \mathrm{M\Omega}$。在单片机和具有自振荡功能的集成电路芯片中,反相器和 R_F 已集成在芯片内部,对外仅引出两个端点,只需接晶振和电容 C_1、C_2 即可,C_1、C_2 起稳定振荡的作用,一般取 $10 \sim 100 \ \mathrm{pF}$。

由二级反相器构成的石英晶体振荡器如图 6-29 所示。R_1、R_2 的作用是使门 G_1、G_2 工作在线性放大区,C_1 的作用是正反馈耦合,晶振的作用是选频,选出晶振频率 f_q 的信号予以传导,因此该振荡器的振荡频率为 f_q。

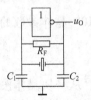

图 6-28　石英晶体多谐振荡器

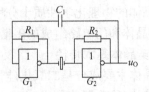

图 6-29　二级反相器构成石英晶体振荡器

【复习思考题】

6.12 简述单稳态、双稳态和无稳态电路的概念。

6.13 简述多谐振荡器"多谐"的含义。

6.14 画出由门电路组成的多谐振荡器电路。

6.15 由门电路组成的多谐振荡器的振荡频率与哪些因素有关?

6.16 图6-19电路中的R_S有什么作用?取值范围有否限制?

6.17 画出由施密特触发器组成的多谐振荡器。

6.18 画出石英晶体多谐振荡器典型应用电路。

6.19 图6-28中的R_F、C_1、C_2有什么作用?

【相关习题】

判断题:6.14~6.21;填空题:6.34~6.39;选择题:6.51~6.54;分析计算题:6.77~6.89。

6.4 555 定时器

555定时器又称为时基电路,外部加上少量阻容元件,即能构成多种脉冲电路,而且价格低廉、性能优良,在工业自动控制、家用电器和电子玩具等许多领域得到了广泛应用。

6.4.1 555 定时器概述

1. 分类

1)按照内部器件分,555定时器可分为双极型和单极型(CMOS)。双极型555主要特点是输出电流大,达200 mA以上,可直接驱动大电流执行器件,如继电器等。单极型(CMOS)555主要特点是功耗低,输入阻抗高,输出电流较小($I_0 < 4$ mA)。

2)按片内定时器电路个数,可分为单定时器和双定时器。双定时器即在一块集成电路内部,集成了两个独立的555定时电路。

表6-3为555集成定时器分类表,如图6-30所示,其中556为双极型双定时器集成电路,7556为CMOS双定时器集成电路。

表 6-3 555 定时器分类

	单电路	双电路
双极型	555	556
单极型	7555	7556

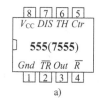
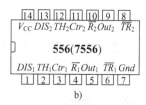

图 6-30 555 集成定时器引脚图

a) 单定时器 b) 双定时器

2. 电路组成

555电路因其内部有3个5 kΩ电阻而得名,图6-31为其内部逻辑电路图,主要由三部分组成:

① 输入级:两个电压比较器A_1、A_2。

② 中间级:G_1、G_2组成RS触发器。

③ 输出级:缓冲驱动门G_3和放电管T。

图 6-30 为 555 定时器引脚图,电路引脚名称和功能如下:

TH:高触发端

$\overline{TR}$:低触发端

Ctr:控制电压端

DIS:放电端

Out:输出端

$\overline{R}$:清零端

V_{CC}、*Gnd*:电源和接地端

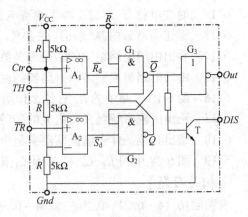

图 6-31　555 定时器原理电路图

3. 工作原理

555 定时器输入级电阻链 3 个电阻均为 5 kΩ,将电源电压分压为 $2V_{CC}/3$ 和 $V_{CC}/3$,分别接电压比较器 A_1 的反相输入端和 A_2 的同相输入端。控制电压端 *Ctr* 端若输入控制电压,可改变电压比较器的基准电压,因此可分为两种情况分析。

1) *Ctr* 端不输入控制电压(经一小电容接地)。

① *TH* 端输入电压 $U_{TH} > 2V_{CC}/3$,A_1 输出端 $\overline{R_d} = 0$;$\overline{TR}$ 端输入电压 $U_{TR} > V_{CC}/3$,A_2 输出端 $\overline{S_d} = 1$;触发器输出 $Q = 0$,$\overline{Q} = 1$,T 导通,$U_{Out} = 1$。

② $U_{TH} < 2V_{CC}/3$,$\overline{R_d} = 1$;$U_{TR} > V_{CC}/3$,$\overline{S_d} = 1$;触发器输出保持不变。

③ $U_{TH} < 2V_{CC}/3$,$\overline{R_d} = 1$;$U_{TR} < V_{CC}/3$,$\overline{S_d} = 0$;触发器输出 $Q = 1$,$\overline{Q} = 0$,T 截止,$U_{Out} = 0$。

综上所述,555 定时器是将触发电压(分别从高触发端 *TH* 和低触发端 $\overline{TR}$ 输入)与 $2V_{CC}/3$ 和 $V_{CC}/3$ 比较,均大,则输出低电平,放电管导通;均小,则输出高电平,放电管截止;介于二者之间,则输出和放电管状态均不变。555 定时器功能如表 6-4 所示。

2) *Ctr* 端输入控制电压 U_{REF},则 *TH* 端与 U_{REF} 比较,$\overline{TR}$ 端与 $U_{REF}/2$ 比较,比较方法和结果与表 6-4 相似。

表 6-4　555 定时器功能表

	输　　入		输　出	
$\overline{R}$	*TH*	$\overline{TR}$	*Out*	T
0	×	×	0	导通
1	$>2V_{CC}/3$	$>V_{CC}/3$	0	导通
1	$<2V_{CC}/3$	$>V_{CC}/3$	不变	不变
1	$<2V_{CC}/3$	$<V_{CC}/3$	1	截止

6.4.2　555 定时器应用

555 定时器应用十分广泛,现择其典型应用电路分析如下。

1. 构成施密特触发器

555 定时器构成施密特触发器如图 6-32 所示。输入触发电压接 *TH* 和 $\overline{TR}$,直接与 $2V_{CC}/3$ 和 $V_{CC}/3$ 比较,即 $2V_{CC}/3$ 和 $V_{CC}/3$ 作为施密特触发器的两个阈值电压 U_{TH+} 和 U_{TH-}。

2. 构成单稳态电路

555 定时器构成单稳态电路如图 6-33a 所示。该单稳态电路稳态应为 u_0 低电平,u_I 为高电平,此时放电管导通,*TH* 端电压 $U_{TH} = u_C = 0$。当 u_I 输入一个低电平触发脉冲时,满足 $U_{TH} < 2V_{CC}/3$、$U_{TR} < V_{CC}/3$ 条件,u_0 输出高电平,且放电管截止。V_{CC} 通过 R 向 C 充电,充

至 $U_{TH} \geq 2V_{CC}/3$ 时,电路翻转,u_O 输出低电平,恢复稳态。其波形图如图 6-33b 所示。暂稳脉宽可按下式估算:

$$t_W = RC \ln 3 \qquad (6\text{-}8)$$

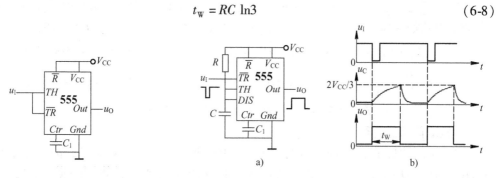

图 6-32　555 构成施密特触发器

图 6-33　555 构成单稳态电路
a) 电路　b) 波形

需要指出的是,由 555 定时器构成的单稳态电路,其输入负脉冲脉宽应小于输出暂稳脉宽。否则该电路在逻辑上仅相当于一个反相器,输入输出脉宽相同。

3. 构成多谐振荡器

555 定时器构成多谐振荡器电路如图 6-34a 所示。设初态 u_O 为高电平,则放电管截止。V_{CC} 通过 R_1、R_2 向 C 充电,充电至 $2V_{CC}/3$,电路翻转,u_O 输出低电平,放电管导通,电容 C 通过 R_2 向放电管放电,放电至 $V_{CC}/3$,电路再次翻转,u_O 输出低电平,截止。电容 C 上的电压反复在 $V_{CC}/3$ 与 $2V_{CC}/3$ 之间充电、放电,u_O 输出矩形脉冲波,如图 6-34b 所示。振荡脉宽可按下式估算:

$$t_{W1} = (R_1 + R_2)C \ln 2$$
$$t_{W2} = R_2 C \ln 2$$

脉冲周期: $\qquad T = t_{W1} + t_{W2} = (R_1 + 2R_2)C \ln 2 \qquad (6\text{-}9)$

由 555 构成的占空比可调的多谐振荡器电路如图 6-35 所示,充电时,仅通过 R_1、VD_1 向 C 充电,$t_{W1} = R_1 C \ln 2$;放电时,电容 C 通过 VD_2、R_2 向 DIS 端放电,$t_{W2} = R_2 C \ln 2$,占空比 $q = R_1/(R_1 + R_2)$。

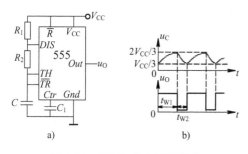

图 6-34　555 构成多谐振荡器
a) 电路　b) 波形

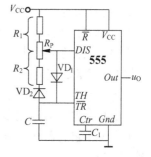

图 6-35　占空比可调多谐振荡器

【例 6-6】试用 555 定时器构成单稳态电路,暂稳脉宽 1 ms。

解:电路如图 6-33 所示,555 构成单稳态电路时 $t_W = RC \ln 3$,取 $C_1 = C = 0.01\ \mu F$,则

$$R = \frac{t_{\text{W}}}{C \ln 3} = \frac{1 \times 10^{-3}}{0.01 \times 10^{-6} \times \ln 3} \Omega = 91 \text{ k}\Omega$$

【例 6-7】试用 555 定时器组成周期为 1 ms,占空比为 30% 的矩形波发生器。(取 $C = 0.01 \mu\text{F}$)

解:电路如图 6-35 所示,$T = t_{\text{W1}} + t_{\text{W2}} = R_1 C \ln 2 + R_2 C \ln 2 = (R_1 + R_2) C \ln 2$,解得:

$$(R_1 + R_2) = T / C \ln 2 = [1 \times 10^{-3} / (0.01 \times 10^{-6} \times 0.693)] \Omega = 144.3 \text{ k}\Omega$$

$$q = \frac{t_{\text{W1}}}{T} = \frac{R_1}{R_1 + R_2} = 0.3, R_1 = 0.3(R_1 + R_2) = (0.3 \times 144.3) \text{ k}\Omega = 43.3 \text{ k}\Omega$$

$$R_2 = (R_1 + R_2) - R_1 = (144.3 - 43.3) \text{ k}\Omega = 101 \text{ k}\Omega$$

4. 构成间隙振荡器

555 定时器构成的间隙振荡器电路如图 6-36a 所示。一般可由双 555 电路组成,555(Ⅰ)输出接 555(Ⅱ)$\overline{R}$端,控制 555(Ⅱ)振荡,555(Ⅰ)输出高电平时,555(Ⅱ)振荡;555(Ⅰ)输出低电平时,555(Ⅱ)停振。且要求 555(Ⅰ)中的 R_1、R_2、C_1 形成的振荡频率较低,555(Ⅱ)中的 R_3、R_4、C_3 形成的振荡频率较高。输出间歇振荡波如图 6-36b 所示。这种形式电路应用很广,例如若 555(Ⅰ)的振荡频率为 1 Hz,555(Ⅱ)的振荡频率为音频(设为 800 Hz),且输出端接扬声器时,就可听到间隙嘟嘟声。又如若 555(Ⅱ)的输出端接红外发光二极管,则可构成红外线间歇发射电路等。

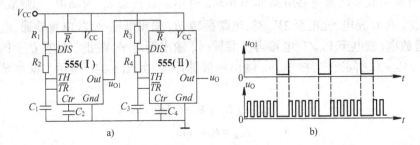

图 6-36　555 构成间隙振荡器

【复习思考题】

6.20　简述 555 定时器中的"555"成名由来。

6.21　555 定时器有哪几种品种? 各有什么特点?

6.22　555 定时器内部有哪几部分组成?

6.23　555 定时器的主要功能是什么?

6.24　与 CMOS 555 定时器相比,双极型 555 定时器最大优点是什么?

6.25　试述 555 定时器 Ctr 端功能。

6.26　画出 555 定时器构成多谐振荡器的典型应用电路。

6.27　画出 555 定时器构成方波发生器的典型应用电路。

【相关习题】

判断题:6.22 ~ 6.24;填空题:6.40 ~ 6.43;选择题:6.55 ~ 6.64;分析计算题:6.90 ~ 6.100。

6.5 习题

6.5.1 判断题

6.1 施密特触发器与 Flip-Llop 触发器是性质完全不同的两种电路。（　　）

6.2 施密特触发器的正向阈值电压一定大于负向阈值电压。（　　）

6.3 施密特触发器有两个稳态。（　　）

6.4 施密特触发器可用于将三角波变换成正弦波。（　　）

6.5 施密特触发器可用于将三角波变换成矩形波。（　　）

6.6 施密特触发器的输出电压波形边沿陡峭。（　　）

6.7 微分电路是一种能够将输入的矩形脉冲变换为正负尖脉冲的波形变换电路。（　　）

6.8 单稳态触发器有一个暂稳状态。（　　）

6.9 单稳态电路,从稳态翻转到暂稳态,需要外来触发信号;从暂稳态翻转到稳态,无需外界触发信号,能自动翻转。（　　）

6.10 单稳态触发器的暂稳态时间与电路中 RC 参数成正比。（　　）

6.11 单稳态触发器的暂稳态时间与输入触发脉冲宽度成正比。（　　）

6.12 单稳态触发器如图 6-5 所示,若该电路的暂稳态时间为 t_W,输入信号脉宽为 t_{W1},则只有当输入信号脉宽 $t_{W1} > t_W$ 时,电路才能正常工作。（　　）

6.13 单稳电路可以将各种幅度不等、宽度不等、前后沿不规则、平顶有毛刺的脉冲波形整形为输出幅度一定、宽度相同、前后沿陡峭、平顶规则的矩形脉冲。（　　）

6.14 多谐振荡器又称为矩形波发生器。（　　）

6.15 多谐振荡器又称为无稳态电路。（　　）

6.16 多谐振荡器输出信号的周期与电路中的 RC 参数成正比。（　　）

6.17 多谐振荡器输出信号的频率与电路中的 RC 参数成正比。（　　）

6.18 方波的占空比为 0.5。（　　）

6.19 石英晶体多谐振荡器的振荡周期与电路中的 RC 参数正比。（　　）

6.20 石英晶体多谐振荡器的振荡频率取决于石英晶体的谐振频率。（　　）

6.21 石英晶体多谐振荡器的振荡频率稳定度很高。（　　）

6.22 555 定时器不仅可以组成多谐振荡器,而且还可以组成单稳态触发器、施密特触发器。（　　）

6.23 555 定时器只能组成定时器。（　　）

6.24 555 定时器的电源电压确定后,两个阈值电压 U_{TH+} 和 U_{TH-} 不能改变。（　　）

6.5.2 填空题

6.25 施密特触发器具有_____个阈值电压。

6.26 _____触发器能将缓慢变化的非矩形脉冲变换成边沿陡峭的矩形脉冲。

6.27 施密特触发器具有两个阈值电压_____和_____,这种特性类似于_____,因此施密特特性也称为_____特性或_____特性。

6.28 施密特触发器属于＿＿＿＿＿＿触发,其状态翻转不仅需要外加触发信号,而且状态维持也需要＿＿＿＿＿＿信号。

6.29 在数字系统中,施密特电路主要用于脉冲波形的＿＿＿＿＿＿、＿＿＿＿＿＿和＿＿＿＿＿＿。此外,还可构成＿＿＿＿＿＿、＿＿＿＿＿＿和＿＿＿＿＿＿电路。

6.30 单稳态电路可以分为＿＿＿＿＿＿分型单稳态触发器和＿＿＿＿＿＿分型单稳态触发器。

6.31 某单稳态触发器在无外触发信号时输出为 0,在外加触发信号时,输出跳变为 1。因此,其稳态为＿＿＿＿＿＿,暂稳态为＿＿＿＿＿＿。

6.32 单稳态触发器最重要的参数为＿＿＿＿＿＿。

6.33 单稳态电路主要可用于脉冲＿＿＿＿＿＿、＿＿＿＿＿＿、＿＿＿＿＿＿、＿＿＿＿＿＿等场合。

6.34 矩形波的占空比 q 是指其＿＿＿＿＿＿持续时间与其＿＿＿＿＿＿之比。

6.35 单稳态触发器有＿＿＿＿＿＿个稳定状态;Flip-Flop 触发器有＿＿＿＿＿＿个稳定状态;多谐振荡器有＿＿＿＿＿＿个稳定状态。

6.36 脉冲整形电路可应用＿＿＿＿＿＿电路和＿＿＿＿＿＿电路,脉冲产生电路可应用＿＿＿＿＿＿电路。

6.37 用与非门组成的可控多谐振荡器,控制端输入＿＿＿＿＿＿电平振荡;用或非门组成的可控多谐振荡器,控制端输入＿＿＿＿＿＿电平振荡。

6.38 调节多谐振荡器＿＿＿＿＿＿时的不同时间常数,可调节输出矩形波的占空比。

6.39 为实现高稳定度振荡频率,常采用＿＿＿＿＿＿多谐振荡器。

6.40 型号为 555 的定时器是＿＿＿＿＿＿产品,型号为 7555 的定时器是＿＿＿＿＿＿产品。

6.41 双极型 555 主要特点是＿＿＿＿＿＿大,可达＿＿＿＿＿＿;单极型 555 主要特点是＿＿＿＿＿＿低、＿＿＿＿＿＿高、＿＿＿＿＿＿较小。

6.42 555 定时器 Ctr 端不输入控制电压时,高低触发电压为＿＿＿＿＿＿和＿＿＿＿＿＿;Ctr 端输入控制电压 U_{REF} 时,高低触发电压为＿＿＿＿＿＿和＿＿＿＿＿＿。

6.43 555 定时器输出低电平时,放电管＿＿＿＿＿＿;输出高电平时,放电管＿＿＿＿＿＿;输入触发电压介于 $2V_{CC}/3$ 和 $V_{CC}/3$ 之间时,放电管＿＿＿＿＿＿。

6.5.3 选择题

6.44 图 6-37 集成门电路中,＿＿＿＿＿＿是施密特电路;＿＿＿＿＿＿是 OC 门电路;＿＿＿＿＿＿是三态门电路。

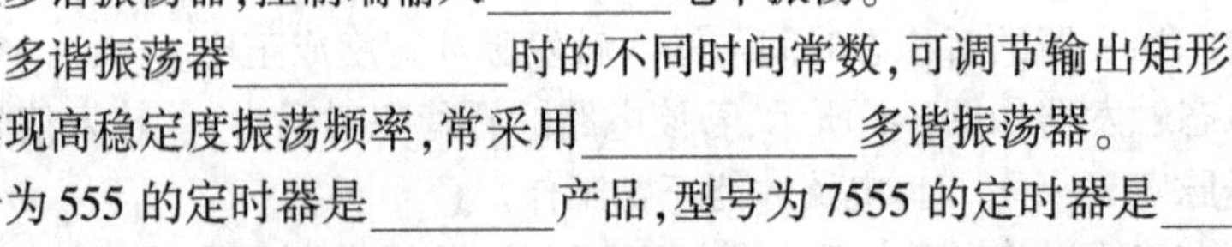

图 6-37 习题 6.44 电路

6.45 施密特触发器有关阈值电压个数的正确说法是＿＿＿＿＿＿。

   A. 一个阈值电压   B. 两个阈值电压

   C. 三个阈值电压   D. 不能确定

6.46 下列特性中,不属于施密特触发器特性的是＿＿＿＿＿＿。

A. 回差特性 B. 输出电压波形边沿陡峭

C. Flip-Flop 触发功能 D. 状态维持也需要外加触发信号

6.47 下列 CMOS 集成电路中,属于施密特触发器的有(多选)_____。

A. 2 输入端 4 与非门 4011 B. 2 输入端 4 与非门 4093

C. 6 反相器 4069 D. 6 反相器 40106

6.48 可以产生脉冲定时的电路是_____。

A. 多谐振荡器 B. 单稳态触发器

C. 二进制计数器 D. 石英晶体多谐振荡器

6.49 已知单稳态电路的输出脉冲宽度 $t_W = 4\ \mu s$,恢复时间 $t_{re} = 1\ \mu s$,则输出信号的最高频率为_____。

A. $f_{max} = 250\ kHz$ B. $f_{max} \geqslant 1\ MHz$

C. $f_{max} \leqslant 200\ kHz$ D. $f_{max} > 200\ kHz$

6.50 已知用集成单稳态电路 CC4098 组成脉冲展宽电路,要求仅改变输出脉冲宽度,不改变输出脉冲电平(即输入正脉冲输出仍为正脉冲,输入负脉冲输出仍为负脉冲)。输入正脉冲应用方法_____;输入负脉冲应用方法_____。

A. 输入脉冲从 TR_+ 输入,TR_- 接地,输出脉冲从 Q 端输出

B. 输入脉冲从 TR_+ 输入,TR_- 接高电平,输出脉冲从 Q 端输出

C. 输入脉冲从 TR_+ 输入,TR_- 接地,输出脉冲从 $\overline{Q}$ 端输出

D. 输入脉冲从 TR_+ 输入,TR_- 接高电平,输出脉冲从 $\overline{Q}$ 端输出

E. 输入脉冲从 TR_- 输入,TR_+ 接地,输出脉冲从 Q 端输出

F. 输入脉冲从 TR_- 输入,TR_+ 接高电平,输出脉冲从 Q 端输出

G. 输入脉冲从 TR_- 输入,TR_+ 接地,输出脉冲从 $\overline{Q}$ 端输出

H. 输入脉冲从 TR_- 输入,TR_+ 接高电平,输出脉冲从 $\overline{Q}$ 端输出

6.51 多谐振荡器可产生_____。

A. 正弦波 B. 矩形脉冲

C. 三角波 D. 锯齿波

6.52 下列集成电路中,不能用于组成多谐振荡器的是_____。

A. 与非门电路 B. 或非门电路

C. 施密特触发器 D. 单稳态触发器

6.53 石英晶体多谐振荡器的突出优点是_____。

A. 速度高 B. 电路简单

C. 振荡频率稳定 D. 输出波形边沿陡峭

6.54 有关石英晶体谐振频率正确的说法是_____。

A. 只有一个谐振频率 B. 有两个相差很远的谐振频率

C. 有两个相差很近的谐振频率 D. 谐振频率可在较大范围内调节

6.55 下列集成电路中,_____为双极型单 555 电路;_____为单极型单 555 电路;_____为双极型双 555 电路;_____为单极型双 555 电路。

A. 555 B. 556

C. 7555 D. 7556

6.56 用555定时器组成施密特触发器,当输入控制端 *Ctr* 外接 10 V 电压时,回差电压为
_____。
A. 3.33 V
B. 5 V
C. 6.66 V
D. 10 V

6.57 能将正弦波变成同频率方波的电路为_____。
A. 单稳态触发器
B. 施密特触发器
C. 双稳态触发器
D. 无稳态触发器

6.58 用来鉴别脉冲信号幅度时,应采用_____。
A. 单稳态触发器
B. 施密特触发器
C. 双稳态触发器
D. 无稳态触发器

6.59 输入为 2 kHz 矩形脉冲信号时,欲得到 500 Hz 矩形脉冲信号输出,应采用_____。
A. 单稳态触发器
B. 施密特触发器
C. 双稳态触发器
D. 二进制计数器

6.60 图 6-38 电路中,_____是单稳态触发器;_____是施密特触发器;_____是
无稳态触发器。

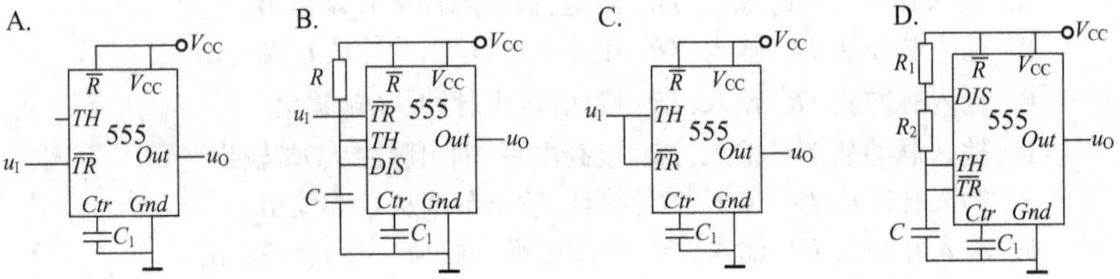

图 6-38 习题 6.60 电路

6.61 下列电路中,无稳定状态的是_____;具有 1 个稳定状态的是_____;具有 2
个稳定状态的是_____。
A. 施密特触发器
B. 单稳态触发器
C. 多谐振荡器
D. 555 定时器

6.62 (多选)下列电路中,脉冲产生电路有_____;脉冲整形电路有_____。
A. 施密特触发器
B. 单稳态触发器
C. 多谐振荡器
D. 555 定时器

6.63 (多选)图 6-39 所示电路中,输入高电平振荡的电路有_____;输入低电平控制
振荡的电路有_____。

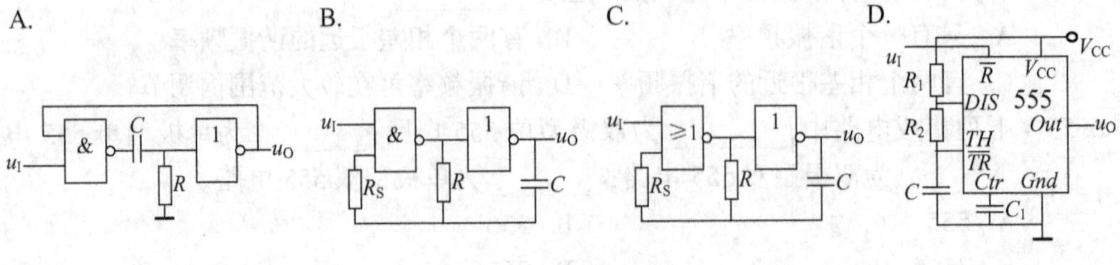

图 6-39 习题 6.63 电路

6.64 图 6-40 所示电路中,振荡频率最低的是_____;振荡频率最高的是_____;振荡频率最稳定的是_____。

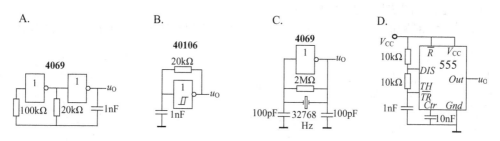

图 6-40 习题 6.64 电路

6.5.4 分析计算题

6.65 已知由 TTL 门电路组成的施密特触发器电路如图 6-4 所示,$R_1 = 3.3$ kΩ,$R_2 = 18$ kΩ,$U_{TH} = 1.45$ V,试求该施密特触发器的两个阈值电压 U_{TH+} 和 U_{TH-}。

6.66 已知由 CMOS 门电路组成的施密特触发器如图 6-4 所示,$V_{CC} = 5$ V,$R_1 = 5.1$ kΩ,$R_2 = 27$ kΩ,试求阈值电压 U_{TH+} 和 U_{TH-}。

6.67 已知同相输出施密特触发器的两个阈值电压:$U_{TH+} = 3$ V,$U_{TH-} = 2$ V,当输入电压波形如图 6-41 所示时,试画出输出电压波形。

6.68 已知电路如图 6-42a 所示,$U_{OH} = 3.9$ V,$U_{OL} = 0.2$ V,$U_{TH+} = 3.3$ V,$U_{TH-} = 2.2$ V,输入电压波形为锯齿波,幅值 $U_m = 4.4$ V,如图 6-42b 所示,试画出输出电压波形。

6.69 已知 CMOS 门电路组成的单稳态电路如图 6-6 所示,$R = 1$ kΩ,$C = 0.01$ μF,试求其暂稳脉冲宽度。

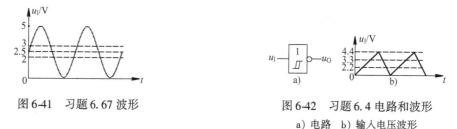

图 6-41 习题 6.67 波形

图 6-42 习题 6.4 电路和波形
a) 电路 b) 输入电压波形

6.70 已知条件同上题,试求其输入信号的最高频率。

6.71 试画出利用 74LS121 片内定时电阻 R_{int}($R_{int} = 2$ kΩ)构成上升沿触发,输出脉冲宽度为 10 μs 的单稳态电路,并估算定时电容值。

6.72 试画出利用 74LS121(不用片内定时电阻 R_{int})构成下降沿触发,输出脉冲脉宽为 100 μs 的单稳态电路,若定时电容 $C = 0.01$ μF,试估算定时电阻值。

6.73 因按键由弹性元件构成,按下瞬间会产生抖动(不稳定)现象,时间一般小于 10 ms。按键的连接方式有两种:一种是按下呈低电平,如图 6-43a 所示;另一种是按下呈高电平,如图 6-43b 所示。试用 CMOS 单稳态电路 CC4098 分别去除这两种按键触点抖动的影响。

6.74 试利用 CC4098 将宽度为 100 μs 的正脉冲延时 500 μs(原正脉冲宽度不变)。

6.75 试利用 CC4098 将宽度为 100 μs 的负脉冲延时 500 μs(原负脉冲宽度不变)。

6.76 已知由 D 触发器组成的单稳态电路如图 6-44 所示,试分析电路工作原理。

6.77 已知用 CMOS 门电路构成的多谐振荡器电路如图 6-19 所示,$R_S = 100 \text{ k}\Omega$, $R = 20 \text{ k}\Omega$, $C = 0.1 \text{ μF}$,试估算其振荡频率。

6.78 已知电路如图 6-45 所示,$R_S = 100 \text{ k}\Omega$, $R = 22 \text{ k}\Omega$, $R_P = 47 \text{ k}\Omega$, $C = 1 \text{ nF}$,试求电路振荡频率的范围。

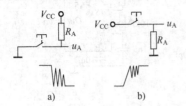
图 6-43 习题 6.73 电路

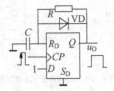
图 6-44 习题 6.76 电路

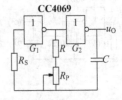
图 6-45 习题 6.78 电路

6.79 已知电路如图 6-46 所示,$R_S = 100 \text{ k}\Omega$, $R = 22 \text{ k}\Omega$, $R_P = 47 \text{ k}\Omega$, $C = 1 \text{ nF}$,试求电路振荡脉冲周期和占空比的调节范围。

6.80 电路同上题,若改为 74LS04 构成,试重求电路占空比调节范围。

6.81 试用 CMOS 门电路设计一个振荡频率为 10 kHz 的方波发生器。

6.82 试用 CMOS 门电路设计一个占空比可调、振荡频率为 10 kHz 的矩形波发生器。画出电路,并计算元件参数。

6.83 试用 CC40106 设计一个振荡频率为 10 kHz 的方波发生器。

6.84 试用 74LS14 设计一个振荡频率为 10 kHz 的方波发生器。

6.85 已知电路如图 6-47 所示,$R = 33 \text{ k}\Omega$, $R_P = 47 \text{ k}\Omega$, $C = 1 \text{ nF}$,试计算其振荡频率调节范围。

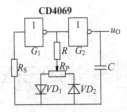
图 6-46 习题 6.79 电路

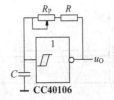
图 6-47 习题 6.85 电路

6.86 电路同上题,若采用 74LS14 构成多谐振荡器,试重新计算其振荡频率调节范围。

6.87 电路如图 6-48 所示,$R = 33 \text{ k}\Omega$, $R_P = 47 \text{ k}\Omega$, $C = 1 \text{ nF}$,试求:(1) 简述电路名称;(2) R_P 作用;(3) 调节范围。

6.88 已知由 RS 触发器组成的多谐振荡器如图 6-49 所示,试分析电路工作原理。

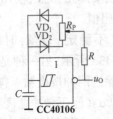
图 6-48 习题 6.87 电路

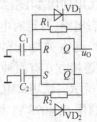
图 6-49 习题 6.88 电路

6.89 已知电路如图 6-50 所示, $R_1 = R_2 = 47$ kΩ, $R_{S1} = R_{S2} = 200$ kΩ, $C_1 = 10$ μF, $C_2 = 10$ nF, HA 为压电蜂鸣器, 试分析电路功能。

6.90 试用 555 定时器设计一个振荡频率为 10 kHz 的矩形波发生器。

6.91 条件同上题, 要求方波发生器。

6.92 试用 555 定时器组成周期为 10 ms, 占空比为 30% 的矩形波发生器。(取 $C = 0.1$ μF)

6.93 试用 555 定时器组成暂稳脉宽为 10 ms 的单稳态电路 (取 $C = 0.1$ μF)

6.94 已知电路和 u_I 波形如图 6-51 所示, 试画出 u_{O1}、u_O 波形。

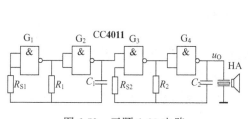

图 6-50 习题 6.89 电路

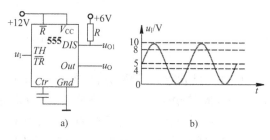

图 6-51 习题 6.94 电路和波形
a) 电路 b) 波形

6.95 路灯照明自控电路如图 6-52 所示, 图中 R_0 为光敏电阻, 受光照时电阻很小, 无光照时电阻很大, J 为继电器, 试分析其工作原理。

6.96 已知触摸式台灯控制电路如图 6-53 所示, 触摸 A 极板灯亮, 触摸 B 极板灯灭, 试分析其工作原理。

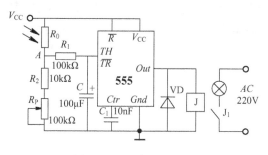

图 6-52 习题 6.95 电路

6.97 图 6-54 所示电路为由 555 组成的门铃电路 (R_1 较小, 且 $R_1 << R_2$), 按下按钮 S, 扬声器将发出嘟嘟声, 试分析电路工作原理。

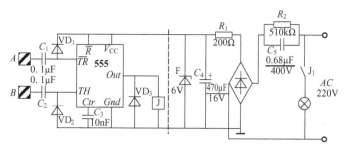

图 6-53 习题 6.96 电路

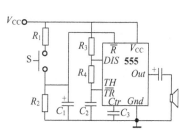

图 6-54 习题 6.97 电路

6.98 已知负电压发生电路如图 6-55 所示, 试分析电路工作原理。

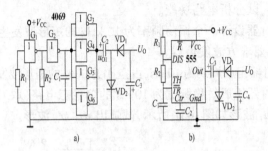

图 6-55 习题 6.98 电路

6.99 已知防盗报警电路如图 6-56 所示, 细导线 ab 装在门窗等处, 若盗贼破门窗而入, ab 线被扯断, 扬声器将发出报警嘟声, 试分析电路工作原理。

6.100 已知楼道延时灯控制电路如图 6-57 所示, S 为按钮开关, J 为继电器, J_1 为继电器常开触点, 试分析电路工作原理, 并计算延时时间。

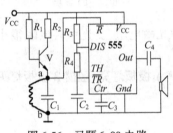

图 6-56 习题 6.99 电路

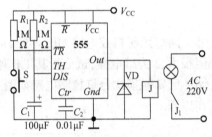

图 6-57 习题 6.100 电路

第7章　数模转换和模数转换电路

本章要点

- 数模转换和模数转换的基本概念
- 数模转换器的工作原理
- 集成数模转换器 DAC0832 及其典型应用电路
- 逐次渐近比较型 A/D 转换器的工作原理
- 双积分型 A/D 转换器的工作原理
- 集成模数转换器 ADC0809 及其典型应用电路

数字电路和计算机只能处理数字信号,不能处理模拟信号。但实际的物理量,大多是模拟量,例如温度、压力、位移、音频信号和视频信号等,若要对它们处理,必须将它们转换为相应的数字信号,才能处理。处理完毕,有的需要恢复它们的模拟特性,有的需要转换为模拟信号后控制执行元件。例如,人们是听不懂和看不懂数字化的音频信号和视频信号的,必须将它们转换为人们能听得到和看得到的模拟音频信号和模拟视频信号。又例如,有些执行元件(如电机)是需要模拟信号(模拟电压)去驱动和控制。因此,数模转换和模数转换在现代电子技术和现代计算机智能化、自动化控制中是必不可少的。

7.1　数模转换和模数转换基本概念

1. 定义

(1) 数模转换

将数字信号转换为相应的模拟信号称为数模转换或 D/A 转换或 DAC(Digital to Analog Conversion)。

(2) 模数转换

将模拟信号转换为相应的数字信号称为模数转换或 A/D 转换或 ADC(Analog to Digital Conversion)。

2. 数字信号与相应模拟信号之间的量化关系

无论是数模转换还是模数转换都有一个基本要求,即转换后的结果(量化关系)相对于基准值是相应的、唯一的。

设模拟电压为 U_A,基准电压为 U_{REF},数字量为 $D = \sum_{i=0}^{n-1} D_i \cdot 2^i$,其中 D_i 为组成数字量的第 i 位二进制数字,则它们之间的对应关系为:

$$U_A = U_{REF} \times D/2^n = U_{REF} \times \sum_{i=0}^{n-1} D_i \cdot 2^i / 2^n \tag{7-1}$$

例如,若 $U_{REF} = 5\,V$,8 位数字量 $D = 10000000B = 128$,$2^8 = 100000000 = 256$,则

$$U_A = U_{REF} \times D/2^n = (5 \times 128/256)\,V = 2.5\,V$$

【例 7-1】 已知 $U_{\text{REF}} = 10\,\text{V}$，8 位数字量 $D = 10100000\text{B}$，试求其相应模拟电压 U_A。

解：$D = 10100000\text{B} = 160$，$2^8 = 100000000\text{B} = 256$

$$U_A = U_{\text{REF}} \times D/2^n = (10 \times 160/256)\,\text{V} = 6.25\,\text{V}$$

【例 7-2】 已知 $U_{\text{REF}} = 5\,\text{V}$，模拟电压 $U_A = 3\,\text{V}$，试求其相应的 10 位数字电压 D。

解：$D = 2^n \times U_A/U_{\text{REF}} = 2^{10} \times 3/5 = 614.4 \approx 1001100110.011\text{B} \approx 1001100110\text{B}$

需要说明的是，无论是数模转换还是模数转换，转换结果都有可能出现无限二进制小数或无限十进制小数，此时可根据精度要求按四舍五入原则取其相应近似数。

【复习思考题】

7.1 什么叫 D/A 转换和 A/D 转换？

7.2 举例说明为什么需要 A/D 和 D/A 转换？

7.3 写出并说明数字信号和模拟信号相互转化时对应的量化关系表达式。

【相关习题】

判断题：7.1；填空题：7.13 ~ 7.14；选择题：7.28；分析计算题：7.43 ~ 7.49。

7.2 数模转换电路

将数字信号转换为相应的模拟信号称为数模转换。

7.2.1 数模转换的主要技术指标

1. 分辨率

（1）定义

D/A 转换器的最小输出电压与最大输出电压之比。

（2）计算公式：$1/(2^n - 1)$

其中 n 为数模转换器转换位数。例如，对于一个 8 位 D/A 转换器，其分辨率为：

$$1/(2^8 - 1) = 1/255 \approx 0.00392 = 0.392\%$$

（3）最小分辨电压 U_{LSB}

U_{LSB}（Least Significant Bit，最低有效位，缩写为 LSB）是最低位数字所对应的输出电压，$U_{\text{LSB}} = U_{\text{FSR}}/(2^n - 1)$，$U_{\text{FSR}}$（Full Scale Range）称为满量程电压，通常 $U_{\text{FSR}} = U_{\text{REF}}$，若 $U_{\text{REF}} = 5\,\text{V}$，则 8 位 D/A 转换器能分辨的最小电压为 $U_{\text{LSB}} = 5/(2^8 - 1) = 5/255 \approx 0.0196\,\text{V}$

（4）分辨率的常用表达形式

由于 D/A 转换器的分辨率取决于转换位数 n，因此常用 n 直接表示分辨率。位数 n 越大，分辨率越高。

2. 转换精度

（1）定义

D/A 转换器的输出实际值与理论值之差。

（2）与转换精度有关的参数

转换精度一般以最大静态转换误差的形式给出，是一种综合误差，反映了 D/A 转换器的整体最大误差,一般较难准确衡量,它与 D/A 转换器的分辨率、非线性转换误差、比例系数误差和温度系数等参数有关。而这些参数与基准电压 U_{REF} 的稳定、运放的零漂、模拟电子开关的导通压降、导通电阻和电阻网络中电阻的误差等因素有关。

（3）D/A 转换精度与分辨率的区别

转换精度与分辨率是两个不同的概念。转换精度是指转换后所得的实际值对于理论值的接近程度,而分辨率是指能对转换结果产生影响的最小输入量。分辨率相同未必转换精度相同,但两者又是有关联的。一般情况下,转换精度优于 $U_{LSB}/2$。而 U_{LSB} 正比于分辨率,分辨率越高(数值越小),U_{LSB} 越小,转换精度也越高(数值越小)。

（4）非线性转换误差

D/A 转换器的输入/输出关系理论上应为线性关系。在理想情况下,转换特性是一条直线。但实际的输入/输出特性不是一条直线,有的位于理想直线特性之上,有的位于理想直线特性之下,如图 7-1 所示。在满量程转换范围内,D/A 转换器实际输出值偏离理想转换特性的最大值称为非线性转换误差。而该值与满量程输出(即最大模拟输出量)之比称为非线性度。非线性误差也是影响转换精度的参数之一。

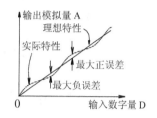

图 7-1　DAC 非线性转换误差

（5）比例系数误差

参考电压 U_{REF} 的偏移造成的误差称为比例系数误差。这种误差与输入数字量大小有关,数字量越小,产生的这种误差也越小。

3. 温度系数

D/A 转换器是半导体电子电路,不可避免地受温度变化的影响。D/A 转换器的温度系数定义为满刻度输出条件下,温度每变化一度,输出变化的百分比。

4. 建立时间

D/A 转换器输入数字量后,输出模拟量达到稳定值需要一定时间,称为建立时间。建立时间即完成一次 D/A 转换所需时间,也称为转换时间。现代 D/A 转换器的建立时间一般很短,小于 1 μs。

7.2.2　数模转换器的工作原理

1. 数模转换的基本原理

数模转换的基本原理是将 n 位数字量逐位转换为相应的模拟量并求和,其相应关系按式(7-1)。由于数字量不是连续的,其转换后模拟量随时间变化的曲线自然也不是光滑的,而是成阶梯状,如图 7-2 所示。但只要时间坐标的最小分度 $\triangle T$ 和模拟量坐标的最小分度 $\triangle U$(1LSB)足够小,从宏观上看,模拟量曲线仍可看作是连续光滑的。

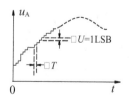

图 7-2　数模转换示意图

2. 数模转换器的分类

数模转换器的种类较多,按转换方式可分为权电阻网络型、T 型电阻网络、倒 T 型电阻网络、权电流型网络和权电容型网络等；按数字量输入位数可分为 8 位、10 位、12 位等。

3. 权电阻型 D/A 转换器

为便于分析理解，以 4 位权电阻 D/A 转换器为例分析其工作原理，如图 7-3 所示。该 4 位 D/A 转换器由基准电压 U_{REF}、电子模拟开关 $S_0 \sim S_3$、权电阻译码网络和求和运算放大器组成，输入 4 位数字量 $D = d_3 d_2 d_1 d_0$。$d_i = 1$，控制模拟开关 S_i 接 U_{REF}；$d_i = 0$，控制模拟开关 S_i 接地。

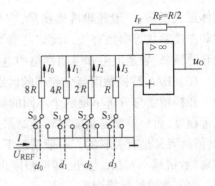

图 7-3　4 位权电阻 DAC 原理图

按图 7-3 电路可得：

$$I = I_F = I_3 + I_2 + I_1 + I_0 = \frac{U_{REF}}{R}d_3 + \frac{U_{REF}}{2R}d_2 + \frac{U_{REF}}{4R}d_1 + \frac{U_{REF}}{8R}d_0$$

$$u_O = -I_F R_F = -\frac{U_{REF} R_F}{8R}(2^3 d_3 + 2^2 d_2 + 2^1 d_1 + 2^0 d_0) = -\frac{U_{REF}}{2^4}(2^3 d_3 + 2^2 d_2 + 2^1 d_1 + 2^0 d_0)$$

若 $U_{REF} = 5$ V，$D = d_3 d_2 d_1 d_0 = 1000$B，则 $u_O = 2.5$ V；若 $D = 1111$B，则 $u_O = 4.6875$ V。表明当数字输入量为 D 时，相应输出模拟量为 $U_{REF} \times D/2^n$，与式（7-1）结论相同。

权电阻型 D/A 转换器电路结构简单，且因组成数字量的各位同时进行转换，转换速度很快。但权电阻网络中电阻阻值的取值范围较复杂，位数越多，权电阻品种越多，不易做得很精确，且阻值变化范围大，不便于集成，因此这种类型的 D/A 转换器实际应用很少。

4. T 型和倒 T 型电阻网络 D/A 转换器

T 型和倒 T 型电阻网络 D/A 转换器分别如图 7-4 和图 7-5 所示，电阻网络取值仅 R 和 $2R$ 两种，克服了电阻取值分散和阻值大的缺点。由于相比于倒 T 型，T 型电阻网络 D/A 转换器因不同位权的信号电流传送到运放输入端时间上的微小差异，会引起输出端动态误差。我们仅分析应用广泛的图 7-5 倒 T 型电阻网络 D/A 转换器的工作原理。

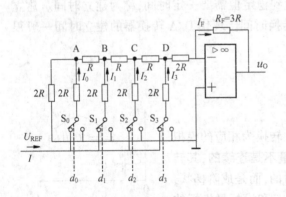

图 7-4　4 位 T 型电阻网络 DAC 原理图

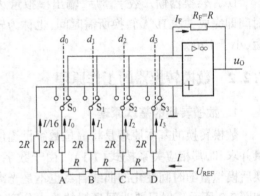

图 7-5　4 位倒 T 型电阻网络 DAC 原理图

（1）电路结构

图 7-5 中，因同相输入端接地，则反相输入端为"虚地"，无论模拟电子开关 S_i 接反相输入端或同相输入端，均相当于接地。因此，A、B、C、D 四个节点，向左看等效电阻均为 $2R$，且对地

等效电阻均为 R。

（2）工作原理

因 D 点对地等效电阻为 R，从 U_{REF} 流出的电流：$I = U_{REF}/R$

每经过一个节点，电流被分流一半，即：$I_3 = I/2, I_2 = I/4, I_1 = I/8, I_0 = I/16$

$$I_F = d_3 I_3 + d_2 I_2 + d_1 I_1 + d_0 I_0 = \frac{U_{REF}}{R}(2^{-1}d_3 + 2^{-2}d_2 + 2^{-3}d_1 + 2^{-4}d_0)$$

$$= \frac{U_{REF}}{2^4 R}(2^3 d_3 + 2^2 d_2 + 2^1 d_1 + 2^0 d_0)$$

$u_O = -I_F R_F = -\frac{U_{REF}}{2^4}(2^3 d_3 + 2^2 d_2 + 2^1 d_1 + 2^0 d_0)$，与式（7-1）结论相同。

（3）特点

① 电阻网络取值品种少，仅 R 和 $2R$，容易提高精度；且阻值不大，便于集成。

② 无论 d_i 取值如何，各支路电流始终存在，且恒定不变（各支路电流不同），因此不会产生暂态过程，各支路电流传送到运放输入端的时间一致，不会引起输出端动态误差。

③ 正因为不会产生暂态过程，因此可提高 D/A 转换速度。

5. 权电流型网络 D/A 转换器

权电流型网络 D/A 转换器的结构与图 7-5 倒 T 型电阻网络 D/A 转换器相类似，不同的是，用权电流源网络代替倒 T 型电阻网络，电流源电流恒定不变（各支路电流源恒定，但电流不同），可减小由于模拟电子开关导通时压降大小不一而引起的非线性误差，从而提高 D/A 转换精度。

7.2.3 集成数模转换器

集成 D/A 转换器的品种很多，现以目前应用较广泛的典型 D/A 芯片 DAC0832 为例分析介绍。

1. 主要特性

DAC 0832 是 CMOS 8 位倒 T 型电流输出 D/A 转换器，主要特性有：

- 分辨率：8 位
- 电流建立时间：1 μs
- 逻辑电平输入：与 TTL 电平兼容
- 工作方式：双缓冲、单缓冲和直通方式
- 电源电压：+5 ~ +15 V
- 功耗：20 mW
- 非线性误差：0.002FSR（FSR：满量程）

2. 引脚名称与功能

DAC 0832 引脚图和逻辑框图如图 7-6 所示，其各项功能如下：

- $DI_7 \sim DI_0$：8 位二进制数据输入端，TTL 电平。
- ILE：输入数据锁存允许，高电平有效。
- $\overline{CS}$：片选，低电平有效。
- $\overline{WR_1}、\overline{WR_2}$：写选通信号，低电平有效。
- $\overline{XFER}$：数据传送控制信号，低电平有效。
- $I_{OUT1}、I_{OUT2}$：电流输出端。当输入数据全 0 时，$I_{OUT1} = 0$；当输入数据全 1 时，I_{OUT1} 最

大;$I_{OUT1} + I_{OUT2} =$ 常数。

- R_{FB}:反馈电阻输入端。R_{FB}与I_{OUT1}之间在片内接有反馈电阻 $R = 15\ \text{k}\Omega$,外接反馈电阻 R_F 可与其串联。
- U_{REF}:基准电压输入端,基准电压范围 $-10 \sim +10\ \text{V}$。
- V_{DD}:正电源端,$+5 \sim +15\ \text{V}$。
- $DGND$、$AGND$:数字接地端和模拟接地端。为减小误差和干扰,数字地和模拟地可分别接地。

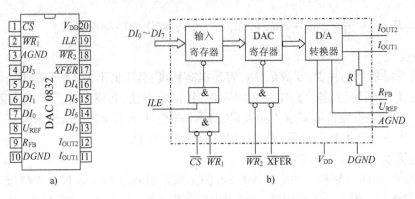

图 7-6 DAC 0832 引脚和逻辑框图

a) 引脚图 b) 逻辑框图

8 位数字输入信号从 $DI_7 \sim DI_0$ 进入输入寄存器缓冲寄存,ILE、$\overline{CS}$、$\overline{WR_1}$ 控制输入寄存器选通,同时有效时,允许 $DI_7 \sim DI_0$ 进入 DAC 寄存器;$\overline{WR_2}$、$\overline{XFER}$ 控制 DAC 寄存器选通,同时有效时,允许 $DI_7 \sim DI_0$ 进入 D/A 转换器进行 D/A 转换。

3. 典型应用电路

DAC 0832 最具特色之处是有三种输入工作方式。

(1) 直通方式

直通方式是 5 个选通端全部接成有效状态,输入数字信号能直接进入 D/A 转换器进行转换。如图 7-7 所示,5 个选通端均接成有效状态,因此 8 位数字信号可直接进入 D/A 转换器直接进行 D/A 转换,此种工作方式一般用于无微机控制的 D/A 转换。DAC 0832 的输出信号为电流信号,从 I_{OUT1} 和 I_{OUT2} 端输出,$I_{OUT1} + I_{OUT2}$ 为常数。欲将 D/A 转换电流信号变换为相应的电压信号,可外接集成运放。一般 I_{OUT2} 接地,I_{OUT1} 接集成运放反相输入端,负反馈电阻 R_{P2} 接至 R_{FB} 端,与 DAC 0832 片内负反馈电阻 R

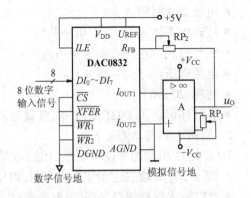

图 7-7 DAC 0832 典型应用电路

(15 kΩ)串接,共同构成负反馈回路。调节 R_{P2} 可调节集成运放电压放大倍数;R_{P1} 为集成运放调零电位器,因此 R_{P1}、R_{P2} 可用于校准刻度,R_{P1} 用于调零、R_{P2} 用于调满刻度。在图 7-7 中,U_{REF} 接 5 V,此时 u_O 满量程输出为 -5 V;若 U_{REF} 接 -5 V,则 u_O 满量程输出为 $+5$ V。为减小干扰,提高精度,DAC 0832 分别设有数字地 $DGND$ 和模拟地 $AGND$,可分别接数字信号输入地和模拟信号输出地。

（2）单缓冲方式

单缓冲方式是 5 个选通端一次性选通,被选通后才能进入 D/A 转换器进行转换。

（3）双缓冲方式

双缓冲方式是 5 个选通端分两次选通,先选通输入寄存器,后选通 DAC 寄存器。主要用于多路 D/A 转换信号同时输出。例如智能示波器,要求 X 轴信号和 Y 轴信号同步输出(否则会形成光电偏移)。此时可用两片 DAC 0832 分别担任 X 轴信号和 Y 轴信号的 D/A 转换,如图 7-8 所示。先送出 X 轴数字信号(此时 1#0832 $\overline{CS}$ 有效),后送出 Y 轴数字信号(此时 2#0832 $\overline{CS}$ 有效),由于两片 DAC 0832 的 ILE、$\overline{WR_1}$ 和 $\overline{CS}$ 均有效,两路数字信号分别进入各自的 DAC 寄存器等待,最后发出 $\overline{XFER}$ 有效信号,因该信号同时控制两片芯片中的 DAC 寄存器的输出选通,因此,X 轴数字信号和 Y 轴数字信号同时从各自的 DAC 寄存器传送到 D/A 转换器,同时进行 D/A 转换并同时输出。

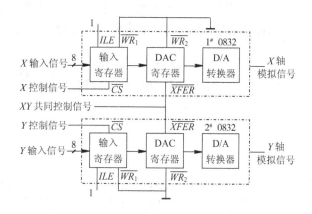

图 7-8　DAC0832 双缓冲工作方式示意图

【复习思考题】

7.4　简述 D/A 转换分辨率的定义,并写出其计算公式。

7.5　为什么 D/A 转换分辨率常用转换位数来表达?

7.6　D/A 转换精度与哪些参数有关?

7.7　D/A 转换精度与分辨率有什么区别? 有何关系?

7.8　什么叫 D/A 转换的非线性误差?

7.9　什么叫 D/A 转换的比例系数误差?

7.10　D/A 转换时间一般为多少?

7.11　简述 D/A 转换温度系数的定义。

7.12　权电阻网络型 D/A 转换器有什么特点?

7.13　试分析图 7-4 T 型电阻网络 D/A 转换工作原理和特点。

7.14　为什么图 7-5 倒 T 型电阻网络 D/A 转换器不会产生动态误差?

7.15　简述图 7-5 倒 T 型电阻网络 D/A 转换器特点。

7.16　简述 DAC 0832 特性。

7. 17 　DAC 0832 有哪几种工作方式？如何控制？

7. 18 　如何才能使 DAC 0832 输出 D/A 转换的电压信号？试画出电路，并指出调零和调满度元件。

7. 19 　简述 DAC 0832 UREF 接正电压和接负电压的结果。

【相关习题】

判断题：7.2～7.7；填空题：7.15～7.22；选择题：7.29～7.36；分析计算题：7.50。

7.3　模数转换电路

将模拟信号转换为相应的数字信号称为模数转换。

7.3.1　模数转换的基本概念

1. 模数转换器的组成

图 7-9 为模数转换器的组成框图，由采样、保持、量化和编码 4 个部分组成，这也是 A/D 转换的过程步骤。通常采样和保持是同时完成的，量化和编码有的也合在一起。

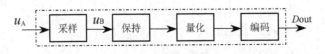

图 7-9　A/D 转换器的组成

（1）采样和保持

由于模拟信号是随时间连续变化的，欲对其某一时刻的信号 A/D，首先须对其该时刻的数值进行采样。周期性 A/D 转换需要对输入模拟信号进行周期性采样，如图 7-10 所示。u_A 为输入模拟信号，u_S 为采样脉冲，u_B 为采样输出信号。采样以后，连续变化的输入模拟信号已变换为离散信号。显然，只要采样脉冲 u_S 的频率足够高，采样输出信号就不会失真。根据采样定理，需满足 $f_S \geq 2f_{Imax}$。其中 f_S 是采样脉冲频率，f_{Imax} 是输入模拟信号频率中的最高频率。一般取 $f_S = (3 \sim 5)f_{Imax}$。

因 A/D 转换需要一定时间，故采样输出信号在 A/D 转换期间应保持不变，否则 A/D 转换将出错。采样和保持通常同时完成，最简单的采样保持电路如图 7-11 所示，MOS 管 V 为采样门，高质量的电容 C 为保持元件，高输入阻抗的运放 A 作为电压跟随器起缓冲隔离和增强负载能力的作用，u_S 为采样脉冲，控制 MOS 管 V 的导通或关断。

（2）量化和编码

任何一个数字量都是以最小基准单位量的整数倍来表示的。所谓量化，就是把采样信号表示为这个最小基准单位量的整数倍。这个最小基准单位量称为量化单位，用 △ 表示。实际上最小基准单位量 △ 与 7.2.1 节中叙述的最低有效位 LSB 含义相同，因此最小基准单位量仍可用 LSB 表示。LSB 值越小，量化级越多，与模拟量所对应的数字量的位数就越多；反之，LSB 值越大，量化级越少，与模拟量所对应的数字量的位数就越少。量化后的信号数值用二进制代码表示，即 A/D 转换器的输出信号。

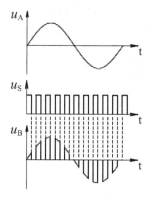

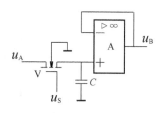

图 7-10　采样示意图　　　　　　　图 7-11　采样保持电路

2. A/D 转换器的主要参数

（1）分辨率

使输出数字量变化 1LSB 所需要输入模拟量的变化量,称为分辨率。其含义与 D/A 转换的分辨率相同,通常仍用位数表示,位数越多,分辨率越高。

（2）量化误差

量化误差因 A/D 转换器位数有限而引起,若位数无限多,则量化误差→0。因此量化误差与分辨率有相应关系,分辨率高的 A/D 转换器具有较小的量化误差。

（3）转换精度

A/D 转换器的转换精度是一种综合性误差,与 A/D 转换器的分辨率、量化误差、非线性误差等有关。主要因素是分辨率,因此位数越多,转换精度越高。

（4）转换时间

完成一次 A/D 所需的时间称为转换时间。各类 A/D 转换器的转换时间有很大差别,取决于 A/D 转换的类型和转换位数。速度最快的达到纳秒级,慢的约几百毫秒。直接 A/D 型快,间接 A/D 型慢。其中并联比较型 A/D 最快,约几十纳秒;逐次渐近式 A/D 其次,约几十微秒;双积分型 A/D 最慢,约几十毫秒~几百毫秒。

3. A/D 转换器的分类

A/D 转换器按信号转换形式可分为直接 A/D 型和间接 A/D 型。间接 A/D 型是先将模拟信号转换为其他形式信号,然后再转换为数字信号。

直接 A/D 有并联比较型、反馈比较型、逐次渐近比较型,其中逐次渐近比较型应用较广泛。

间接 A/D 有单积分型、双积分型和 *V-F* 变换型,其中以双积分型应用较为广泛。

按 A/D 转换后数字信号的输出形式,可分为并行 A/D 和串行 A/D。近年来,在微机控制系统中,串行 A/D 逐渐占据主导地位。

7.3.2　模数转换器的工作原理

本节分析介绍应用较广泛的逐次比较型、双积分型和 *V-F* 变换型 A/D 转换器工作原理。

1. 逐次渐近比较型 A/D 转换器

（1）电路组成

逐次渐近比较型 A/D 转换器逻辑框图如图 7-12 所示。电路有移位寄存器、D/A 转换器、控制电路和电压比较器组成。移位寄存器的作用有两个:一是逐次产生数字比较量 D'_{OUT};二是输出 A/D 转换结果 D_{OUT}。D/A 转换器的作用是将比较数字量 D'_{OUT} 转换为模拟量 $u_{D/A}$。电压比较器的作用是比较模拟输入电压 u_I 和模拟比较电压 $u_{D/A}$,若 $u_I > u_{D/A}$,则 $u_D = 1$;若 $u_I < u_{D/A}$,则 $u_D = 0$。控制电路的作用是产生各种时序脉冲和控制信号。

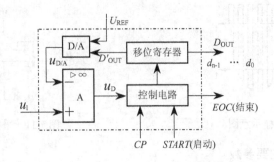

图 7-12　逐次比较型 A/D 逻辑框图

(2) 工作原理

为便于理解和简化分析过程,以 4 位 A/D 为例分析转换过程。设 $U_{REF} = 6\text{ V}$, $u_I = 4\text{ V}$,则 A/D 转换后,理论上的 4 位 A/D 值: $D_{OUT} = 1010(3.75\text{ V})$ 或 $1011(4.125\text{ V})$。

① $START$ 信号有效时转换开始,移位寄存器输出第一次数字比较量 $D'_{OUT} = U_{REF}/2$ $= 1000$。

② D/A 转换器根据基准电压 U_{REF} 大小将 $D'_{OUT} = 1000$ 转换为模拟电压 $u_{D/A} = 3\text{ V}$。

③ 电压比较器第一次比较 $u_I(4\text{ V})$ 与 $u_{D/A}(3\text{ V})$,因 $u_I > u_{DA}$,因此 $u_D = 1$。

④ 控制电路根据 $u_D = 1$ 控制移位寄存器:一是移出最高位 A/D 值: $d_3 = 1$;二是输出第二次数字比较量 $D'_{OUT} = 1100$。

⑤ D/A 转换器再次将 $D'_{OUT} = 1100$ 转换为模拟电压 $u_{D/A} = 4.5\text{ V}$。

⑥ 电压比较器第二次比较 $u_I(4\text{ V})$ 与 $u_{D/A}(4.5\text{ V})$,因 $u_I < u_{D/A}$,因此 $u_D = 0$。

⑦ 控制电路根据 $u_D = 0$ 控制移位寄存器:一是移出本位 A/D 值: $d_2 = 0$;二是输出第三次数字比较量 $D'_{OUT} = 1010$。

⑧ D/A 转换器再次将 $D'_{OUT} = 1010$ 转换为模拟电压 $u_{D/A} = 3.75\text{ V}$。

⑨ 电压比较器第三次比较 $u_I(4\text{ V})$ 与 $u_{D/A}(3.75\text{ V})$,因 $u_I > u_{D/A}$,因此 $u_D = 1$。

⑩ 控制电路根据 $u_D = 1$ 控制移位寄存器:一是移出本位 A/D 值: $d_1 = 1$;二是输出第四次数字比较量 $D'_{OUT} = 1011$。

⑪ D/A 转换器再次将 $D'_{OUT} = 1011$ 转换为模拟电压 $u_{D/A} = 4.125\text{ V}$。

⑫ 电压比较器第四次比较 $u_I(4\text{ V})$ 与 $u_{D/A}(4.125\text{ V})$,因 $u_I < u_{D/A}$,因此 $u_D = 0$。

⑬ 控制电路控制移位寄存器:移出本位 A/D 值: $d_0 = 0$;但是由于该位为 A/D 转换的最低位,控制电路还需要作尾数处理,一般是再进行一位比较,根据比较结果四舍五入。因此本次转换的结果为 $d_3 d_2 d_1 d_0 = 1011$。

上述比较过程相当于用天平去称量一个未知量,每次使用的法码一个比一个重量少一半。多了,最轻的法码换一个重量少一半的法码;少了,再加一个重量比最轻的法码少一半的法码。逐次渐近比较,最后得到一个最接近未知量的近似值。

（3）特点

① 转换速度快。

② 转换精度高。

2. 双积分型 A/D 转换器

（1）电路组成

双积分型 A/D 转换器也称为 $V\text{-}T$ 变换 A/D 转换器，先将输入模拟电压积分转换为时间参数，再转换为数字量，因此属间接 A/D 转换器。其逻辑框图如图 7-13 所示。电路由积分器、比较器、控制电路和计数器组成。

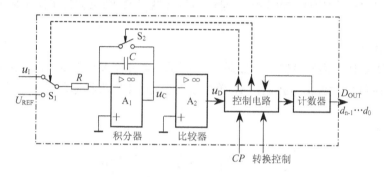

图 7-13　双积分型 A/D 转换器逻辑框图

（2）工作原理

① 转换前准备：控制电路发出控制信号，使模拟电子开关 S_2 闭合，C 短路，$u_C = 0$，$u_D = 0$；同时计数器清 0。

② 第一次积分：转换开始，控制电路控制 S_2 断开，S_1 接通 u_I，积分器积分（C 充电）。$u_C < 0$，$u_D = 1$，控制电路启动对 CP 脉冲计数。若计数器位长 n，计满 2^n 个 CP 脉冲后，计数器复位为 0，同时触发控制电路，令控制电路使模拟电子开关 S_1 接通 $-U_{REF}$。

③ 第二次积分：因基准电压 U_{REF} 为负值，因此相对于第一次积分是反向积分（或可称 C 放电），同时计数器又开始从 0 计数。直到反向积分使 $u_C = 0$，$u_D = 1$，计数器停止计数，计数器的二进制计数值即为 A/D 转换值。因 $U_{REF} > u_I$，反向积分回到 0 的时间比第一次积分时间要短，且该时间与输入模拟电压 u_I 成比例。

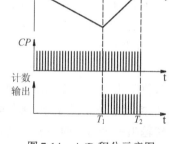

图 7-14　A/D 积分示意图

u_C 波形、CP 脉冲、计数输出脉冲如图 7-14 所示。

第一次积分：$u_{C1} = -\dfrac{1}{RC}\displaystyle\int_0^{T1} u_I \mathrm{d}t = -\dfrac{T_1}{RC} u_I$

第二次积分：$u_{C2} = -\dfrac{1}{RC}\displaystyle\int_{T1}^{T2} (-U_{REF}) \mathrm{d}t = \dfrac{T_2 - T_1}{RC} U_{REF}$

2 次积分之和为 0，即 $u_{C1} + u_{C2} = 0$，$\dfrac{T_1}{RC} u_I = \dfrac{T_2 - T_1}{RC} U_{REF}$，$u_I = \dfrac{T_2 - T_1}{T_1} U_{REF}$，其中 $T_1 =$

$2^n \cdot T_{CP}, T_2 - T_1 = N \cdot T_{CP}$,代入得:$N = \dfrac{2^n u_I}{U_{REF}}$,$N$ 即为 u_I A/D 转换后的输出数字量。

（3）特点

① 不需要 D/A 转换器,电路结构简单。

② 转换不受 RC 参数精度影响,抗干扰能力强,精度高。

③ 因需要二次积分,转换速度较慢。

3. V-F 变换型 A/D 转换器

V-F 变换型 A/D 转换器是一种间接 A/D 转换电路。先将电压信号转换为与之成比例的频率信号,然后在一个固定的时间间隔里对该信号计数,计数结果就是正比于输入模拟电压的数字量。

（1）电路组成

V-F 变换型 A/D 转换器逻辑框图如图 7-15 所示。电路主要由 VCO(Voltage Controlled Oscillator,压控振荡器)、时钟信号控制门 G、单稳态触发器、计数器和寄存器等组成。

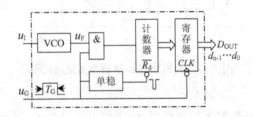

图 7-15　V-F 变换型 A/D 转换器逻辑框图

（2）工作原理

① VCO 即 V-F 变换器,将输入模拟电压 u_I 转换为与之成正比的脉冲频率信号 u_F。

② 控制信号 u_G 是一个具有固定脉宽的高电平信号,控制与门 G 的通断,因此 A/D 转换从 u_G 上升沿开始。

③ VCO 输出的脉冲频率信号 u_F 通过与门 G,进入计数器计数,计数随 u_G 下降沿结束,脉冲计数值正比于 VCO 输出的脉冲信号频率,计数值即为 A/D 转换值。

④ 控制信号 u_G 下降沿触发寄存器锁存并输出最后计数值(A/D 转换值),同时触发单稳态电路输出一个短延时负脉冲,将计数器清 0,以备下一周期 A/D 转换。

（3）特点

因 V-F 变换器的输出信号是一种调频信号,抗干扰能力强,且易于传输和检出,因此 V-F 变换型 A/D 转换器很适用于遥测、遥感系统。

7.3.3　集成模数转换器

集成模数转换器的品种很多,现以目前应用较广泛的典型芯片 8 通道 8 位 CMOS 逐次渐近比较型 A/D 转换器 ADC 0809 为例分析介绍。

（1）特性

● 分辨率:8 位

- 最大不可调误差：±1 LSB
- 单电源：+5 V
- 输入模拟电压：8 路，0 ~ +5 V
- 输出电平：三态，与 TTL 电平兼容
- 功耗：15 mW
- 时钟频率：10 ~ 1280 kHz
- 转换时间：64 时钟周期

（2）引脚名称和功能

如图 7-16 所示，ADC 0809 引脚和功能分析介绍如下：

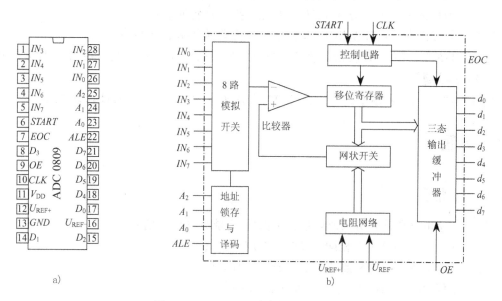

图 7-16　ADC 0809 引脚图和逻辑框图

a) 引脚图　b) 逻辑框图

- $IN_0 \sim IN_7$：8 路模拟信号输入端。
- $A_2A_1A_0$：3 位地址码输入端。
- ALE：地址锁存允许控制端，高电平有效。ALE 有效时，锁存 $A_2A_1A_0$ 三位地址码，并通过片内译码器译码选通 8 路模拟信号中相应一路的模拟信号进入比较器进行 A/D 转换。
- CLK：时钟脉冲输入端。A/D 转换时间与时钟周期成正比，约需 64 个时钟周期，时钟频率越低，A/D 转换速度越慢。当 CLK 为 640 kHz 时，A/D 转换时间为 100 μs。
- $d_0 \sim d_7$：A/D 转换输出的 8 位数字信号。
- START：A/D 转换启动信号，高电平有效。
- EOC：A/D 转换结束信号，高电平有效。
- OE：A/D 转换输出允许信号，高电平有效。OE 低电平时，ADC 0809 输出端呈高阻态。

（3）典型应用

ADC0809 一般用于有单片机控制的 A/D 转换，具体应用已超出本书范围，读者可参阅单片机类教材。

【复习思考题】

7.20 A/D 转换为什么要对模拟信号采样和保持?

7.21 为保障采样值不失真,采样频率应如何选择?

7.22 什么叫量化和量化误差?

7.23 A/D 转换的转换精度与分辨率有什么关系?

7.24 简述 A/D 转换的分类情况。

7.25 逐次渐近比较型 A/D 转换器每次比较的是什么信号?

7.26 A/D 转换器对转换后的尾数如何处理?

7.27 双积分型 A/D 转换器对哪两种信号积分?

7.28 为什么说双积分型 A/D 转换器是间接 A/D 转换器?

7.29 与逐次渐近比较型相比,双积分型 A/D 转换器有什么特点?

7.30 V-F 变换型 A/D 转换器有什么特点? 与双积分型 A/D 转换器相比,有什么异同?

【相关习题】

判断题:7.8 ~ 7.12;填空题:7.23 ~ 7.27;选择题:7.37 ~ 7.42;分析计算题:7.51。

7.4 习题

7.4.1 判断题

7.1 数字电路和计算机只能处理数字信号,不能处理模拟信号。( )

7.2 D/A 转换器分辨率相同,则转换精度相同。( )

7.3 D/A 转换器分辨率越高,则转换精度也越高。( )

7.4 现代 D/A 转换器的建立时间一般很短,小于 1 μs。( )

7.5 D/A 转换器比例系数误差是参考电压 U_{REF} 的偏移造成的。( )

7.6 T 型电阻网络 D/A 转换器不会引起输出端动态误差。( )

7.7 倒 T 型电阻网络 D/A 转换器不会引起输出端动态误差。( )

7.8 A/D 转换器的量化误差是因转换器位数有限而引起的。( )

7.9 各类 A/D 转换器中,转换速度最快的是双积分型 A/D 转换器。( )

7.10 各类 A/D 转换器中,转换速度最慢的是逐次渐近比较型 A/D 转换器。( )

7.11 双积分型 A/D 转换器是 V-T 变换 A/D 转换器。( )

7.12 ADC 0809 能对 4 路模拟信号进行 A/D 转换。( )

7.4.2 填空题

7.13 将数字信号转换为相应的模拟信号称为_____转换。

7.14 将模拟信号转换为相应的数字信号称为_____转换。

7.15 D/A 转换器分辨率的定义为_____与_____之比。

7.16 转换精度是一种_____误差,反映了 D/A 转换器的_____误差,一般较难准确
衡量,它与 D/A 转换器的_____、_____、_____和_____等参数有关。

7.17 D/A 转换器实际输出值偏离理想转换特性的最大值称为_____误差。

7.18 参考电压 UREF 的偏移造成的误差称为_____误差。

7.19 造成 D/A 转换误差的主要因素有_____、_____、_____和_____等。

7.20 数模转换器按转换方式可分为_____、_____、_____、_____和_____等;

7.21 DAC 0832 有三种输入工作方式:_____、_____和_____方式。

7.22 DAC 0832 双缓冲方式可用于多路 D/A 转换信号_____输出。

7.23 模数转换器由_____、_____、_____和_____4 个部分组成,这也是 A/D 转换的过程步骤。

7.24 A/D 转换器按转换信号形式可分为_____A/D 型和_____A/D 型。

7.25 直接 A/D 转换器可分为_____型、_____型、_____型,其中应用较广泛的是_____型。

7.26 间接 A/D 转换器可分为_____型、_____型和_____型,其中以_____型应用较为广泛。

7.27 A/D 转换器按转换后数字信号的输出形式,可分为_____A/D 和_____A/D。近年来,在微机控制系统中,_____A/D 逐渐占据主导地位。

7.4.3 选择题

7.28 下列因素中,不属于需要 A/D 和 D/A 转换的理由是_____。
   A. 数字电路和计算机只能处理数字信号,不能处理模拟信号
   B. 人们听不懂和看不懂数字化的音频信号和视频信号
   C. 有些执行元件需要模拟信号去驱动和控制
   D. 自然界的物理量,大多是模拟量

7.29 模数转换器有关采样频率的说法_____是正确的。
   A. 应大于模拟输入信号频率
   B. 应大于模拟输入信号频率两倍以上
   C. 应大于模拟输入信号频谱中的最高频率
   D. 应大于模拟输入信号频谱中最高频率两倍以上

7.30 下列类型 D/A 转换器中,不便于集成的是_____;输出端无动态误差的是(多选)_____。
   A. 权电阻网络型   B. T 型电阻网络
   C. 倒 T 型电阻网络   D. 权电流型网络

7.31 DAC 0832 输入为_____;输出为_____。
   A. 数字电压信号   B. 数字电流信号
   C. 模拟电压信号   D. 模拟电流信号

7.32 DAC 0832 两个电流输出端电流的关系为_____。
   A. $I_{OUT1} = I_{OUT2}$ B. $I_{OUT1} = -I_{OUT2}$
   C. $I_{OUT1} + I_{OUT2} =$ 常数   D. 不定

7.33 DAC 0832 有_____个选通端。

A. 2   B. 3

C. 4   D. 5

7.34 DAC 0832 有_____种工作方式。

    A. 1   B. 2

    C. 3   D. 4

7.35 DAC 0832 非微机控制方式一般采用_____工作方式。

    A. 直通   B. 单缓冲

    C. 双缓冲   D. 三缓冲

7.36 DAC 0832 有三种输入工作方式。其中直通方式是_____;单缓冲方式是_____;双缓冲方式是_____。

    A. 5 个选通端全部接成有效状态

    B. 5 个选通端一次性选通

    C. 5 个选通端任意分两次选通

    D. 先选通输入寄存器,后选通 DAC 寄存器

7.37 下列类型 A/D 转换器中,转换速度最快的是_____;抗干扰能力强的是_____;转换速度最慢的是_____。

    A. 并联比较型   B. 逐次比较型

    C. 双积分型   D. V-F 变换型

7.38 下列特点中,不属于双积分型 A/D 转换器特点的是_____。

    A. 不需要 D/A 转换器   B. 不受 RC 参数影响

    C. 间接转换   D. 转换速度快

7.39 双积分 A/D 转换器输出数字量为_____。

    A. 对 u_1 积分期间的 CP 脉冲计数值

    B. 对 $-U_{REF}$ 积分期间的 CP 脉冲计数值

    C. A 值与 B 值之和

    D. A 值与 B 值之差

7.40 下列类型 A/D 转换器中,_____属直接转换型。

    A. 逐次比较型   B. 单积分型

    C. 双积分型   D. V-F 变换型

7.41 下列类型 A/D 转换器中,_____属间接转换型。

    A. 并联比较型   B. 反馈比较型

    C. 双积分型   D. 逐次比较型

7.42 ADC 0809 能对_____路模拟信号进行 A/D 转换。

    A. 1   B. 3

    C. 4   D. 8

7.4.4 分析计算题

7.43 已知下列数字量,试将其转换为相应的模拟量(近似值取 3 位有效数字)。

(1) $D_1 = 10101100B$, $U_{REF1} = 10$ V;

（2）$D_2 = 11001011B, U_{REF2} = 5 \text{ V}$；

（3）$D_3 = 1001101011B, U_{REF3} = 10 \text{ V}$；

（4）$D_4 = 0110011101B, U_{REF4} = 5 \text{ V}$。

7.44　已知下列模拟电压,试将其转换为相应 8 位数字量。

（1）$U_{A1} = 7.5 \text{ V}, U_{REF} = 10 \text{ V}$；

（2）$U_{A2} = 4.2 \text{ V}, U_{REF} = 5 \text{ V}$。

7.45　已知下列模拟电压,试将其转换为相应的 10 位数字量。

（1）$U_{A1} = 7 \text{ V}, U_{REF} = 10 \text{ V}$；

（2）$U_{A2} = 2.2 \text{ V}, U_{REF} = 5 \text{ V}$。

7.46　试分别计算 8 位、10 位、12 位 D/A 转换器的分辨率。

7.47　若要求 D/A 转换的分辨率达到下列要求,试选择 D/A 转换器的位数。

（1）5‰；（2）0.5‰；（3）0.05‰。

7.48　基准电压为下列数值时,试求 8 位 A/D 转换器的最小分辨率电压 U_{LSB}（近似值取 3 位有效数字）。

（1）5 V；（2）9 V；（3）12 V。

7.49　按 10 位 A/D 转换器再求上题 U_{LSB}（近似值取 3 位有效数字）。

7.50　已知倒 T 型电阻网络 D/A 转换器如图 7-5 所示,$R = 10 \text{ k}\Omega, U_{REF} = 5 \text{ V}$,试求：

（1）$I、I_3、I_2、I_1、I_0$；

（2）若 $D = d_3 d_2 d_1 d_0 = 1011, u_0 = ?$

7.51　已知双积分型 8 位 A/D 转换器如图 7-13 所示,$R = 51 \text{ k}\Omega, C = 1 \text{ nF}, f = 1 \text{ MHz}, V_{DD} = +5 \text{ V}, -U_{REF} = -5 \text{ V}$,试求：

（1）$u_1 = 3.75 \text{ V}$ 时,第一次积分时间 T_1 和第二次积分时间$(T_2 - T_1)$；

（2）$T_1 = 512 \text{ μs}, T_2 = 724 \text{ μs}$ 时,输入模拟电压 $u_1 = ?$

第8章 半导体存储器与可编程逻辑器件

本章要点

- 存储器主要技术指标
- 存储器结构
- 只读存储器 ROM 分类概况及其特点
- 随机存取存储器 RAM 分类概况及其特点
- 可编程逻辑器件分类及功能

半导体存储器与可编程逻辑器件均属于大规模集成数字电路。近年来,半导体存储器作为计算机系统不可或缺的一部分,应用十分广泛。

8.1 半导体存储器

8.1.1 存储器概述

存储器是一种能存储二进制数据的器件。

存储器按其材料组成主要可分为磁存储器和半导体存储器。磁存储器的主要特点是存储容量大,但读写速度较慢。早期的磁存储器是磁芯存储器,后来有磁带、磁盘存储器,目前微机系统还在应用的硬盘就属于磁盘存储器。半导体存储器是由半导体存储单元组成的存储器,读写速度快,但存储容量相对较小,随着半导体存储器技术的快速发展,半导体存储器的容量越来越大,已在逐步取代磁盘存储器的过程之中。本章分析研究半导体存储器。

1. 存储器的主要技术指标

(1) 存储容量

能够存储二进制数码 1 或 0 的电路称为存储单元,一个存储器中有大量的存储单元。存储容量即存储器含有存储单元的数量。存储容量通常用位(bit,缩写为小写字母 b)或字节(Byte,缩写为大写字母 B)表示。位是构成二进制数码的基本单元,通常 8 位组成一个字节,由一个或多个字节组成一个字(Word)。因此,存储器存储容量的表示方式有两种:

一种是按位存储单元数表示。例如,存储器有 32768 个位存储单元,存储容量可表示为 32 kb(位,bit,)。其中 1 kb = 1024 b,1024 b × 32 = 32768 b;

另一种是按字节单元数表示。例如,存储器有 32768 个位存储单元,可表示为 4 kB(字节,Byte),4 × 1024 × 8 = 32768 b。

(2) 存取周期

连续两次读(写)操作间隔的最短时间称为存取周期。存取周期表明了读写存储器的工作速度,不同类型的存储器存取周期相差很大。快的约纳秒级,慢的约几十毫秒。

2. 存储器结构

图 8-1 为存储器结构示意图,存储器主要由地址寄存器、地址译码器、存储单元矩阵、数据

缓冲器和控制电路组成,与外部电路的连接有地址线、数据线和控制线。

(1) 存储单元地址

由于存储器有大量的存储单元,因此,每一存储单元有一个相应的编码,称为存储单元地址。8 位地址编码可区分 $2^8 = 256$ 个存储单元,n 位地址编码可区分 2^n 个存储单元。

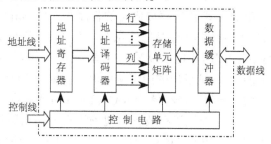

图8-1 存储器结构示意图

(2) 地址寄存器和地址译码器

地址寄存器和地址译码器的作用是寄存 n 位地址并将其译码为选通相应存储单元的信号。由于存储器中存储单元的数量很多,选通 $2^8 = 256$ 个存储单元需要 256 条选通线,选通 $2^{16} = 65536$ 个存储单元需要 65536 条选通线,这是很难想象的。事实上地址译码器输出的选通信号线分为行线和列线。例如,16 条行线和 16 条列线能选通 $16 \times 16 = 65536$ 个存储单元。

(3) 存储单元矩阵

存储单元矩阵就是存储单元按序组成的矩阵,是存储二进制数据的实体。

(4) 数据缓冲器

存储器输入输出数据须通过数据缓冲寄存器,数据缓冲器是三态的。输入(写)时,输入数据存放在数据缓冲寄存器内,待地址选通和控制条件满足时,才能写入相应存储单元。输出(读)时,待控制条件满足,数据线"空"(其他挂在数据线上的器件停止向数据线输出数据,对数据线呈高阻态)时,才能将输出数据放到数据线上,否则会发生"撞车"(高低电平数据短路)。

(5) 控制电路

控制电路是产生存储器操作各种节拍脉冲信号的电路。主要包括片选控制 CE(Chip Enable),输入(写)允许 WE(Write Enable)和输出(读)允许 OE(Output Enable)信号。控制电平为低电平时用 $\overline{CE}$、$\overline{WE}$、$\overline{OE}$ 表示。

3. 存储器的读/写操作

(1) 存储器写操作步骤

① 写存储器的主器件将地址编码信号放在地址线上,同时使存储器片选控制信号 CE 有效。

② 存储器地址译码器根据地址信号选通相应存储单元。

③ 主器件将写入数据信号放在数据线上,同时使存储器输入允许信号 WE 有效。

④ 存储器将数据线上的数据写入已选通的存储单元。

(2) 存储器读操作步骤

① 读存储器的主器件将地址编码信号放在地址线上,同时使存储器片选控制信号 CE 有效。

② 存储器地址译码器根据地址信号选通相应存储单元,同时将被选通存储单元与数据缓冲器接通,被选通存储单元数据被 COPY 进入数据缓冲器暂存(此时数据缓冲器对数据线呈高阻态)。

③ 主器件使存储器输出允许信号 OE 有效,存储器数据缓冲器中的数据被放在数据线上。

④ 主器件从数据线上读入数据。

4. 半导体存储器的分类

半导体存储器按其使用功能可分为两大类。

（1）只读存储器 ROM(Read Only Memory)

ROM 一般用来存放固定的程序和常数,如微机的管理程序、监控程序、汇编程序以及各种常数、表格等。其特点是信息写入后,能长期保存,不会因断电而丢失,并要求使用时,信息(程序和常数)不能被改写。所谓"只读",是指不能随机写入。当然并非完全不能写入,若完全不能写入,则读出的内容从何而来? 要对 ROM 写入必须在特定条件下才能完成写入操作。

（2）随机存取存储器 RAM(Random Access Memory)

RAM 主要用于存放各种现场的输入输出数据和中间运算结果。其特点是能随机读出或写入,读写速度快(能跟上微机快速操作)、方便(不需特定条件)。缺点是断电后,被存储的信息丢失,不能保存。

8.1.2 只读存储器 ROM

只读存储器 ROM 分类概况如图 8-2 所示。

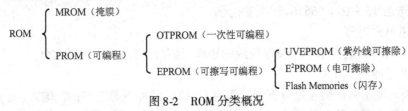

图 8-2 ROM 分类概况

按用户能否编程可分为掩膜 ROM(Mask ROM,缩写为 MROM)和可编程 ROM(Programmable ROM,缩写为 PROM)。可编程 ROM 又可分为一次性可编程 ROM(One Time Programmable ROM,缩写为 OTP ROM)和可擦写可编程 ROM(Erasable Programmable ROM,缩写为 EPROM)。可擦写可编程 ROM 又可分为紫外线可擦除 EPROM(Ultra-Violet EPROM,缩写为 UVEPROM)和电可擦除 EPROM(Electrically EPROM,缩写为 EEPROM 或 E^2PROM)以及近年来应用及其广泛的 Flash Memories(闪存)。

1. 掩膜 ROM(Mask ROM)

掩膜 ROM 中的存储矩阵可以用不同的器件来实现。如二极管、双极型三极管和 MOS 管等,现以目前最常用的 MOS 管存储矩阵为例说明,图 8-3 为 MOS 管存储矩阵中的一位存储单元电路示意图。图 8-3a 中 MOS 管栅极接位选线(高电平),MOS 管导通,使数据线输出为高电平;图 8-3b 中 MOS 管栅极断开,MOS 管截止,使数据线输出为低电平。存储矩阵中每一 MOS 管是接位选线还是断开,由掩膜 ROM 芯片制造厂商在掩膜工艺工序完成。

掩膜 ROM 的特点是用户无法自行写入,必须委托生产厂商在制造芯片时一次性写入。显然,掩膜 ROM 适用于大批量成熟产品。掩膜 ROM 价格低廉,性能稳定可靠。

存储单元在存储器内部组成存储矩阵,图 8-4 为掩膜 ROM 4×4 位存储矩阵示意图(栅极悬空的 MOS 管未予画出),当字选线 $W_0 = 1$ 时,数据线 $D_3D_2D_1D_0 = 1101$;当 $W_1 = 1$ 时,$D_3D_2D_1D_0 = 1010$;当 $W_2 = 1$ 时,$D_3D_2D_1D_0 = 0100$;当 $W_3 = 1$ 时,$D_3D_2D_1D_0 = 0101$。但是,$D_3D_2D_1D_0$ 的输出受输出允许信号 OE 控制,仅在 OE 有效时,才能从数据线输出数据。

2. 一次性可编程 ROM(OTPROM)

一次性可编程 ROM 的结构与掩膜 ROM 结构相似。如图 8-5 所示,OTPROM 在出厂时均已写入"1"(MOS 管栅极接位选线),但 MOS 管源极通过熔丝接数据线,熔丝可由低温合金丝或多晶硅导线制成。用户编程时,写入 0 的存储单元,V_{DD}加高电压,熔丝被大电流烧断;写入 1 的存储单元不被选通,熔丝被保留。

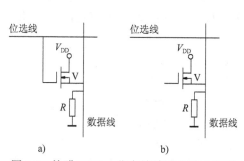

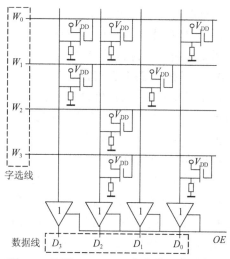

图 8-3　掩膜 ROM 一位存储单元电路示意图
a) 存储数据 1　b) 存储数据 0

图 8-4　掩膜 ROM 4×4 位存储距阵示意图

OTPROM 的特点是用户可自行一次性编程,但一次性编程后不能修改,因此,OTPROM 也仅适用于成熟产品,不能作为试制产品应用。OTPROM 价格低廉,性能稳定可靠,是当前 ROM 应用主流品种之一。

3. 紫外线可擦除 EPROM(UVEPROM)

UVEPROM 中,使用一种浮置栅极雪崩注入型 MOS 管(Floating-gate Avalanche Injection MOS,缩写为 FAMOS),如图 8-6 中 V_2 管。这种类型 MOS 管的栅极无电极引线,埋置在 SiO_2 绝缘层中,处于浮置状态。当编程电源达到一定高电压时,导致 FAMOS 管雪崩击穿,具有高能量的正电荷越过 SiO_2 势垒,在浮置栅极形成正电荷积累,产生导电沟道,使 FAMOS 管处于导通状态,存储单元写入 0。浮栅上的正电荷在正常情况下不会泄漏,因此 FAMOS 管可导通状态会一直维持下去。只有当这些浮栅上的正电荷在某种条件下,如受强紫外线照射,从外界获得足够大的能量时,才能越过 SiO_2 绝缘层的势垒而泄放。

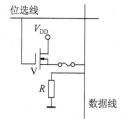

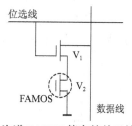

图 8-5　OTPROM 结构示意图

图 8-6　N 沟道 FAMOS 管存储单元结构示图图

UVEPROM 在封装上有一个圆形透明石英玻璃窗,强紫外线照射一定时间后,浮栅上的正电荷全部泄放,存储单元处于 1 状态。写入 0 时,加编程电压 V_{PP},早期 UVEPROM 芯片 V_{PP} = 21 V,后来降至 12.5 V,约经过 50 ms,才能完成写入 0(存储 1 时不写入)。使用时,透明玻璃窗应贴上不透明的保护层,否则在正常光线照射下,雪崩注入浮栅中的电荷也会慢慢泄漏,从而丢失写入 UVEPROM 的数据信息。

UVEPROM 可多次（10000 次）擦写,但擦写均不方便,擦除时需专用的 UVEPROM 擦除器（产生强紫外线）;写入时需编程电源 V_{PP}（电压高）,写入时间也很长,不能在线改写（读 UVEPROM 很快,小于 250 ns,可在线读）;且 UVEPROM 价格较贵。在十几年之前,UVEPROM 曾经是 ROM 应用主流品种,目前已让位于价廉、擦写方便的 Flash Memories。

需要说明的是,在多数有关技术资料中,常将 UVEPROM 简称为 EPROM。

4. 电可擦除 EPROM(E²PROM)

UVEPROM 擦除时需强紫外线,且需整片擦除,不能按字节擦写,写速度很慢,因此应用极不方便。E²PROM 擦除时不需紫外线,且可按字节擦写其中一部分,写入速度较快,应用相对方便,但价格比 UVEPROM 稍贵。

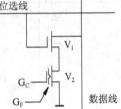

E²PROM 存储单元采用叠栅隧道 MOS 管,简称 Flotox 管,其结构示意图如图 8-7 所示。Flotox 管与 FAMOS 管相比主要有两个不同之处:一是有二个栅极:控制栅极 G_C 和浮置栅极 G_F,叠在一起,因此称为叠栅;二是浮栅与漏区之间有一个极薄的隧道区,当隧道在电场强度足够强时,会形成导电隧道,电流可双向流通,即存储在浮栅中的电荷可流进流出。E²PROM 就是在 Flotox 管的控制栅极加编程电压 V_{PP},并控制其极性完成擦写。擦除时 G_C 加 V_{PP},数据线接

图 8-7　Plotox 管存储单元示意图

地,清除浮栅上的正电荷;写入时,数据线接 V_{PP},G_C 接地,向浮栅注入正电荷。早期的 E²PROM,V_{PP} 也要 21 V;后来降低至 +5 V,擦写周期约 10 ms,读出时间小于 250 ns,但仍不能理想地在线擦写。

5. 快闪存储器(Flash Memories)

Flash Memories 也属于 E²PROM,其内部结构与 E²PROM 相类似,存储单元由一个有控制栅极和浮置栅极的叠栅 MOS 管组成,如图 8-8a 所示。若浮栅中没有电荷,则控制栅极只需加正常电压,就会出现导电沟道;若浮栅中存有电荷,则控制栅极加正常电压无法形成导电沟道。图 8-8b、c 分别为存储单元叠栅 MOS 管 0 状态和 1 状态;图 8-8d 为存储单元擦除操作,此时控制栅极 G_C 接地,源极 S 接擦除电压 $+V_{ERASE}$,原存于浮栅中的负电荷便会泄放,因此完成擦除后的存储单元全部呈 1 状态;图 8-8e 为存储单元写入 0 操作,此时控制栅极接编程电压 $+V_{PROG}$,源极接地,漏极接工作电压 $+V_{DD}$（V_1 为有源负载）,负电荷会进入浮栅积累,写入 1 的存储单元保持原来擦除状态;图 8-8f 为存储单元读出 1 操作,在控制栅极加读出电压 $+V_{READ}$,当浮栅中无负电荷时,叠栅 MOS 管导通,$D_{OUT}=0$(反相);当浮栅中有负电荷时,叠栅 MOS 管截止,$D_{OUT}=1$(反相)。

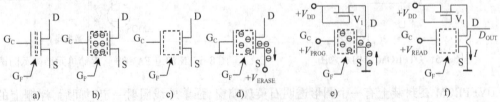

图 8-8　Flash Memories 存储单元示意图
a) 存储单元叠栅 MOS 管　b) 0 状态　c) 1 状态　d) 擦除操作　e) 写入 0　f) 读出 1

快闪存储器的擦写速度比 E²PROM 快得多,擦写电压也降至 5 V,已达到可以在线随机读写应用状态,擦写次数达 10 万次以上,且价格低廉。因此,目前已成为 ROM 应用主流品种之

一(另两种是 MaskROM 和 OTPROM),应用广泛,甚至有逐步取代硬盘和 RAM 的趋势。

6. 只读存储器实现组合逻辑函数

如果将 ROM 的地址信号看作输入逻辑变量,将输出数据看作输出逻辑变量,则 ROM 就相当于一种集成组合逻辑电路。至于 ROM 内存储的数据则可看作是该组合逻辑电路实现组合逻辑的某种电路结构。

例如,例 3-3 中三人多数表决组合逻辑函数 $Y = \overline{A}BC + A\overline{B}C + AB\overline{C} + ABC$,只需在存储器地址 011、101、110、111 的存储单元分别存储 1,其余存储单元存储 0,当 3 位地址值为 ABC 最小项表达式的相应编码时,输出即为组合逻辑函数所求。如图 8-9 所示,ABC 从只读存储器地址输入端 $A_2 \sim A_0$ 输入,A 为高位,C 为低位,存储器数据输出端即为 Y 值。

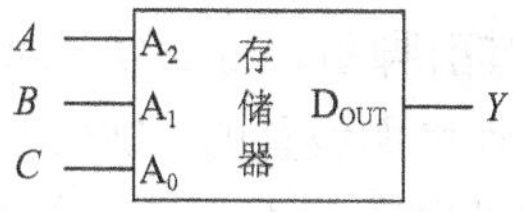

图 8-9　只读存储器应用示意图

需要说明的是,存储器虽可用于组合逻辑电路,但主要用于计算机系统中存储数据信息,很少见用于实现组合逻辑功能,本书 10.15 节数字钟/程控精密定时器电路是存储器用于实现组合逻辑功能的典型例子。

7. 典型 ROM 芯片介绍

(1) UVEPROM 芯片 27C64

27C64 是 CMOS UVEPROM,存储容量 8 k × 8 位,"27" 为 UVEPROM 代码,"C" 为 CMOS (2764 是 HMOS 芯片),"64" 为其存储单元容量。读出时间小于 250 ns,写入时间每字节约 50 ms,电源电压 + 5 V,编程电源电压 12.5 V。表 8-1 为 27C64 工作方式特性表,图 8-10a 为其引脚图。$A_0 \sim A_{12}$ 为 13 位地址输入端,可选通 $2^{13} = 8192 = 1024 \times 8 = 8$ kB(字节),每字节 8 位,8 k × $8 = 64$ kb(位)。$O_0 \sim O_7$ 为其只读数据输出端;$\overline{PGM}$ 为编程脉冲输入端,负脉冲宽度约 50 ms;V_{PP} 为编程电源电压输入端,$V_{PP} = 12.5$ V ± 0.5 V;$\overline{CE}$ 为片选端,$\overline{CE} = 1$ 时,$O_0 \sim O_7$ 为高阻;$\overline{OE}$ 为输出允许端,$\overline{OE} = 0$,允许 $O_0 \sim O_7$ 数据输出,$\overline{OE} = 1$ 时,$O_0 \sim O_7$ 为高阻;NC 为空脚;V_{CC}、GND 分别为正电源和接地端。

表 8-1　2764 工作方式特性表

工 作 状 态	$\overline{CE}$	$\overline{OE}$	$\overline{PGM}$	V_{PP}	V_{CC}	$O_7 \sim O_0$
读出	0	0	1	+ 5 V	+ 5 V	数据输出
禁止输出	0	1	1	+ 5 V	+ 5 V	高阻
编程	0	1	编程脉冲	+ 12.5 V	+ 5 V	数据输入
禁止	1	×	×	+ 12.5 V	+ 5 V	高阻

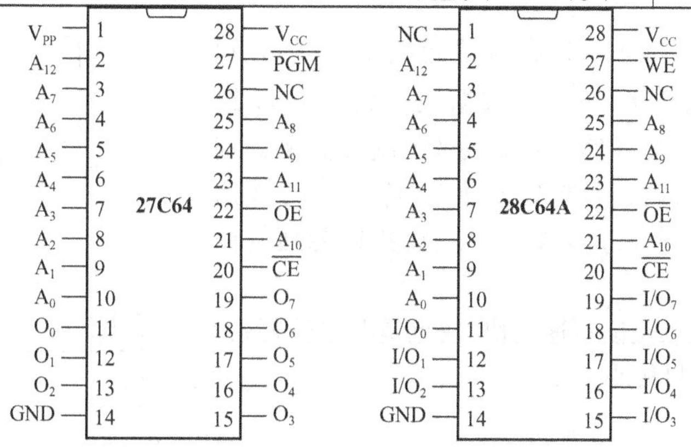

图 8-10　典型 ROM 芯片引脚图

a) 27C64　b) 28C64A

（2）E^2PROM 芯片 28C64A

28C64A 为 CMOS E^2PROM,存储容量 8 k × 8 位,"28" 为 E^2PROM 代码,"C" 为 CMOS 产品,"64" 为其存储容量,"A" 表示改进型产品。擦写电压为 5V(不带 "A" 为早期产品,擦/写电压 12.5 V 或 21 V),电源电压 +5 V,读出时间小于 250 ns,擦除和写入同时完成时间约 10 ms。图 8-10b 为其引脚图。28C64A 有两种擦写方式:一是按字节写入;二是按页写入。页写入是为了提高写入速度而设置的。28C64A 存储器内分为 512 页,每页 16 字节,页地址由 $A_{12} \sim A_4$ 确定,页内字节地址由 $A_3 \sim A_0$ 确定。擦写时,分两步进行:第一步加载,将 16 字节数据快速写入 28C64A 中的页缓冲器(属 SRAM,可快速写入)暂存;第二步页存储,28C64A 将暂存在片内页缓冲器内的 16 字节数据慢慢写入 E^2PROM,整个过程仍需 10 ms。上述表述的含义是,如果按字节写入,写入一个字节(8 位)需 10 ms;如果按页写入,一次写入 16 字节,也只需 10 ms。28C64A 工作方式特性表如表 8-2 所示,读出时,$\overline{CE} = \overline{OE} = 0$,$\overline{WE} = 1$;写入时,$\overline{CE} = 0$,$\overline{OE} = 1$,$\overline{WE}$ 加负脉冲,下降沿锁存地址 $A_{12} \sim A_0$;$\overline{CE} = 1$ 时,$I/O_7 \sim I/O_0$ 呈高阻态;查询方式用于查询数据擦写是否完成? 在 $\overline{CE} = \overline{OE} = 0$,$\overline{WE} = 1$ 条件下,读写入的最后一个字节,若读出数据的最高位是该字节最高位的反码,表明页存储尚未完成;若相同,则表明页存储已完成。

表 8-2　2864 工作方式特性表

工 作 方 式	$\overline{CE}$	$\overline{OE}$	$\overline{WE}$	$I/O_7 \sim I/O_0$
维持	1	×	×	高阻
读出	0	0	1	数据输出
写入	0	1	⎍	数据输入
查询	0	0	1	$\overline{D}_H$

8.1.3　随机存取存储器 RAM

随机存取存储器的主要特点是读写方便,且速度快,能在线随机读写。但断电后,信息丢失,不能保存。

按存储信息的方式,RAM 可以分成静态 RAM(Static RAM,缩写为 SRAM)和动态 RAM(Dynamic RAM,缩写为 DRAM)。

1. 静态 RAM

图 8-11 为静态 RAM 一位存储单元电路,X_iY_j 分别为行选线和列选线,I/O 和 $\overline{I/O}$ 为数据线。$V_1V_2V_3V_4$ 组成 CMOS RS 触发器,可存储一位二进制信息,输出分别为 Q 和 $\overline{Q}$ 端。读/写时,行选 X_i 和列选 Y_j 应同时被选中,即 $X_i = Y_j = 1$,此时 $V_5V_6V_7V_8$ 均导通,数据能随机输入输出。

静态 RAM 的优点是读写速度快,缺点是电路较复杂,因此集成后,存储容量较小。

2. 动态 RAM

图 8-12 为动态 RAM 一位存储单元电路,其工作原理是利用电容 C_S 存储数据信息。位选线为高电平时,可进行读/写。数据线为 1 时,C_S 充电,

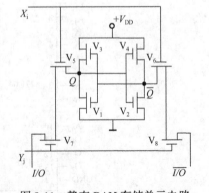

图 8-11　静态 RAM 存储单元电路

写入 1;数据线为 0 时,C_S 放电,写入 0。动态 RAM 电路简单,但电容 C_S 上的电荷不能长时间保存,需要周期性刷新。另外由于数据线端分布电容 C_0 的存在,且 $C_0 \gg C_S$,读出时,V 导通,$C_S C_0$ 相当于并联,电荷将重新分配,因此属破坏性读出,须将读出信息重新写入 C_S。这种刷新和重写需要附加电路,使操作复杂。

动态 RAM 的优点是电路简单,便于大规模集成,存储容量大,成本低;缺点是需要刷新操作。动态 RAM 主要用于当前计算机的内存。

3. 典型 RAM 芯片 6264 简介

6264 是 CMOS 静态 RAM,存储容量 8 k×8 位,存取时间小于 200 ns,电源电压 +5 V。表 8-3 为 6264 工作方式功能表,图 8-13 为其引脚图。$A_0 \sim A_{12}$ 为 13 位地址输入端,可选通 2^{13} = 8192 = 1024×8 = 8 kB(字节),每字节 8 位,8 k×8 = 64 kb(位)。因此 6264 后两位数字代表了它的存储容量。$I/O_0 \sim I/O_7$ 为 8 位数据输入/输出端;$\overline{CE_1}$、CE_2 为片选端。$\overline{CE_1}$ 低电平有效;CE_2 高电平有效;$\overline{CE_1}$、CE_2 全部有效时,存储芯片才能工作;$\overline{OE}$ 为输出允许,低电平有效;$R/\overline{W}$ 为读/写控制端,$R/\overline{W}=1$,读;$R/\overline{W}=0$,写;NC 为空脚;V_{CC}、GND 为正电源和接地端。

```
        ┌───────────┐
  NC ──│1        28│── V_CC
 A_12 ──│2        27│── R/W̄
  A_7 ──│3        26│── CE_2
  A_6 ──│4        25│── A_8
  A_5 ──│5        24│── A_9
  A_4 ──│6        23│── A_11
  A_3 ──│7  6264  22│── ŌE
  A_2 ──│8        21│── A_10
  A_1 ──│9        20│── CE̅_1
  A_0 ──│10       19│── I/O_7
 I/O_0 ──│11       18│── I/O_6
 I/O_1 ──│12       17│── I/O_5
 I/O_2 ──│13       16│── I/O_4
  GND ──│14       15│── I/O_3
        └───────────┘
```

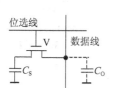

图 8-12　动态 RAM
　　　　存储单元电路

图 8-13　RAM 6264 引脚图

表 8-3　6264 工作方式功能表

工作状态	$\overline{CE_1}$	CE_2	$\overline{OE}$	$R/\overline{W}$	I/O
读	0	1	0	1	输出数据
写	0	1	×	0	输入数据
维持	1	×	×	×	高阻
	×	0	×	×	
输出禁止	0	1	1	1	高阻

4. RAM 扩展

RAM 扩展有两种方式,一种是位扩展;另一种是字扩展。位扩展是指存储器数据线位数不够用时的扩展,例如 8 位数据线扩展为 16 位数据线。字扩展是指存储器容量不够用时的扩展,例如 64 kb RAM 扩展为 128 kb RAM。

（1）位扩展

6264 位扩展电路如图 8-14 所示,地址输入端 $A_{12} \sim A_0$、$R/\overline{W}$、$\overline{CE_1}$ 并联使用;$CE_2 = 1$,$\overline{OE} = 0$,始终有效。6264(Ⅰ)数据输入/输出端 $I/O_{7 \sim 0}$ 为低 8 位 $D_{7 \sim 0}$,6264(Ⅱ)数据输入/输出端 $I/O_{7 \sim 0}$ 为高 8 位 $D_{15 \sim 8}$,串联使用。两片 8 位 RAM 芯片组成了 16 位 RAM 芯片。

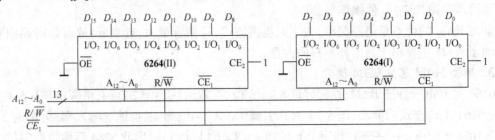

图 8-14　6264 位扩展电路

(2) 字扩展

6264 字扩展电路如图 8-15 所示,地址输入端 $A_{12} \sim A_0$、数据输入/输出端 $I/O_7 \sim I/O_0$、$R/\overline{W}$ 并联使用;$CE_2 = 1$,$\overline{OE} = 0$,始终有效;两片 6264 $\overline{CE_1}$ 端互为反相,当高位地址 $A_{13} = 0$ 时,6264(Ⅰ) $\overline{CE_1} = 0$,输入/输出有效,芯片Ⅱ呈高阻态;当高位地址 $A_{13} = 1$ 时,6264(Ⅱ) $\overline{CE_1} = 0$,输入/输出有效,芯片Ⅰ呈高阻态;两片 64 kb RAM 芯片组成 128 kb RAM 电路(地址线 $A_{13} \sim A_0$,共 14 根)。

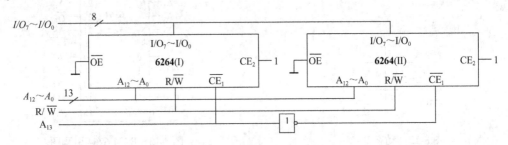

图 8-15　6264 字扩展电路

上述扩展方法也适用于 ROM 扩展。需要说明的是,现代电子技术飞速发展,需要大容量存储器时,可直接选用更大容量存储器芯片,而不需用多片小容量存储器芯片扩展组合,大容量存储器也许比小容量存储器价格更便宜,本节介绍扩展电路的目的主要是为了扩展读者的思路。

【复习思考题】

8.1　简述存储器容量用位或字节表示的区别。

8.2　存储器主要有哪些组成部分?简述其作用。

8.3　存储器数据输出为什么需要数据缓冲器?

8.4　存储器控制使能端,CE、OE、WE 各代表什么含义?

8.5　简述存储器读/写操作步骤。

8.6　什么叫 ROM?什么叫 RAM?各有什么特点和用途?

8.7　简述 ROM 分类概况。

8.8　简述掩膜 ROM 的特点。

8.9 简述 OTPROM 的特点。

8.10 简述 UVEPROM 的特点。

8.11 简述 E^2PROM 的特点。

8.12 简述 Flash Memories 的特点。

8.13 简述 RAM 分类概况。各有什么特点？

【相关习题】

判断题:8.1～8.11;填空题:8.17～8.26;选择题:8.31～8.38;分析计算题:8.43～7.46。

8.2 可编程逻辑器件

可编程逻辑器件(Programmable Logic Device,缩写为 PLD)是 20 世纪 70 年代发展起来的一种新型通用逻辑器件,具有体积小、成本低、逻辑功能可编程、应用方便、开发周期短等特点,在数字系统中常用于替代中小规模数字集成电路。

1. 基本结构

可编程逻辑器件主要由输入电路、与阵列、或阵列、输出电路及反馈电路组成,如图 8-16 所示。

输入电路的作用是对输入信号起缓冲作用,并产生原变量和反变量两个互补的信号,可用图 8-17 表示。

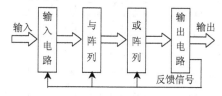

图 8-16 PLD 结构框图

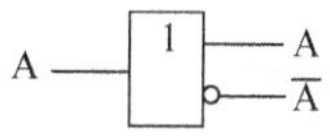

图 8-17 PLD 输入缓冲器

与阵列和或阵列用于实现各种与或结构的组合逻辑函数,若与输出电路的反馈信号配合,还可以实现各种时序逻辑函数。其中,与阵列可用图 8-18a 表示,它相当于 $Y = ABC$;或阵列可用图 8-18b 表示,它相当于 $Y = A + B + C$。在 PLD 中,表示门电路联结的形式有三种,如图 8-19 所示。实心圆点表示连接,×表示可编程连接,无实心圆点表示断开。

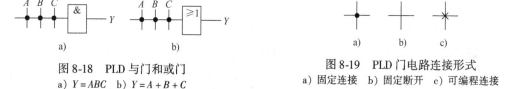

图 8-18 PLD 与门和或门
a) $Y = ABC$ b) $Y = A + B + C$

图 8-19 PLD 门电路连接形式
a) 固定连接 b) 固定断开 c) 可编程连接

输出电路具有三态功能,既可以高电平有效输出,也可以低电平有效输出;未选通时,对外电路可呈高阻态。

2. 编程

PLD 的编程方式与存储器类同。可分为两类:一类是一次性编程;另一类是可多次编程。因此,PLD 也有掩模 ROM、OTPROM 和 EPROM 等形式。OTPROM 和 EPROM 编程方式都是由专用编程器编程,现在已发展到在系统可编程,给应用带来很大方便。

3. 分类

PLD 按可编程所在部位可分为可编程只读存储器 PROM、可编程逻辑阵列 PLA、可编程阵列逻辑 PAL 和通用逻辑阵列 GAL。其特点如表 8-4 所示。

（1）可编程只读存储器 PROM（Programmable Read Only Memory）

表 8-4　PLD 分类

分类名称	与　阵　列	或　阵　列	输出电路
PROM	固定	可编程	固定
PLA	可编程	可编程	固定
PAL	可编程	固定	固定
GAL	可编程	固定	可组态

PROM 由固定的与阵列和可编程的或阵列组成，如图 8-20 所示。其中与阵列为全译码阵列，但由于大多数逻辑函数并不需要输入变量全部可能的组合，因此 PROM 的与阵列一般得不到充分的利用。

（2）可编程逻辑阵列 PLA（Programmable Logic Array）

PLA 由可编程的与阵列和可编程的或阵列组成，如图 8-21 所示。与 PROM 相比，PLA 在实现逻辑函数时有极大的灵活性，但却导致结构复杂，编程困难，价格昂贵。

（3）可编程阵列逻辑 PAL（Programmable Array Logic）

PAL 结合了 PROM 的价廉易于编程和 PLA 实现逻辑功能灵活的特点，由可编程与阵列和固定或阵列组成，如图 8-22 所示。

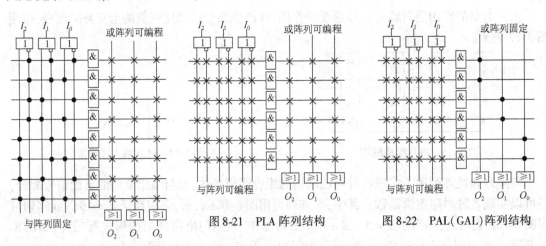

图 8-20　PROM 阵列结构

图 8-21　PLA 阵列结构

图 8-22　PAL（GAL）阵列结构

（4）通用逻辑阵列 GAL（Generic Array Logic）

GAL 器件是 20 世纪 80 年代的产品，其基本结构与 PAL 相同。但输出级采用了输出逻辑宏单元（Output Logic Macrocell，缩写为 OLMC）结构，OLMC 具有可编程特性。输出既可为组合逻辑型，又可为带有寄存器的时序逻辑型；既可为与或原函数，又可为与或反函数；既可为高电平有效，又可为低电平有效；输出可呈三态，反馈信号也可从多个不同信号自由选取。使器件应用更灵活，再加上低功耗（GAL 属 CMOS 器件）和电可擦除（5 V）等优点，使 GAL 器件成为 TTL/74HC 系列、低密度门阵列、PAL 器件和其他各种 PLD 器件的理想替代器件。

4. GAL16V8 简介

GAL 器件是 PLD 器件中功能最强，应用最广的器件。其中 GAL16V8 是 GAL 器件中常见的一种，其引脚图如图 8-23 所示。该电路包括一个容量为 32×64 位的与阵列，8 个输出逻辑宏单元 OLMC,10 个输入缓冲器,8 个三态输出缓冲器和 8 个反馈缓冲器,各种配置都由结构控制字设置和控制,可设置为组合逻辑型,也可通过反馈设置为时序逻辑型;可设置为高电平有效,也可设置为低电平有效,还可根据需要选通三态。具体应用可参阅有关技术资料。

5. PLD 发展趋势

可编程逻辑器件最早是为了制作某些专用数字集成电路而来,这些专用数字集成电路虽然可以用中小规模通用数字集成电路组合,若能将这些中小规模通用数字集成电路组合集成在一片芯片上,可缩小体积,提高可靠性,增加保密性。但这种专用数字集成电路由于其专用性,一般使用面较窄,生产批量小,研制周期长,费用昂贵。为了解决这些问题,通常采用先制作一批通用的半成品集成电路,然后根据用户要求再加工为专用数字集成电路。这类半成品集成电路叫做半定制集成电路或可编程逻辑器件 PLD。20 世纪 70、80 年代,PLD 器件发展很快,性

图 8-23　GAL16V8 引脚图

价比最好的是通用逻辑阵列 GAL 器件。进入 20 世纪 90 年代后,PLD 并未象人们原来预期的那样迅速发展和广泛应用。由于微控制器 MCU(Micro Controller Unit),也就是我们通常所说的单片机的迅猛发展,提供了用软件替代和实现硬件功能的更佳途径,再加上原有专用数字集成电路和中小规模通用数字集成电路已具备了足够强大和丰富的功能,因此,PLD 的应用主要处于中小规模通用数字集成电路与微控制器 MCU 的中间地带,即规模和功能比中小规模通用数字集成电路复杂,但又不需智能化应用的场合。目前,PLD 发展的趋势是高速、高密、应用灵活和在系统可编程。

【复习思考题】

8.14　可编程逻辑器件主要有什么特点?

8.15　简述组成 PLD 的基本结构。

8.16　简述 PLD 编程方式分类概况。

8.17　简述 PLD 按可编程部位分类概况。

8.18　PLA 与 PAL 有什么区别?

8.19　PAL 与 GAL 有什么区别?

8.20　目前 PLD 器件中应用最广泛的是什么器件?

8.21　为什么进入 20 世纪 90 年代,PLD 器件未按人们原来预期那样迅速发展和广泛应用?

8.22　简述输出逻辑宏单元 OLMC。

【相关习题】

判断题:8.12 ~ 8.16;填空题:8.27 ~ 8.30;选择题:8.39 ~ 8.42。

8.3　习题

8.3.1　判断题

8.1　半导体存储器与可编程逻辑器件均属于大规模集成组合逻辑电路。(　　)

8.2　Flip-Flop 触发器可作为半导体存储单元。(　　)

8.3 存储容量只能用位存储单元的数量来表示。（　　）

8.4 n位地址编码可区分2^{n-1}个存储单元。（　　）

8.5 ROM写入必须在特定条件下才能完成写入操作。（　　）

8.6 掩模ROM用户可自行一次性编程，但一次性编程后不能修改。（　　）

8.7 UVEPROM在正常光线照射下，也会慢慢丢失写入的数据信息。（　　）

8.8 UVEPROM读写速度都很慢。（　　）

8.9 快闪存储器已达到可在线随机读写应用状态，甚至有逐步取代硬盘的趋势。（　　）

8.10 存储器能实现组合逻辑电路的功能。（　　）

8.11 静态RAM需要刷新操作。（　　）

8.12 PLD的编程方式与存储器类同，也有掩模、OTP和EPROM等形式。（　　）

8.13 PLA器件基本结构与PAL器件相同。（　　）

8.14 PLA器件内的与阵列或阵列均可编程。（　　）

8.15 PAL器件内的与阵列和或阵列均可编程。（　　）

8.16 GAL器件基本结构与PAL器件相同。（　　）

8.3.2　填空题

8.17 存储器是一种能存储＿＿＿＿＿＿＿＿＿＿的器件。

8.18 存储器按其材料组成主要可分为＿＿＿＿＿存储器和＿＿＿＿＿＿＿存储器。

8.19 不同类型的存储器存取周期相差很大。快的约＿＿＿＿＿级，慢的约＿＿＿＿＿s。

8.20 存储器主要由＿＿＿＿＿、＿＿＿＿＿、＿＿＿＿＿、＿＿＿＿＿和＿＿＿＿＿组成，与外部电路的连接有＿＿＿＿＿线、＿＿＿＿＿线和＿＿＿＿＿线。

8.21 存储器控制信号：CE是＿＿＿＿＿；WE是＿＿＿＿＿＿；OE是＿＿＿＿＿。

8.22 ROM一般用来存放＿＿＿＿＿＿＿，其主要特点是断电后数据＿＿＿＿＿。

8.23 RAM主要用于存放＿＿＿＿＿。其主要特点是断电后数据＿＿＿＿＿。

8.24 与ROM相比，RAM能＿＿＿＿＿读出或写入，读写速度快（能跟上＿＿＿＿＿）、方便（不需＿＿＿＿＿）。

8.25 按存储信息的方式，RAM可以分成＿＿＿＿＿RAM和＿＿＿＿＿RAM。

8.26 RAM扩展有两种方式，一种是＿＿＿＿＿扩展；另一种是＿＿＿＿＿扩展。

8.27 可编程逻辑器件的特点是＿＿＿＿＿、＿＿＿＿＿、＿＿＿＿＿、＿＿＿＿＿，在数字系统中常用于替代＿＿＿＿＿数字集成电路。

8.28 可编程逻辑器件主要由＿＿＿＿＿、＿＿＿＿＿、＿＿＿＿＿及＿＿＿＿＿组成。

8.29 PLD按可编程所在部位可分为＿＿＿＿＿、＿＿＿＿＿、＿＿＿＿＿和＿＿＿＿＿。

8.30 GAL器件的输出级采用了＿＿＿＿＿结构，输出既可为＿＿＿＿＿逻辑型，又可为＿＿＿＿＿逻辑型。

8.3.3　选择题

8.31 下列存储器引脚端名称中输入允许为＿＿＿＿＿；输出允许为＿＿＿＿＿；片选允

许为_____;

  A. *CE*   B. *WE*   C. *OE*   D. *NC*

8.32 下列存储器中,用户一次性写入的是_____;紫外线擦除可编程的是_____;电可擦除可编程的是_____;需生产厂商写入的是_____。

  A. Mask ROM B. OTPROM C. UVEPROM D. EEPROM

8.33 下列存储器中,存储内容需不断刷新的是_____。

  A. SRAM   B. DRAM   C. MROM   D. PROM

8.34 下列存储器中(多选),能随机读写的是_____;断电后,信息不丢失的有_____。

  A. SRAM   B. DRAM   C. MROM   D. PROM

8.35 下列 ROM 中,目前应用最广泛的是_____;

  A. Mask ROM B. UVEPROM C. EEPROM D. Flash Memories

8.36 下列条件中,_____不是读存储器某一单元的必要条件。

  A. 挂在数据总线上的其他器件呈"高阻"态

  B. 存储器片选有效

  C. 该存储单元中存有数据

  D. 该存储单元被选通

  E. 该存储芯片 *OE* 端电平有效

8.37 读存储器某一单元时(多选),破坏存储单元内容的是_____;复制存储单元内容的是_____。

  A. SRAM   B. DRAM   C. MROM   D. PROM

8.38 下列存储器中,(多选)可多次擦写的有_____。

  A. Mask ROM   B. OTPROM

  C. UVEPROM   D. EEPROM

  E. Flash Memories)

8.39 下列英文字母缩写符号中,可编程逻辑器件为_____;可编程逻辑阵列为_____;可编程阵列逻辑为_____;通用逻辑阵列为_____。

  A. PLC   B. PLD

  C. GAL   D. PAL

  E. PLA

8.40 (多选)下列可编程逻辑器件中与阵列可编程的有_____;或阵列可编程的有_____;输出电路可编程的有_____。

  A. PROM   B. PLA   C. PAL   D. GAL

8.41 下列可编程逻辑器件中,具有 OLMC 功能的是_____。

  A. PROM   B. PLA   C. PAL   D. GAL

8.42 下列可编程逻辑器件中,可以实现时序逻辑功能的是_____。

  A. PROM   B. PLA   C. PAL   D. GAL

8.3.4 分析计算题

8.43 已知某存储器共有下列数量的位存储单元,试分别用位存储单元和字节存储单元

(1 字节 =8 位)表示其存储容量。

(1) 512   (2) 8192   (3) 65536   (4) 262144

8.44 已知下列存储器的存储容量,试计算其位存储单元数量。

(1) 16 k 位(bit)   (2) 4 k 字节(Byte)

(3) 128 k 位(bit)   (4) 256 字节(Byte)

8.45 数据同题 8.43,试计算能区分(选通)上述字节存储单元的地址线根数。

8.46 已知存储器地址线根数,试计算其能选通的最大字节存储单元数。

(1) 5   (2) 8   (3) 11   (4) 13

第9章　数字电路基础实验

数字电子技术是一门实践性很强的课程,必须通过做实验来加深理解并巩固已学到的概念和理论知识。本章所列实验均为本课程的基础实验,其中多数可由学生利用面包板、简易电源(可用4节电池替代)、集成块电路、少量电子元器件和万用表,在课余完成,经济可行。

9.1　逻辑门电路

1. 实验目的
① 熟悉"与"、"或"、"非"的基本概念。
② 熟悉 TTL、CMOS 集成门电路典型常用品种的引脚排列和基本应用。

2. 实验元器件
① 直流稳压电源,万用表,面包板;
② TTL 门电路:74LS04、74LS08、74LS00、74LS32、74LS02、74LS86;
③ CMOS 门电路:CC4011、CC4069、CC4001、CC4030。

3. 实验内容
(1) 非门
① 查阅 74LS04 和 CC4069 的引脚排列图(图 2-31)。
② 分别取 74LS04 和 CC4069 中的一个反相器,按图 9-1 所示电路连接。
③ 按表 9-1,输入 u_I,测试输出电压 u_O。

图 9-1　非门实验电路

表 9-1　非门电路实验

V_{CC}/V	u_I/V	u_O/V	
		74LS04	CC4069
5	0		
5	5		

(2) 与门和与非门
① 查阅 74LS08、74LS00 和 CC4011 的引脚排列图(图 2-26)。
② 按图 9-2,分别取上述 3 种集成电路中的一个与(与非)门连接电路。
③ 按表 9-2,输入 u_A、u_B,测试输出电压 u_O。

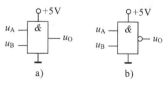

图 9-2　与和与非门实验电路
　　a) 与门　b) 与非门

表 9-2　与门和与非门电路实验

V_{CC}/V	u_I/V		u_O/V		
	u_A	u_B	74LS08	74LS00	CC4011
5	0	0			
5	0	5			
5	5	0			
5	5	5			

（3）或门和或非门

① 查阅 74LS32、74LS02 和 CC4001 引脚排列图（图 2-27）。

② 按图 9-3，分别取上述 3 种集成电路中的一个或（或非）门连接电路。

③ 按表 9-3，输入 u_A、u_B，测试输出电压 u_O。

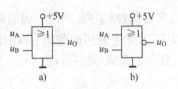

图 9-3 或和或非门实验电路
a) 或门 b) 或非门

表 9-3 或门和或非门电路实验

V_{CC}/V	u_I/V		u_O/V		
	u_A	u_B	74LS32	74LS02	CC4001
5	0	0			
5	0	5			
5	5	0			
5	5	5			

（4）异或门和同或门

① 查阅 74LS86 和 CC4077 引脚排列图（图 2-29、图 2-30）。

② 按图 9-4，分别取上述 2 种集成电路中的一个异（同）或门连接电路。

③ 按表 9-4，输入 u_A、u_B，测试输出电压 u_O。

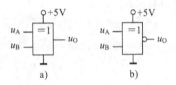

图 9-4 异或门和同或门实验电路
a) 异或门 b) 同或门

表 9-4 异或门和同或门电路实验

V_{CC}/V	u_I/V		u_O/V	
	u_A	u_B	74LS86	CC4077
5	0	0		
5	0	5		
5	5	0		
5	5	5		

4. 实验报告

① 画各集成电路引脚排列图。

② 填写测试数据表格。

5. 实验思考题

9.1 TTL 和 CMOS 集成门电路引脚排列有否规则？

9.2 TTL 集成门电路与 CMOS 集成门电路的 U_{OH}、U_{OL} 数值有否不同？

9.2 门电路特性参数测试

1. 实验目的

① 熟悉集成门电路电压传输特性、输入负载特性和输出负载特性。

② 加深对阈值电压 U_{TH}、关门电阻 R_{OFF}、开门电阻 R_{ON}、拉电流负载和灌电流负载概念的理解。

2. 实验元器件

① 直流稳压电源、直流电压表，直流电流表（mA），面包板；

② 74LS00、CC4011（引脚图查阅图 2-26）；线性多圈电位器 1 kΩ、10 kΩ、1 MΩ。

3. 实验内容

（1）电压传输特性 $u_O = f(u_I)$

① 取 74LS00 中的一个与非门按图 9-5 所示电路连接。

② 调节 RP，使 u_O 分别输出高电平和低电平。

③ 按表 9-5，至少测试 7 个点的 u_I、u_O 值，其中要包括 2 个确认点（u_I、u_O 反相稳定区域）、2 个临界点、2 个过渡点和 1 个阈值电压点。

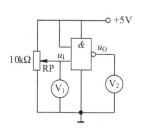

图 9-5　电压传输特性实验电路

表 9-5　电压传输特性实验

	u_I/V	u_O/V
确认点 1		
临界点 1		
过渡点 1		
U_{TH}		
过渡点 2		
临界点 2		
确认点 2		

④ 根据上述测试数据，画出 74LS00 与非门电压传输特性曲线。

⑤ 用 CMOS 集成与非门电路 CC4011 重复上述实验。

（2）输入负载特性

① 取 74LS00 中的一个与非门按图 9-6 所示电路连接。

② 调节 RP，从 $R_P = 10\ \mathrm{k\Omega}$ 起调，直至输出电压变为高电平，按表 9-6，记录相应的 $R_I(=R_P)$、u_I、u_O 值。

③ 画出 74LS00 与非门输入负载特性 $u_I = f(R_I)$。

④ 用 CMOS 集成与非门电路 CC4011 重复上述实验，$R_P = 1\ \mathrm{M\Omega}$。

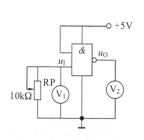

图 9-6　输入负载特性实验电路

表 9-6　输入负载特性实验

R_I/Ω	u_I/V	u_O/V
0		
10 kΩ		

（3）输出拉电流负载特性（输出高电平）

① 取 74LS00 中的一个与非门按图 9-7 所示电路连接。

② 调节 RP，从最大阻值起调，使输出电流 i_O 按表 9-7 逐点增大，记录相应的 u_O 值。

③ 画出 74LS00 与非门输出高电平负载特性 $u_O = f(i_O)$。

④ 用 CMOS 集成与非门电路 CC4011 重复上述实验。

表 9-7　输出高电平负载特性

i_0/mA	u_0/V
0	
0.5	
1	
2	
3	
4	
5	
10	
15	

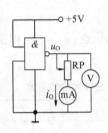

图 9-7　拉电流负载输出特性实验电路

（4）输出灌电流负载特性（输出低电平）

① 取 74LS00 中的一个与非门按图 9-8 所示电路连接。

② 调节 RP，从最大阻值起调，使输出电流 i_0 按表 9-8 逐点增大，记录相应的 u_0 值。

③ 画出 74LS00 与非门输出低电平负载特性 $u_0 = f(i_0)$。

④ 用 CMOS 集成与非门电路 CC4011 重复上述实验。

表 9-8　输出低电平负载特性

i_0/mA	u_0/V
0	
0.5	
1	
2	
3	
4	
5	
10	
20	

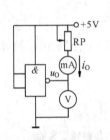

图 9-8　灌电流负载输出
特性实验电路

4. 实验报告

① 画出电压传输特性、输入负载特性、输出负载特性实验电路和特性曲线。

② 填写测试数据表格。

5. 实验思考题

9.3　阈值电压 U_{TH} 的含义是什么？74LS 系列集成门电路与 CMOS 4000 系列集成门电路的 U_{TH} 有什么区别？

9.4　如何理解开门电阻 R_{ON} 和关门电阻 R_{OFF}？

9.5　如何理解 CMOS 集成门电路的输入负载特性？

9.6　输出高电平负载特性和输出低电平负载特性有什么区别？

9.7　实测门电路输出电流与手册上给出的参数值有什么差别？

9.8　74LS 系列 TTL 门电路输出负载特性与 CMOS 4000 系列的输出负载特性有什么区别？

9.3 组合逻辑电路

1. 实验目的
熟悉组合逻辑电路的设计方法。

2. 实验元器件
① 直流稳压电源,面包板;

② 74LS00、74LS04、74LS08、74LS10、74LS27、74LS32、74LS86、1 kΩ 电阻、LED。

3. 实验内容
设计三人多数(无弃权)表决器(参阅例3-3)。实验步骤如下:

(1) 列出真值表(设同意为1,表决通过为1)

(2) 写出逻辑函数表达式并化简

$$Y = ABC + AB\bar{C} + A\bar{B}C + \bar{A}BC = AB + C(A\bar{B} + \bar{A}B)$$
$$= AB + C(A \oplus B) = AB + BC + CA = \overline{\overline{AB} \cdot \overline{BC} \cdot \overline{CA}}$$

(3) 连接电路

引脚排列可查阅图 2-26、图 2-27、图 2-29、图 2-30。为便于观察,在输出端接发光二极管 LED,灯亮表示通过。根据上述逻辑表达式可知,实现逻辑功能的电路可有多种。

① 电路 1。按 $Y = AB + C(A\bar{B} + \bar{A}B)$,可用 74LS08(2 输入端 4 与门)、74LS32(2 输入端 4 或门)、74LS04(6 反相器)组成电路,如图 9-9 所示。

② 电路 2。按 $Y = AB + C(A \oplus B)$,可用 74LS08(2 输入端 4 与门)、74LS32(2 输入端 4 或门)、74LS86(2 输入端 4 异或门)组成电路,如图 9-10 所示。

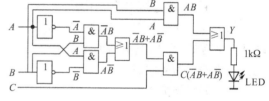

图 9-9 三人多数表决电路 1

③ 电路 3。按 $Y = AB + BC + CA$,可用 74LS08(2 输入端 4 与门)、74LS27(3 输入端 3 或非门)组成电路(用 74LS27 中 2 个或非门实现 1 个或门),如图 9-11 所示。

④ 电路 4。按 $Y = \overline{\overline{AB} \cdot \overline{BC} \cdot \overline{CA}}$,可用 74LS00(2 输入端 4 与非门)、74LS10(3 输入端 3 与非门)组成电路,如图 9-12 所示。

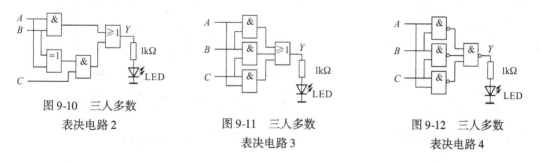

图 9-10 三人多数
表决电路 2

图 9-11 三人多数
表决电路 3

图 9-12 三人多数
表决电路 4

(4) 验证输出结果

按真值表依次输入 A、B、C 信号(可将 A、B、C 分别短接 +5 V 或地实现),验证输出结果。

4. 实验报告

① 列出真值表,写出逻辑表达式并化简。

② 画出电路图。

5. 实验思考题

9.9　通过上述 4 种门电路实现逻辑功能说明了什么?

9.10　比较上述 4 种电路,哪一种相对简洁些?

9.11　若用 CMOS 4000 系列门电路实现上述逻辑功能,应选择哪些型号的集成门电路?

9.4　集成编码器

1. 实验目的

熟悉集成编码器逻辑功能及其应用。

2. 实验元器件

① 直流稳压电源,面包板;

② 74LS148、74LS04、74LS00;4 个 LED、4 个 1 kΩ 电阻。

3. 实验内容

(1) 编码器编码功能

① 按图 9-13 连接电路(引脚排列查阅图 3-8、图 2-30、图 2-26)。

② 按表 3-7 输入 $D_7 \sim D_0$ 数码(输入 1 接 +5 V,输入 0 接地)(注意:74LS148 输入、输出端均低电平有效,且 D_7 优先等级最高),验证输出端 $VD_3 \sim VD_0$ 亮暗状态(亮表示有效,暗表示无效),即输出编码状态。

(2) 编码器扩展

利用 2 片 8-3 线编码器扩展为 16-4 线编码器(工作原理参阅图 3-9 说明)。

① 按图 9-14 连接电路。

② 从 $D_{15} \sim D_0$ 依次输入信号(低电平有效),输出端 $VD_3 \sim VD_0$ 亮暗状态即为 4 位编码状态。

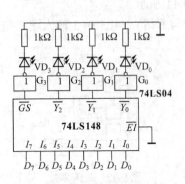

图 9-13　编码器编码功能实验

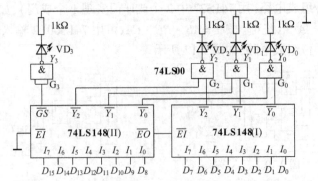

图 9-14　16-4 线编码器

4. 实验报告

① 画出图 9-13、图 9-14 电路和 74LS148 引脚排列图,并简述引脚功能。

② 列出 2 个实验输入输出功能表(参阅表 3-7)。

5. 实验思考题

9.12 图 9-13 实验中,若 $D_7 \sim D_0$ 中同时有两个或两个以上输入端电平有效,会出现什么情况?

9.13 图 9-13 中,VD_3、$VD_2 \sim VD_0$ 亮暗状态各表示什么?

9.14 图 9-14 中,74LS148(I)的 $\overline{EI}$ 与 74LS148(II)的 $\overline{EO}$ 为什么连在一起?

9.15 图 9-13、9-14 中可否直接用 74LS148 输出的低电平信号驱动发光二极管?

9.5 集成译码器

1. 实验目的

熟悉集成译码器逻辑功能及其应用。

2. 实验元器件

① 直流稳压电源,面包板;

② 74LS138、2 个 74LS04、74LS20、8 个 1 kΩ 电阻、8 个 LED。

3. 实验内容

(1) 译码器功能

① 按图 9-15 连接电路(引脚排列查阅图 3-13、图 2-31)。

② 按表 3-11 从 $A_2 \sim A_0$ 输入编码信号,验证输出端 $VD_7 \sim VD_0$ 的亮暗状态(亮表示有效,暗表示无效),即输出译码状态。

③ 依次改变 3 个控制端 G_1、$\overline{G_{2A}}$、$\overline{G_{2B}}$ 中的某一个,观察电路能否进行译码工作。

(2) 译码器实现组合逻辑功能

译码器与门电路通过适当组合,可以实现组合逻辑功能。用 74LS138 实现 3 人多数表决器电路,$Y = ABC + AB\bar{C} + A\bar{B}C + \bar{A}BC = m_3 + m_5 + m_6 + m_7$。

① 按图 9-16 连接电路(74LS20 引脚排列查阅图 3-26)。

② 按表 3-2 从 $A_2 \sim A_0$ 端输入 A、B、C 三人表决信号(1 接 +5 V,0 接地),验证组合逻辑功能(VD 亮表示表决通过)。

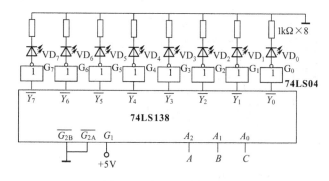

图 9-15 译码器功能实验

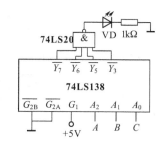

图 9-16 74LS138 实现 3 人多数
表决组合逻辑

4. 实验报告

① 画出 74LS138 引脚排列图,简述引脚功能,列出真值表。

② 分析用 74LS138 实现 3 人多数表决组合逻辑的工作原理(参阅例 3-6)。

5. 实验思考题

9.16 若 74LS138 三个控制端 G_1、$\overline{G_{2A}}$、$\overline{G_{2B}}$ 中有一个控制端控制电平无效,电路能否译码工作?

9.17 可否用 74LS138 的 $A_2 \sim A_0$ 依次与 3 人表决信号 C、B、A 连接?

9.18 74LS138 输出端是低电平有效还是高电平有效? 8 个输出端能否同时为 0 或同时为 1?

9.6 集成显示译码器

1. 实验目的

熟悉集成显示译码器及其应用。

2. 实验元器件

① 直流稳压电源,面包板;

② 74LS47、74LS48、CC4511 ×4,共阳数码管,4 个共阴数码管,7 个 51 Ω 电阻。

3. 实验内容

74LS47/48 为译码/显示驱动电路(BCD 码输入,7 段译码显示输出)。其中,74LS47 输出低电平有效,驱动共阳数码管;74LS48 输出高电平有效,驱动共阴数码管。

(1) 74LS 47 驱动共阳数码管

① 按图 9-17a 连接电路(74LS47/48 引脚排列查阅图 3-21)。

② 从 $A_3 \sim A_0$ 输入 0 ~ 9 BCD 码(1 接 +5 V,0 接地),共阳数码管将显示 0 ~ 9 数码。

(2) 74LS48 驱动共阴数码管

① 按图 9-17b 连接电路。与图 9-17a 相比,74LS47 改为 74LS48,共阳数码管改为共阴数码管,com 端接地。

② 从 $A_3 \sim A_0$ 输入 0 ~ 9 BCD 码,共阴数码管将显示 0 ~ 9 数码。

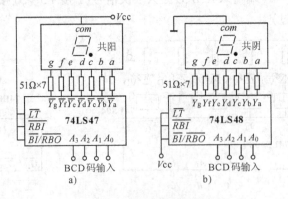

图 9-17 显示译码实验电路

a) 共阳 b) 共阴

(3) CC4511 驱动 4 位显示电路

图 9-18 所示电路的工作原理(参阅例 3-10)如下:4 位显示数码从 $D_3 \sim D_0$ 公共通道输入,

当某位 LE 有效时,该位显示的 BCD 码被置入。4 位 LE 由双 2-4 译码器 CC4556(引脚排列见图 9-19)译码选通,两位地址码 $1A_1$、$1A_0$ 有 4 种状态:00～11,在 $1INH = 0$ 条件下,可分别选通传送 4 位显示数码。

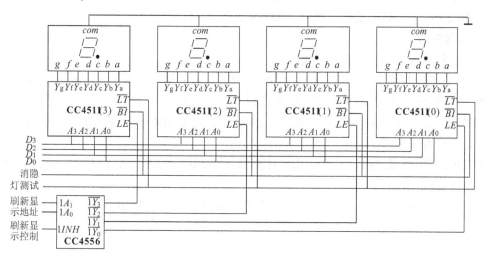

图 9-18　CC4511 组成 4 位显示电路

① 按图 9-18 连接电路(CC4511 引脚排列查阅图 3-25)。

② 置 CC4556 禁止输出控制端 $1INH = 0$,地址输入端 $1A_1 1A_0 = 00$,此时 $\overline{1Y_0} = 0$,$\overline{1Y_1} = \overline{1Y_2} = \overline{1Y_3} = 1$,选通第 0 位 CC4511,从 $D_3 \sim D_0$ 输入第 0 位显示 BCD 码;然后,$1A_1 1A_0 = 01$,输入第 1 位显示 BCD 码。依此类推,置入 4 位显示数码。最后置 $1INH = 1$,$\overline{1Y_0} = \overline{1Y_1} = \overline{1Y_2} = \overline{1Y_3} = 1$,CC4511 将保持原有置入数码显示。

图 9-19　CC4556 引脚排列图

③ 置消隐控置端 $\overline{BI} = 0$,4 位全灭;置灯测试端 $\overline{LT} = 0$,4 位全亮(显示 8)。

4. 实验报告

① 画出 74LS47/48、CC4511、CC4556 引脚排列图,简述引脚功能。

② 画出图 9-17、图 9-18 电路图。

③ 简述图 9-18 显示电路输入显示数码操作步骤。

5. 实验思考题

9.19　为何图 9-17a 中 74LS47 输出有限流电阻,而图 9-18 中 CC4511 输出无限流电阻?

9.20　能否用公共通道传送由 74LS47/48 组成的 4 位显示电路的显示数码?

9.21　如何检测数码管显示笔段是否完好?

9.22　如何使数码管显示闪烁?

9.7　集成数据选择器和电路模拟开关

1. 实验目的

① 熟悉集成数据选择器及其应用。

② 熟悉多路模拟开关及其应用,理解多路模拟开关与数据选择器的区别。

2. 实验元器件

① 直流稳压电源,直流电压表(万用表),面包板;

② 74LS151、CC4051、发光二极管、1 kΩ 电阻 7 个、kΩ 级电阻若干。

3. 实验内容

(1) 用数据选择器实现组合逻辑功能。

3 人多数表决逻辑:$Y = ABC + AB\overline{C} + A\overline{B}C + \overline{A}BC = m_3 + m_5 + m_6 + m_7$(参阅例 3-6)。

① 按图 9-20 连接电路(74LS151 引脚排列查阅图 3-29)。

② 按表 3-2 输入 A、B、C 三人表决信号,验证组合逻辑功能(VD 亮表示表决通过)。

(2) 模拟开关实验

① 按图 9-21 连接电路(CC4051 引脚排列查阅图 3-33, ± 1 V、± 2 V、3 V、4 V 可用 kΩ 级电阻分压获得,不必精确)。

② $A_2 A_1 A_0$ 依次输入地址码 000 ~ 111,验证输出端电压依次为 IO_0 ~ IO_7 端口电压。

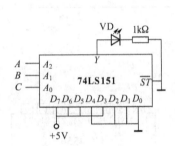

图 9-20 74LS151 实现 3 人多数
表决器组合逻辑图

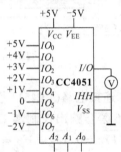

图 9-21 模拟开关实验电路

4. 实验报告

① 画出 74LS151 和 CC4051 引脚排列图,简述引脚功能。

② 画出图 9-20、图 9-21 电路图。

③ 分析用 74LS151 实现 3 人多数表决组合逻辑的工作原理。

5. 实验思考题

9.23 简述数据选择器和多路模拟开关的区别。

9.24 多路模拟开关能否传送负的模拟电压?有什么条件?

9.8 触发器

1. 实验目的

熟悉 JK 触发器和 D 触发器功能。

2. 实验元器件

直流稳压电源、面包板、JK 触发器(CC4027 或 74LS112)、D 触发器(CC4013 或 74LS74)、2
个发光二极管,两个 1 kΩ 电阻。

3. 实验内容

(1) JK 触发器

① 取 CC4027（引脚图查阅图 4-12）中一个 JK 触发器，按图 9-22 连接电路。

② 按表 9-9 输入 $\overline{S_d}$、$\overline{R_d}$、J、K 和 CP 数据（1 接 + 5 V，0 接地；CP 从 0→1 时，先接地后接 + 5 V；从 1→0 时，先接 + 5 V，后接地；$Q^n = 0$ 和 $Q^n = 1$ 可用 $\overline{S_d}\overline{R_d}$ 预置），观察 VD_1、VD_2 的亮暗状态。

（2）D 触发器

① 取 CC 4013（引脚图查阅图 4-20）中一个 D 触发器，按图 9-23 连接电路。

② 按表 9-10 输入 $\overline{S_d}$、$\overline{R_d}$、D 和 CP 数据，观察 VD_1、VD_2 的亮暗状态。

（3）JK 触发器构成 T 触发器

将 JK 触发器 J、K 端短接作为 T 端，即构成 T 触发器，按表 9-11 操作，观察 VD_1、VD_2 的亮暗状态。

（4）D 触发器构成 T′触发器

将 D 触发器 $\overline{Q}$ 端与 D 端短接，即构成 T′触发器，从 CP 端依次输入 $CP_1 \sim CP_5$，观察 VD_1、VD_2 亮暗状态。

4. 实验报告

① 画出 JK 触发器和 D 触发器引脚图和图 9-22、图 9-23 电路图。

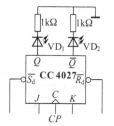

图 9-22　JK 触发器实验电路

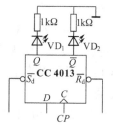

图 9-23　D 触发器实验电路

② 根据实验数据填写表 9-9 ~ 表 9-12。

表 9-9　JK 触发器功能表

$\overline{S_d}$	$\overline{R_d}$	J	K	CP	Q^{n+1}	
					$Q^n = 0$	$Q^n = 1$
0	1	×	×	×		
1	0	×	×	×		
1	1	0	0	0→1		
				1→0		
1	1	0	1	0→1		
				1→0		
1	1	1	0	0→1		
				1→0		
1	1	1	1	0→1		
				1→0		

表 9-10　D 触发器功能

$\overline{S_d}$	$\overline{R_d}$	D	CP	Q^{n+1}	
				$Q^n = 0$	$Q^n = 1$
0	1	×	×		
1	0	×	×		
1	1	0	0→1		
			1→0		
1	1	1	0→1		
			1→0		

表 9-12　T′触发器

CP		Q
CP_1	↑	
CP_2	↑	
CP_3	↑	
CP_4	↑	
CP_5	↑	
CP_6	↑	

表 9-11　T 触发器

T	CP	$Q^n + 1$	
		$Q^n = 0$	$Q^n = 1$
0	↑		
1	↑		

③ 画出 T′触发器时序波形图。

5. 实验思考题

9.25 JK 触发器和 D 触发器的预置端 $\overline{S_d}$、$\overline{R_d}$ 能否同时为 1？

9.26 预置端 $\overline{S_d}$、$\overline{R_d}$ 与 CP 有否关系？

9.27 从 T′触发器时序波形图分析其基本功能。

9.9 集成寄存器

1. 实验目的

① 熟悉数码寄存器功能及其应用。

② 熟悉移位寄存器功能及其应用。

2. 实验元器件

直流稳压电源、面包板、74LS373、74LS164、共阳数码管、8 个发光二极管、8 个 22 Ω 电阻。

3. 实验内容

（1）数码寄存器

① 按图 9-24 连接电路（74LS377 引脚图查阅图 5-9）。

② 按表 9-13 先置入 $D_7 \sim D_0$ 数码，然后发出 CP 脉冲 0→1（先接地后接 +5 V），观察数码管显示数码状态。

（2）移位寄存器

① 按图 9-25 连接电路（74LS164 引脚图查阅图 5-14）。

② 从 74LS164 $D_{SA}D_{SB}$ 端（短接）输入串行数据 $D_S = 10101101$。

输入操作时，先在 $D_{SA}D_{SB}$ 端输入一位数据，然后 CP 从 0→1，依次将 D_S 的 8 位数据串入完毕。观察并记录 $Q_0 \sim Q_7$ 端发光二极管亮暗状态（亮表示 1，暗表示 0），判断是否按输入数据逐位移动。

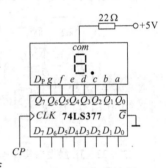

图 9-24　数码寄存器

表 9-13　共阳数码管

$D_7\ D_6\ D_5\ D_4\ D_3\ D_2\ D_1\ D_0$	显示数码及小数点亮暗状态
1 1 0 0 0 0 0 0	
1 1 1 1 1 0 0 1	
1 0 1 0 0 1 0 0	
1 0 1 1 0 0 0 0	
1 0 0 1 1 0 0 1	
0 0 0 1 0 0 1 0	
0 0 0 0 0 0 1 0	
0 1 1 1 1 0 0 0	
0 0 0 0 0 0 0 0	
0 0 1 0 0 0 0 0	

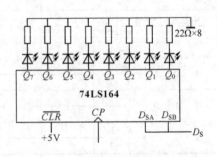

图 9-25　串入并出移位寄存器

4. 实验报告

① 画出 74LS377、74LS164 引脚排列图并简述引脚功能。

② 画出图 9-24、图 9-25 电路图。

③ 按实验结果填写表 9-13。

④ 画出图 9-25 时序波形图(设未串入数据时,$Q_7 \sim Q_0 = 0$)。

5. 实验思考题

9.28　若用 74LS373 替代图 9-24 中的 74LS377,电路应如何连接? 数据输入如何操作?

9.29　74LS 373 的门控端 G 与 74LS 377 的门控端 $\overline{G}$ 有何区别? 74LS 377 的门控端 $\overline{G}$ 与 74LS 373 的输出允许端 $\overline{OE}$ 有何区别?

9.30　为什么图 9-25 中 74LS 164 的 $D_{SA}D_{SB}$ 要短接,可否让串入信号从其中一端输入?

9.10　集成计数器

1. 实验目的

熟悉集成计数器功能及其应用。

2. 实验元器件

直流稳压电源、面包板、74LS161、74LS192、74LS00、74LS10、6 个发光二极管、6 个 1 kΩ 电阻。

3. 实验内容

(1) 74LS161 构成模 12 加法计数器

① 按图 9-26a 和图 9-26b 分别连接电路(引脚图查阅图 5-30、图 2-26)。

② 依次从 CP 端输入触发脉冲(上升沿,0→1),观察并记录 $VD_3 \sim VD_0$ 显示状态(亮表示 1,暗表示 0)。

(2) 74LS192 构成十进制加减计数器

① 按图 9-27 连接电路(74LS192 引脚图查阅图 5-36)。

② 加减控制端置 1,依次从 CP 端输入触发脉冲(上升沿,0→1),观察并记录 $VD_5 \sim VD_0$ 显示状态(亮表示 1,暗表示 0)。

③ 加减控制端置 0,重复上述操作。

4. 实验报告

① 画出 74LS161、74LS192 引脚排列图并简述引脚功能。

② 画出图 9-26、图 9-27 电路并简述其工作原理。

③ 根据实验结果填写表 9-14、表 9-15(加减计数应分别填写)。

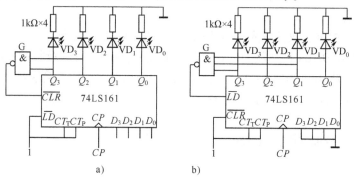

图 9-26　74LS161 构成模 12 加法计数器

a) 反馈复位法　b) 反馈置数法

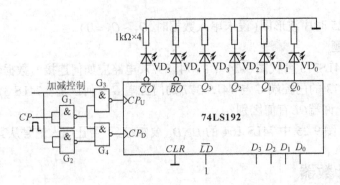

图 9-27　74LS192 构成十进制加减计数器

表 9-14　模 12 加法计数器状态转换表

CP	Q_3	Q_2	Q_1	Q_0
0				
1				
2				
3				
4				
5				
6				
7				
8				
9				
10				
11				
12				
13				
14				
15				
16				

表 9-15　十进制加减计数器状态转换表

CP	Q_3	Q_2	Q_1	Q_0	$\overline{CO}/\overline{BO}$
0					
1					
2					
3					
4					
5					
6					
7					
8					
9					
10					

④ 画出图 9-27 十进制加减计数器时序波形图。

5. 实验思考题

9.31　图 9-26 中可否取消发光二极管电流限流电阻或取值较小？

9.32　为什么图 9-26a 是计数到 1100 反馈，而图 9-26b 只要计数到 1011 反馈？

9.33　为什么图 9-26b 中 $D_3 \sim D_0$ 接地，而图 9-26a 中 $D_3 \sim D_0$ 不接地？

9.34　简述图 9-27 加减计数控制原理。

9.11　集成顺序脉冲发生器

1. 实验目的

熟悉集成顺序脉冲发生器功能及其应用。

2. 实验元器件

直流稳压电源、面包板、CC4017、10 个发光二极管。

3. 实验内容

① 按图9-28连接电路(CC4017引脚图查阅图5-54)。

② 依次从 CP 端输入触发脉冲(上升沿,0→1),观察 $VD_0 \sim VD_9$ 显示状态(亮表示1,暗表示0)。

③ CP 脉冲(下降沿,1→0)依次从 INH 端输入,CP 端接高电平,再次观察 $VD_0 \sim VD_9$ 显示状态。

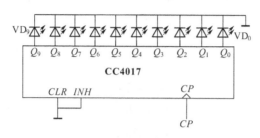

图9-28 顺序脉冲发生器

4. 实验报告

① 画出CC4017引脚排列图并简述引脚功能。

② 画出图9-28和时序波形图。

5. 实验思考题

9.35 CC4017同时完成了哪几种时序电路功能?

9.36 如何理解CC4017有2个 CP 脉冲输入端?

9.37 与图9-25相比,为何图9-28中发光二极管不需限流电阻?

9.12 多谐振荡器

1. 实验目的

熟悉多谐振荡器的组成和参数调节。

2. 实验元器件

直流稳压电源、面包板、示波器、74LS00、CC40106、线性电位器33 kΩ×2、二极管 IN4148×2、晶振32768 Hz、电容1 nF、100 pF×2、电阻(10 kΩ、220 kΩ、2.2 MΩ)。

3. 实验内容

(1)由门电路组成的多谐振荡器

① 按图9-29连接电路(74LS00引脚图查阅图2-26),其中 $R_S = 220$ kΩ,$R_{P1} = R_{P2} = 33$ kΩ,$R = 10$ kΩ,$C = 1$ nF,u_I 接高电平。

② 先将 R_{P2} 调至中点,调节 R_{P1},用示波器观察振荡波形和测量振荡频率变化范围。

③ 再调节 R_{P2}(R_{P1} 调至最大),用示波器观察振荡波形和测量占空比变化范围。

④ u_I 接地,用示波器观察振荡情况。

(2)由施密特电路组成的多谐振荡器

① 按图9-30连接电路(CC40106引脚图与CC4069相同,查阅图2-31),其中 $R = 10$ kΩ,$R_P = 33$ kΩ,$C = 1$ nF。

② 调节 R_P,用示波器观察振荡波形和测量振荡频率变化范围。

（3）石英晶体多谐振荡器

① 按图 9-31 连接电路,其中 $R_F = 2.2\ \text{M}\Omega$,$C_1 = C_2 = 100\ \text{pF}$。

② 用示波器观察振荡波形和测量振荡频率。（注:若有频率计用于实验更好）

4. 实验报告

① 画出图 9-29、图 9-30、图 9-31 电路。

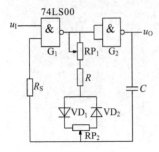

图 9-29　门电路组成的
多谐振荡器

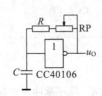

图 9-30　施密特电路组成的
多谐振荡器

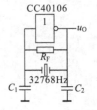

图 9-31　石英晶体多谐
振荡器

② 理论计算电路振荡频率,与实测值比较。

5. 实验思考题

9.38　如何控制图 9-29 电路的振荡?若需要用低电平作为控制信号,应选择何种门电路?

9.39　图 9-29 中的两个二极管起什么作用?

9.40　CC4069 和 CC40106 同为 CMOS 六反相器,能否用 CC4069 代替图 9-30 和图 9-31 中的 CC40106?

9.41　图 9-31 中的 R_F 有什么作用?

9.13　秒信号发生器

1. 实验目的

① 熟悉典型的秒信号产生电路。

② 熟悉分频功能。

2. 实验元器件

直流稳压电源、面包板、CC4013、CC4060、晶振 32768 Hz、2 个发光二极管、电容 100 pF ×2、电阻 2.2 MΩ、电阻 1 kΩ ×2。

3. 实验内容

① 按图 9-32 连接电路（CC4013 引脚图查阅图 4-20,CC4060 引脚图查阅图 5-44）。

② 观察 VD$_1$、VD$_2$ 闪烁情况,VD$_1$ 为 2 Hz 闪烁,VD$_2$ 为秒闪烁。

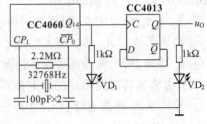

图 9-32　秒信号发生电路

4. 实验报告

① 画出 CC 4013 和 CC 4060 引脚图,简述引脚功能。

② 画出图 9-32 电路,简述其工作原理(参阅例 5-10)。

5. 实验思考题

9.42 CC4060 在图 9-32 电路中起了什么作用?

9.43 图 9-32 秒信号的精度取决于什么?

9.14 集成单稳态电路

1. 实验目的

熟悉集成单稳态电路功能及其应用。

2. 实验元器件

直流稳压电源,双踪示波器,面包板,CC4098,CC4069,电阻 100 kΩ、10 kΩ×2、5.1 kΩ,电容 10 nF、100 nF×2。

3. 实验内容

① 按图 9-33 连接电路(CC4098 引脚图查阅图 6-14),其中 $R_1 = 10$ kΩ,$R_2 = 5.1$ kΩ,$C_1 = C_2 = 100$ nF。

② 双踪示波器同时观察 u'_O 和 u_O 波形。

③ 分别测量输入脉冲 u_I、延时脉冲 u'_O 和输出脉冲 u_O 宽度。

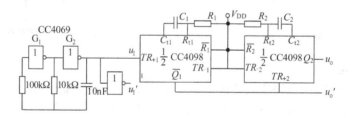

图 9-33 单稳态脉冲延时电路

4. 实验报告

① 画出 CC4098 引脚排列图并简述其引脚功能。

② 画出图 9-33 电路,并简述其工作原理(参阅例 6-3)。

③ 画出 u_I、u'_O、u_O 时序波形图。

④ 理论计算输入脉冲 u_I、延时脉冲 u'_O 和输出脉冲 u_O 宽度,并与实测值比较。

5. 实验思考题

9.44 若单稳态电路输入脉冲为 u'_I,且输出保持其负脉冲形式,试重画连接电路及时序波形图。

9.15 555 定时电路

1. 实验目的

熟悉 555 定时器功能及其应用。

2. 实验元器件

直流稳压电源,面包板,555 定时器,电阻 100 kΩ、51 kΩ×2、10 kΩ、1 kΩ,电容 100 μF,10 μF、1 nF。

3. 实验内容

(1) 555 构成单稳态电路

① 按图 9-33 连接电路(555 引脚图查阅图 6-30),其中 $R_1 = 10$ kΩ,$R_2 = 100$ kΩ,$R_3 = 1$ kΩ,$C_1 = 100$ μF,$C_2 = 1$ nF。

② 按下按键 K(无锁)发光二极管亮并延时熄灭,记录延时时间。

(2) 555 构成多谐振荡器

① 按图 9-34 连接电路,其中 $R_1 = R_2 = 51$ kΩ,$R_3 = 1$ kΩ,$C_1 = 10$ μF,$C_2 = 1$ nF。

② 接通电源,观察发光二极管 VD 闪烁状态,记录每分钟闪烁次数,推算其振荡周期。

4. 实验报告

① 画出 555 定时器引脚排列并简述引脚功能。

② 画出图 9-34、图 9-35 电路并简述工作原理。

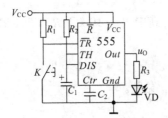

图 9-34　单稳延时电路

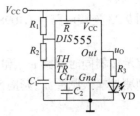

图 9-35　多谐振荡器

5. 实验思考题

9.45　欲增大图 9-34 电路发光二极管点亮延时时间,可调整哪些元件?

9.46　欲提高图 9-35 闪烁发光二极管闪烁频率,可调整哪些元件?

9.47　欲增大图 9-35 中发光二极管亮度,可调整哪些元件?

第 10 章　数字电路综合应用

本章收集了部分典型、常用、有趣并有实用价值的数字电路小制作、小设计,较简单易行,可作为课程设计选题,以便进一步理解、巩固已学过的概念和理论知识,增强对学习数字电子技术课程的兴趣。

10.1　触摸式延时开关

1. 概述

图 10-1 为触摸式延时开关电路,主要由反相器 G_1、G_2、三极管 V 和继电器 J 组成。一般可用于楼道灯控制电路或触摸控制电路。

2. 工作原理

① 未触摸触点 T 时,门 G_1 输入为低电平,输出为高电平,二极管 VD_1 截止,C_2 充电至高电平,门 G_2 输出低电平,三极管 V 截止,继电器 J 不得电。

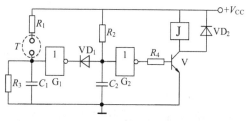

图 10-1　触模式延时开关

② 触摸触点 T 时,C_1 充电至高电平 $(R_3 \gg R_1)$,门 G_1 输出低电平,二极管 VD_1 导通,C_2 放电,门 G_2 输入低电平,输出高电平,三极管 V 饱和导通,继电器 J 得电,动作。

③ 当人手触摸离开后,C_1 通过 R_3 放电,放至使门 G_1 输入端低电平时,输出高电平;二极管 VD_1 截止,$R_2 C_2$ 充电,充电至门 G_2 输入端高电平时,输出低电平;三极管 V 截止,继电器 J 失电复位。延时时间为 $R_3 C_1$ 放电时间与 $R_2 C_2$ 充电时间之和。

3. 元器件选择

① 门 G_1、G_2 可选择 TTL 或 CMOS 门电路,如 74LS04、CC 4069 等,若用与非门,则多余输入端接"1",若用或非门,则多余输入端接"0"。

② 继电器 J 的触点电流容量应根据被控制负载的电流参数选择,一般取 2~3 倍以上;继电器 J 的线圈电压参数可根据电源电压 V_{CC} 和门电路电源电压选择。若门电路选用 CMOS 门电路,电源电压选 6 V、9 V、12 V 均可,继电器 J 线圈电压参数与其匹配;若门电路选用 TTL 门电路,则电源电压 V_{CC} 只能用 + 5 V,继电器 J 线圈电源电压参数也只能选 5 V(6 V 也可)。

③ 三极管 V 的选用主要考虑有足够的电流驱动能力,继电器 J 线圈电流一般为 30~40 mA(电源电压高时,驱动电流小;触点电流容量大时,驱动电流大),一般可选 9013($I_{CM} = 500$ mA)。

④ 二极管 VD_1 的作用是隔离和提供 C_2 放电通路;VD_2 的作用是提供继电器 J 线圈能量的释放通路,防止继电器线圈在通断切换时产生反电势过电压损坏三极管 V,可选 IN4001。

⑤ R_1、R_3 的取值应保证分压后,门 G_1 输入高电平,应取 $R_3 \gg R_1$,R_1 小,触摸灵敏度高(C_1 充电快)。R_3、C_1 和 R_2、C_2 的取值与延时时间有关,若取 $R_1 = 100$ kΩ,$R_3 = 5.1$ MΩ,$C_1 = 0.1$ μF,$R_2 = 1$ MΩ,$C_2 = 22$ μF,延时时间约 20 s。

⑥ R_4 为三极管 V 基极限流电阻,一般可取 10 kΩ。

10.2 应急灯控制电路

1. 概述

应急灯一般用于突然停电且环境光不足时应急照明。图 10-2 为一种应急灯控制电路,主要由或非门 G_1、G_2,光敏电阻 R_g,继电器 J,逆变升压电路,电源变压器和桥式整流、电容滤波电路组成。

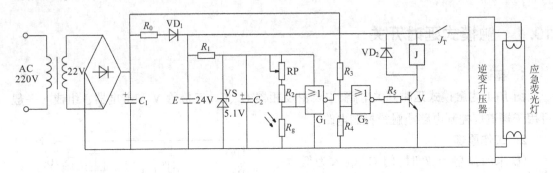

图 10-2　应急灯控制电路

2. 工作原理

① 变压器降压,桥式整流、电容滤波提供 24 V 蓄电池 E 充电电源和继电器 J 线圈电源,同时经 R_1、VS、C_2,稳压 5 V,提供 TTL 门电路 G_1、G_2 电源。

② 或非门 G_1 的作用是检测环境光亮暗。光照较强时,光敏电阻 R_g 阻值较小,与 RP、R_2 分压后,门 G_1 输入端为低电平,输出为高电平;光照不足时,光敏电阻 R_g 阻值很大,与 RP、R_2 分压后,门 G_1 输入端为高电平,输出为低电平。调节 RP 可调节光照亮暗使门 G_1 翻转的临界点。

③ 或非门 G_2 的作用是检测电源电压,并根据光照情况控制继电器触点 J_T 闭合或断开。当交流电源断电时,C_1 两端电压为 0,R_3R_4 分压后,使或非门 G_2 一个输入端为低电平,若此时光照暗,门 G_1 输出低电平,则或非门 G_2 全 0 出 1,驱动三极管 V 饱和导通,继电器 J 得电,触点 J_T 闭合,逆变升压电路得电驱动应急荧光灯发光。若光照较亮时,由于门 G_1 输出高电平,则或非门 G_2 有 1 出 0,则三极管仍截止,继电器触点不会闭合,应急灯暗。

3. 元器件选择

① 变压器副边电压主要考虑能提供 24 V 蓄电池 E 充电电源,取 22 V 较为适宜,经桥式整流电容滤波,22 V × 1.2 = 26.4 V,可保证向蓄电池充电,VD_1 为隔离二极管,防止交流电源断电时蓄电池向 C_1 反向放电,可选 IN4001。R_0 为充电限流电阻,可选 22 Ω/0.5 W。C_1 为滤波电容,可取 470 μF/35 V。

② 门 G_1、G_2 可选用 TTL 或 CMOS 或非门电路,如 74LS02、CC 4001 等。R_g 可选用 100 kΩ 光敏电阻,$(R_P + R_2)$ 约 100 kΩ,可取 $R_2 = 82$ kΩ,$R_P = 47$ kΩ。R_3、R_4 的取值主要考虑对电容 C_1 的电压分压后为门 G_2 的高电平值,但又不超过其电源电压,取 $R_3 = 100$ kΩ,$R_4 = 20$ kΩ。

③ 稳压管稳压值 U_Z 的取值主要考虑门 G_1、G_2 电源电压,若门 G_1、G_2 选用 TTL 门电路,

则选 5.1 V/0.5 W 稳压管；若门 G_1、G_2 选用 CMOS，则稳压管稳压值 U_Z 可选得略高一些。R_1 为限流电阻，可按 $R_1 = (24 - U_Z)/20$ mA 估算，此处取 1 kΩ/1 W，C_2 取 100 μF/6.3 V。

④ 继电器可选用小功率继电器，如 HG4100（24 V/1 A）。三极管 V 的选用主要考虑启动继电器 J 线圈（一般为 30 ~ 40 mA），可选 9013（$I_{CM} = 500$ mA）。二极管 VD_2 可选用 IN4001。R_5 为三极管 V 基极限流电阻，一般可取 10 kΩ。

⑤ 逆变升压电路和荧光灯有专用配套器件。

10.3 闪烁显示器

1. 概述

闪烁显示器电路如图10-3所示，主要由 G_1、G_2 组成的多谐振荡器和BCD译码、显示、驱动电路 CC4511 和共阴 LED 数码管组成。

2. 工作原理

① G_1、G_2 组成多谐振荡器（参阅 6.3.1），控制 CC4511（参阅 3.2.3）消隐控制端 $\overline{BI}$，当 $\overline{BI} = 1$ 时，数码管显示；当 $\overline{BI} = 0$ 时，数码管显示暗。

② $\overline{LT}$ 为灯测试端，$\overline{LT} = 1$，不测试；LE 为数据输入控制，$LE = 0$，数据可不断输入。

③ 与非门 G_1 控制端为 1，多谐振荡器振荡，数码管闪烁显示；控制端为 0，多谐振荡器停振，门 G_2 输出低电平，数码管暗；若需控制端为 0 时，数码管显示但不闪烁，可将 CC4511 $\overline{BI}$ 端接至门 G_1 输出端。

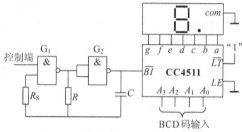

图 10-3　闪烁显示器

3. 元器件选择

① 与非门 G_1、G_2 可选用 CC 4011（2 输入端 4 与非门），因 CC4511 属 CMOS 电路，因此 G_1、G_2 也须选用 CMOS 门电路，否则逻辑电平不匹配，易出错。若译码显示驱动电路选用 74LS48（参阅 3.2.3），则与非门 G_1、G_2 既可选用 TTL 与非门电路，也可选用 CMOS 门电路。

② RC 参数决定闪烁显示频率，一般选 $R_S = 1$ MΩ，$R = 470$ kΩ，$C = 1$ μF，闪烁频率约1 Hz。当 CC4511 电源电压为 +5 V 时，$a \sim g$ 端可直接与数码管相连，不需限流电阻；若 CC4511 电源电压大于 5 V 时，$a \sim g$ 端应串接限流电阻。

③ 图 10-3 电路中的多谐振荡器由门电路组成，也可用 555 定时电路或其他电路组成可控多谐振荡器。

④ 图 10-3 电路仅画出了一位数显，若需多位数显同时闪烁显示时，只需将多位 CC4511 $\overline{BI}$ 端并联，同时接至多谐振荡器输出端。因 CMOS 门电路输入阻抗极高，一般无需考虑多谐振荡器电流驱动能力。

10.4 随机数字显示器

1. 概述

随机数字显示器一般用于摇奖、抽签等场合，图10-4 为一位随机数字显示器电路，主要由

G_1、G_2 组成的多谐振荡器、十进制计数器 74LS160、BCD 译码显示驱动电路 74LS47 和共阳数码管组成。

2. 工作原理

① 与图 10-3 闪烁显示器相比,图 10-4 随机数字显示器主要区别是多了一个十进制计数器 74LS160,将多谐振荡器产生的方波脉冲计数输出 BCD 码,再由 74LS47 译码显示。

② 图中按键 K 用于控制多谐振荡器振荡,K 按下时,多谐振荡器振荡,LED 数码管快速更换显示值;K 释放时,多谐振荡器停振,LED 数码管保持最终计数数值。

③ 74LS47 为译码驱动显示电路(参阅 3.2.3),反码输出。因此 LED 数码管为共阳数码管。$\overline{RBI}$、$\overline{BI/RBO}$ 为与消隐有关的控制端,此处不用接高电平。$\overline{LT}$ 为灯测试端,$\overline{LT}=1$,不测试。

④ 74LS160 为十进制计数器(参阅 5.3.4),CP 为计数脉冲输入端;$Q_0 \sim Q_3$ 为计数输出端,接 74LS47 译码数据输入端 $A_0 \sim A_3$;$\overline{LD}$ 为置数端,$\overline{LD}=1$,不置数;$\overline{CLR}$ 为清零端,$\overline{CLR}=1$,不清 0;CT_T 与 CT_P 为计数控制端,$CT_T=CT_P=1$,允许计数。

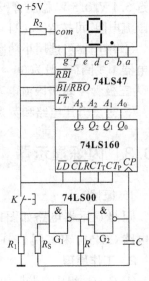

图 10-4　随机数字显示器

3. 元器件选择

为了逻辑电平匹配,本电路全部选用 TTL 74LS 系列电路。

① 74LS47 为反码输出,因此 LED 数码管为共阳数码管,R_2 为公共限流电阻,取 $R_2 = 100\ \Omega/1\ \mathrm{W}$。

② 多谐振荡器选用 74LS00(2 输入端 4 与非门),若振荡周期($T = 2.2RC$)取 0.1 s,则可选 $R_S = 1\ \mathrm{M}\Omega$,$R = 470\ \mathrm{k}\Omega$,$C = 0.1\ \mu\mathrm{F}$,$R_1 = 2\ \mathrm{k}\Omega$。

③ 若需多位随机数字互不关联显示,可由多个图 10-4 单元电路组成,每个单元电路的多谐振荡器的振荡周期不能相同。若需显示数字逐位进位,则高位 CP 输入端与低位进位输出端连接(参阅图 5-80)。

10.5　循环灯电路

1. 概述

循环灯电路如图 10-5 所示。电路由多谐振荡器、二进制计数器 74LS161、4/16 线译码器 74LS154 和 16 个发光二极管组成。当控制端电平有效时,16 个发光二极管依次循环显示,若 74LS154 输出端加上驱动电路,则可驱动显示彩灯、霓虹灯等。

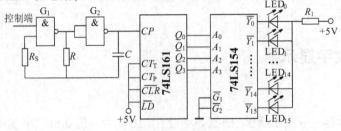

图 10-5　循环灯电路

2. 工作原理

① G_1、G_2 组成多谐振荡器,调节 RC 可调节振荡频率,控制端接高电平振荡,接低电平停振。

② 74LS161 为二进制计数器(参阅 5.3.4),$CT_T \cdot CT_P = 1$ 时允许计数,$\overline{CLR}$ 为清零端,$\overline{LD}$ 为置数端,不清零、不置数,因此 CT_T、CT_P、$\overline{CLR}$、$\overline{LD}$ 接高电平。$Q_0 \sim Q_3$ 为计数输出端,接译码器数据输入端 $A_0 \sim A_3$。

③ 74LS154 为 4-6 线译码器(参阅 3.2.2),$A_0 \sim A_3$ 为数据输入端,$\overline{G_1}$、$\overline{G_2}$ 为译码允许控制端,$\overline{G_1} = \overline{G_2} = 0$,允许译码;$\overline{Y_0} \sim \overline{Y_{15}}$ 为译码输出端,低电平有效;$\overline{Y_0} \sim \overline{Y_{15}}$ 中只有与 $A_0 \sim A_3$ 数据相对应的一端输出低电平有效,其余皆为高电平,外接发光二极管时,被译码选通的一个 LED 发光,其余暗。

3. 元器件选择

① G_1、G_2 可选 74LS00,以与 74LS161 的 TTL 电平匹配。多谐振荡器振荡频率宜取 $0.5 \sim 2$ Hz,循环显示效果较好,R_S 取 1 MΩ,$R = 470$ kΩ,$C = 1$ μF。多谐振荡器也可用 555 定时电路。

② 循环灯数量应与计数/译码器匹配,即 16 灯宜选用 4-16 译码器和 16 进制计数器;8 灯宜选用 3-8 译码输出和 8 进制计数器或计数译码合一的 4017、4022(参阅图 5-56)。

③ R_1 为 LED 限流电阻,因 16 个 LED 中,每次仅一个导通,因此只需一个公共限流电阻。取 $R_1 = 330$ Ω。

10.6 智力竞赛抢答器

1. 概述

图 10-6 为 8 路智力竞赛抢答器。主要由按键开关矩阵 $K_0 \sim K_8$、8-3 线编码器 74LS148、3-8 线译码器 74LS138、三极管 V 和压电蜂鸣器 HA 以及 8 个 LED 指示灯组成。当 $K_0 \sim K_7$ 中有键首先按下时,相应 LED 灯亮,蜂鸣器发出嘟声,可用于 8 路智力竞赛抢答。

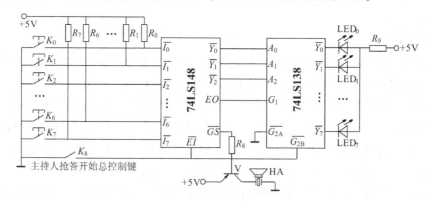

图 10-6　8 路智力竞赛抢答器

2. 工作原理

① $K_0 \sim K_8$ 为按键开关矩阵,其中 K_8 为带锁定按键,K_8 闭合时,编码和译码芯片允许工作;K_8 断开时,编码器和译码器均不工作,LED 暗,HA 无声。$K_0 \sim K_7$ 为 8 路抢答按键(无

锁),释放时,编码器相应输入端高电平;按下时,编码器相应输入端为低电平。

② 74LS148 为 8-3 线编码器(参阅 3.2.1),$\overline{I_0} \sim \overline{I_7}$ 为 8 路信号输入端,低电平有效;$\overline{Y_0} \sim \overline{Y_2}$ 为编码输出端;$\overline{EI}$ 为片选控制端,$\overline{EI} = 0$,编码;$\overline{EI} = 1$,停止编码;$\overline{GS}$ 为扩展输出端,编码时,$\overline{GS} = 0$;不编码时,$\overline{GS} = 1$;此处用于控制蜂鸣器嘟声,$K_0 \sim K_7$ 有信号输入时,$\overline{GS} = 0$,PNP 三极管 V 导通,压电蜂鸣器发嘟声。EO 为选通输出端,编码时,$EO = 1$;不编码时,$EO = 0$;此处用于控制 74LS138 译码。

③ 74LS138 为 3-8 线译码器(参阅 3.2.2),$A_0 \sim A_2$ 为数据输入端,$\overline{Y_0} \sim \overline{Y_7}$ 为译码输出端,低电平有效,8 个输出端中每次仅有与 $A_0 \sim A_2$ 数据相对应的一端为低电平,其余均为高电平。外接发光二极管时,被译码选通的一个 LED 灯亮,其余暗。74LS138 有 3 个译码控制端,G_1 高电平有效,与 74LS148 EO 端相连,74LS148 不编码时,74LS138 不译码;$\overline{G_{2A}}$、$\overline{G_{2B}}$ 低电平有效,$\overline{G_{2A}}$ 接地始终有效,$\overline{G_{2B}}$ 用于抢答总控制键 K_8 启动,主持智力竞赛人按下 K_8 后抢答有效,否则抢答器不工作。

3. 元器件选择

① $R_0 \sim R_7$ 取 10 kΩ;R_8 为三极管基极限流电阻,取 10 kΩ;三极管 V 为 PNP 管,选 9012;压电蜂鸣器为高阻抗发声元件,选用电源电压为 5 V 的品种;R_9 为 LED 公共限流电阻,取 330 Ω。

② 若需将 8 路抢答扩展为 10 路抢答,可选用 10-4 线编码器 74LS147 和 4-10 线译码器 74LS42。

③ 若不用 LED 显示抢答者,可用 74LS47 及数码管显示抢答者编号(参阅图 10-4)。

10.7　倒计时电路

1. 概述

二位倒计数电路如图 10-7 所示,主要由十进制同步可预置可逆计数器 74LS192、预置数按键矩阵 $K_0 \sim K_7$、译码显示驱动电路 74LS48 和共阴数码管组成。最大预置数 99,随计数脉冲输入,每次减 1,减至 0,LED 灯亮,压电蜂鸣器发嘟声。倒计数电路一般用于火箭发射及其他需要倒计时的场合。

2. 工作原理

① 74LS48 为译码显示驱动电路,可驱动共阴数码管,其连接方式、工作原理与图 10-4 相同。因 74LS48 输出高电平拉电流有限,因此不需串接限流电阻。

② 74LS192 为十进制同步可预置可逆计数器(参阅 5.3.4)。CLR 为清 0 端,高电平有效,$CLR = 0$,不清 0;$Q_0 \sim Q_3$ 为计数输出端,与 74LS48 数据输入端 $A_0 \sim A_3$ 连接,以便译码显示。

$D_0 \sim D_3$ 为并行数据置入端,置数时,调节置数按键矩阵 $K_0 \sim K_7$(带锁)至起始值,$\overline{LD}$ 为置数控制端,低电平有效,按下键 K_8(无锁),置入起始值并显示。

CP_D 和 CP_U 分别为减法计数和加法计数脉冲输入端,上升沿有效。一端输入计数脉冲时,另一端须高电平。现为减法计数,因此 $CP_U = 1$。74LS192(I) CP_D 接 G_3、G_4 组成的多谐振荡器振荡脉冲输出端;74LS192(II) CP_D 接 74LS192(I)借位输出端 $\overline{BO}$。

③ G_3、G_4 组成多谐振荡器,振荡频率宜取 1 Hz 左右。因 G_3、G_4 为或非门,因此 G_3 控制端低电平有效,其中一端通过 R_{12} 上拉接 +5 V;另一端通过 K_9(带锁)接 G_1 输出端。G_1 的两

个输入端分别为二位减法计数的借位输出端$\overline{BO}$,无借位时$\overline{BO}=1$,二位$\overline{BO}$只要有一位不借位,或非门G_1有1出0。若按下K_9,G_1控制端低电平,多谐振荡器即有计数脉冲输出,二位计数器即作减法计数,计数至二位全0借位时,G_1门全0出1,使多谐振荡器停振,计数器停止减法计数,保持显示0。

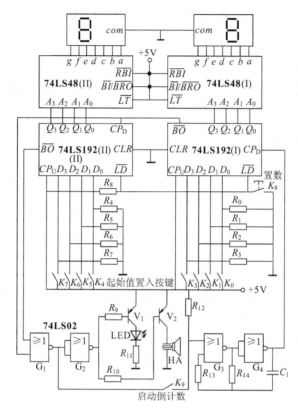

图 10-7　倒计数电路

④ G_1门输出1时,G_2门反相输出0,分别触发PNP三极管V_1、V_2导通,LED灯亮,压电蜂鸣器HA发嘟声。

3. 元器件选择

① 取$R_0 \sim R_7 = 2$ kΩ,$R_8 = R_9 = R_{10} = R_{12} = 10$ kΩ,$R_{11} = 330$ Ω,$R_{13} = 1$ MΩ,$R_{14} = 470$ kΩ,$C_1 = 1$ μF(多谐振荡器振荡频率约1 Hz),V_1、V_2选PNP三极管9012;或非门选二输入端4或非门74LS02。

② 倒计数电路如选用CMOS器件,则译码显示驱动芯片可选用CC4511(数码管用共阴);减法计数可选用CC4510,或非门电路可选用CC4001,且电路略作相应调整。

10.8　电容测试仪

1. 概述

图10-8为由两个555定时电路组成的简易电容测试仪电路,前一个构成多谐振荡器,后一个构成单稳态电路,可分档测量100 pF ~ 1 μF的电容容量。

2. 工作原理

① IC_1 组成频率固定的多谐振荡器；IC_2 组成单稳态电路,其暂稳脉冲宽度取决于被测电容 C_X 充电时间。C_X 较小时,暂稳脉冲宽度窄,输出电压平均值 U_{01} 小；C_X 较大时,暂稳脉冲宽度宽,输出电压平均值 U_{02} 大,如图 10-9 所示。

② 多谐振荡器输出脉冲的下降沿仅起触发作用,但其周期必须大于单稳态电路暂稳脉冲的最大脉宽。

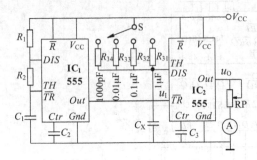

图 10-8　电容测试仪

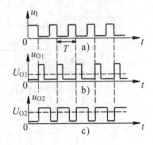

图 10-9　输入输出波形
a) 输入波形　b) C_X 较小　c) C_X 较大

3. 元器件选择

① 555 电路可选择双 555(556 或 7556)。

② 取 $R_1 = 18$ kΩ, $R_2 = 1$ kΩ, $C_1 = 0.1$ μF,则多谐振荡器周期 $T = (R_1 + R_2)C_1 \ln 2 = 1.386$ ms。

③ 取 $R_{31} = 1$ kΩ, $R_{32} = 10$ kΩ, $R_{33} = 100$ kΩ, $R_{34} = 1$ MΩ,则 1 μF、0.1 μF、0.01 μF 和 1000 pF 量程时最大暂稳脉宽均为 $t_w = R_3 C_X \ln 3 = 1.098$ ms,小于多谐振荡器周期 $T = 1.386$ ms。需要指出的是,$R_{31} \sim R_{34}$ 均须选用 ±1% 精密电阻,否则测量精度差。

④ 取 $C_2 = C_3 = 0.01$ μF,电流表可选用 0.5 mA 直流电流表(可用万用表 0.5 mA 电流档替代),$R_P = 50$ kΩ。

⑤ 调试时,取标准电容 0.01 μF 插入测量,S 开关拨至 0.01 μF 档,调节 R_P 使 0.5 mA 电流表满量程即可。

10.9　频率测试仪

1. 概述

图 10-10 为简易频率测试仪。由 IC_1 组成的施密特触发器、$R_3 C_3$ 微分电路、R_{41}、R_{42}、R_{43}、C_4 组成的阻容网络和 IC_2 组成的单稳态电路组成,可测量 10 kHz 以下各种交流信号的频率。

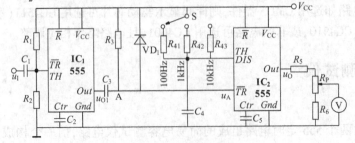

图 10-10　频率测试仪

226

2. 工作原理

① IC_1 组成施密特触发器，$R_1 = R_2$，无信号输入时，该端电位为 $V_{CC}/2$，有信号输入时，经电容 C_1 耦合至 555 电路 $\overline{TR}$ 和 TH 端，输入信号 $\geqslant 2V_{CC}/3$ 或 $\leqslant V_{CC}/3$，电路均翻转，其输出信号如图 10-11 中 u_{01}。

② R_3、C_3 组成微分电路，其中正微分脉冲被 VD_1 短路后只剩很小幅度，其波形如图 10-11 中 u_A。

③ IC_2 组成单稳态电路，其暂稳态脉宽由 R_{41}、R_{42}、R_{43}、C_4 组成的阻容网络确定，可根据不同输入信号频率分档调节。u_A 的负脉冲触发单稳态电路输出暂稳脉冲，其宽度在同一量程内相同，波形如图 10-11 中 u_0。

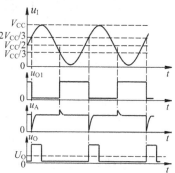

图 10-11　频率测试仪波形

④ 输入信号频率高，IC_2 输出的单稳脉冲个数多，直流平均电压高;反之，输入信号频率低，单稳脉冲个数少，直流平均电压低。调节 R_P 可使电压表在满量程时满度。

⑤ 频率测量仪与电容测量仪中单稳电路的区别是:电容测量仪是固定周期(频率)，根据被测电容改变暂稳脉冲宽度;频率测量仪是固定暂稳脉冲宽度，根据被测信号频率改变单稳脉冲个数。然后将其转换为电压或电流信号。

3. 元器件选择

① 555 电路可选双 555(556 或 7556)。

② 选 $R_1 = R_2 = 10\ k\Omega$，$C_1 = 1\ \mu F$，$C_2 = C_5 = 0.01\ \mu F$。

③ R_3、C_3 参数的选择主要考虑既要有足够的微分脉冲宽度去触发单稳电路，又要及时响应最高输入信号频率的变化。取 $R_3 = 10\ k\Omega$，$C_3 = 1000\ pF$。

④ R_{41}、R_{42}、R_{43}、C_4 确定单稳电路暂稳脉冲宽度，其宽度不应超过被测信号最大周期，一般取被测信号最大周期 3/4。如 10 kHz 信号周期为 0.1 ms，若取 $R_{43} = 6.8\ k\Omega$，$C_4 = 0.01\ \mu F$，则暂稳脉宽 $t_W = R_{43}C_4\ln3 = 6.8 \times 10^3 \times 0.01 \times 10^{-6} \times \ln3\ s = 0.0747\ ms$。因此，取 $C_4 = 0.01\ \mu F$，$R_{41} = 680\ k\Omega$，$R_{42} = 68\ k\Omega$，$R_{43} = 6.8\ k\Omega$。

⑤ R_5、R_P、R_6 的取值是选取适当分压比;与电源电压 V_{CC} 和电压表电压量程匹配。若取 $V_{CC} = 5\ V$，满量程 2 V 电压表，则可取 $R_5 = R_6 = 2\ k\Omega$，$R_P = 2\ k\Omega$。调试时，量程档取 1 kHz 档，用示波器输出的标准 1 kHz 信号作输入，调节 R_P，使 2 V 电压表满度。

10.10　按键/声控双功能光控延时灯

1. 概述

图 10-12 为按键/声控双功能光控延时灯电路。主要由双向晶闸管、交流电源降压稳压电路、光控单稳态电路和按键/声控、触发控制电路组成。具有按键和声控两种控制方式;当按键按下或声音控制时能在光线暗条件下使受控灯点亮，延时一段时间后自动熄灭，一般可用于楼道灯延时控制。

2. 工作原理

① 电灯 EL 导通与否受双向晶闸管 VT 控制，VT 导通，EL 点亮。而双向晶闸管是否导

通取决于有无触发脉冲。555 电路构成单稳态电路,受触发时,将输出一个暂稳态正脉冲,触发双向晶闸管 VT 导通,EL 点亮。暂稳态脉冲过后,双向晶闸管自动关断,EL 灭。

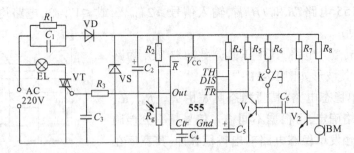

图 10-12　按键、声控双功能光控延时灯电路

② 复位端 $\overline{R}$ 由 R_2、R_g 分压确定,其中 R_g 为光敏电阻,受光照时电阻较小,分压后为低电平,555 处于复位状态;光线暗时,R_g 很大,分压后为高电平,555 脱离复位状态。555 是否触发受 V_1、V_2 控制。V_2 处于导通状态,但由于电容 C_6 隔直,无法使 V_1 导通,有声音时,话筒 BM 将声音信号转换为电脉冲信号,经 C_6 耦合,V_1 放大,555 电路 $\overline{TR}$ 端输入一个负脉冲,进入单稳状态。另外,若按键 K(无锁)按下,也可使 V_1 饱和导通。

③ R_1、C_1、VD、C_2、VS 组成降压稳压电路。电子电路正常工作需要低压直流电源,若专为每个楼道灯提供一套变压器降压、整流滤波直流电源,显然将大大增加成本。由于现代电子电路功耗较低,且应用于楼道灯,一般不会产生安全问题,因此可用简易方法产生直流电源。R_1、C_1 组成电容降压电路,VD 组成半波整流,C_2、VS 组成滤波稳压电路,在单稳态电路电流较小时,可保障电源供给。

3. 元器件选择

① 双向晶闸管 VT 选用 97A6(1 A),R_3 为限流电阻,可取 $R_3 = 330\ \Omega$,$C_3 = 0.01\ \mu F$。

② R_4、C_5 可确定单稳态电路暂稳脉冲,取 $R_4 = 510\ k\Omega$,$C_5 = 47\ \mu F$,则 $t_w = R_4 C_5 \ln 3 = 26.3$ s。555 电路选用双极型(驱动电流大),取 $C_4 = 0.01\ \mu F$。

③ C_1 的大小可确定降压稳压电路的负载能力,C_1 大,输出电流大,负载能力强。一般取 $C_1 = 0.68\ \mu F/400\ V$(无极性);R_1 为直流降压电阻,一般取 $R_1 = 1\ M\Omega/0.5\ W$,VD 为半波整流二极管,选用 IN4004;VS 选用 6 V/1 W 稳压管;C_2 为滤波电容,取 $C_2 = 470\ \mu F/16\ V$。

④ 三极管 V_1、V_2 选 9014,取 $R_2 = 100\ k\Omega$,R_g 为 100 kΩ 光敏电阻,$R_5 = R_6 = R_7 = R_8 = 10$ kΩ,声控话筒 BM 可选用微型驻极体话筒。

4. 注意事项

本电路因无隔离变压器降压,因此调试时不能直接触摸,需防止触电。

10.11　脉冲群编码和译码电路

1. 概述

在遥控技术中,常用脉冲群中脉冲数目的个数作为不同遥控指令的区分。因此,在发射电路中,需要对脉冲数目编码;在接收电路中需要对脉冲数目译码。

图 10-13a 为脉冲数目编码电路,主要由 $K_0 \sim K_7$ 按键矩阵、计数器 CC4017、G_1 和 G_2 组

成的多谐振荡器以及 G_3、G_4、G_5、G_6 组成的复位控制和振荡控制电路组成。

图 10-13b 为脉冲数目译码电路,主要由 555 组成的单稳态电路、CC4017 组成的脉冲计数器和 74LS373 组成的扫描脉冲清除电路组成。

脉冲数目编码电路和译码电路一般可用于红外线、超声波或无线电脉冲信号的遥控发射和接收。

2. 脉冲数目编码电路工作原理

① 图 10-13a 中,G_1、G_2 组成多谐振荡器,但振荡与否,视 B 点电平。B 点高电平,二极管 VD_2 截止,多谐振荡器振荡;但 B 点电平与 C 点有关,若 C 点高电平,则 B 点低电平,二极管 VD_2 导通,多谐振荡器停振。

② 接通电源时,V_{DD} 通过 R_4 向 C_2 充电,经 G_5、G_4 反相再反相,CC4017(参阅 5.4),$CLR=1$,复位,$Q_0=1$,$Q_1 \sim Q_9=0$。此时若 $K_0 \sim K_7$ 均未按下,则 C 点高电平,A、B 点低电平,多谐振荡停振。若 $K_0 \sim K_7$ 中有键按下,例如按下 K_4,则因 $Q_6=0$,即 C 点低电平,B 点高电平,VD_2 截止,多谐振荡器振荡,从 u_0 端输出振荡脉冲并进入 CP 端使 CC4017 计数。计数 6 个脉冲后,$Q_6=1$,即 C 点高电平,A、B 点低电平,多谐振荡器停振。因此,从 u_0 端输出的脉冲数目共 6 个。同理若分别按下 $K_0 \sim K_7$ 则将从 u_0 分别输出 $2 \sim 9$ 个脉冲(注意:Q_m 比 K_n 编号多 2)。

③ G_6 的作用是反相 B 点电平,当有键按下后 C 点低电平,B 点高电平,D 点低电平,电容 C_2 通过 VD_1 放电,使 CC4017 $CLR=0$,脱离复位状态。当发送 m 个脉冲完成后,C 点高电平,B 点低电平,D 点高电平,重启 C_2 充电,使 CC4017 再次复位。若已按下的按键未释放,将再发送 m 个脉冲,直至按键释放为止,所以称为脉冲群编码电路。

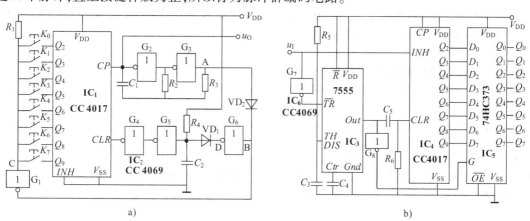

图 10-13 脉冲数目编码及译码电路
a) 编码电路 b) 译码电路

3. 脉冲数目译码电路工作原理

① 图 10-13b 中,IC_3(555)组成单稳态电路,输入第 1 个脉冲的上升沿经 G_7 反相后的下跳变触发 555 电路翻转,555 电路 Out 端输出正脉冲,经 $C_5 R_6$ 微分电路,产生正微分脉冲使 CC4017 复位。

② CC4017 计数脉冲从 INH 端注入(此时 CP 须接高电平),下降沿计数(参阅表 5-14),输出端 $Q_0 \sim Q_9$ 随计数脉冲数变化。

③ 74LS373 为 8D 锁存器(参阅 5.2.2,锁存器功能参阅 4.2.2),门控端 $G=1$ 时呈透明

229

状态(即输出端 $Q_0 \sim Q_7$ 跟随输入端 $D_0 \sim D_7$ 变化), $G = 0$ 时,输出原锁存信号不变。u_1 端输入第 1 个脉冲的上升沿,使 555 Out 输出正脉冲,经 G_8 反相,使 IC_5 门控端 $G = 0$,因此,74LS373 并不理会输入端 $D_0 \sim D_7$ 端的信号变化,直至单稳态电路暂稳脉冲结束,555 $Out = 0$,经 G_8 反相,使 IC_5 门控端 $G = 1$,74LS373 才根据 CC4017 最终计数值改变输出端状态,从而避免 CC4017 $Q_2 \sim Q_9$ 计数输出的中间过程出现在 74LS373 的输出端 $D_0 \sim D_7$(称为扫描脉冲清除电路)。例如计数 6 个脉冲,CC4017 $Q_6 = 1$(其余 Q 端为 0),74LS373 $D_4 = 1$,$Q_4 = 1$(其余 Q 端为 0),与编码电路中 K_4 键吻合。

4. 元器件选择

① IC_1、IC_4 可选用 CMOS CC4017,IC_2、IC_6 可选用 CMOS CC4069(6 反相器),IC_3 选用 CMOS 定时电路 7555,IC_5 选用 74LS373。

② 多谐振荡器的振荡频率、R_4C_2 充电时间常数与脉冲群周期和单个脉冲周期应适当配合。设按键 $K_0 \sim K_7$(无锁)按下时间为 1 s,期间发出 10 组脉冲群,每组周期 100 ms,其中 60 ms 发射脉冲,组间最小间隙为 40 ms。脉冲群按最多 9 个脉冲计算,则单个脉冲周期为 6.67 ms。取 $R_3 = 1\ M\Omega$,$R_2 = 390\ k\Omega$,$C_1 = 0.01\ \mu F$,则单个脉冲周期 $T = 2R_2C_1\ln3 = 6.6\ ms$;脉冲群组间间隙 R_4C_2 即充电时间常数,取 $R_4 = 39\ k\Omega$,$C_2 = 1\ \mu F$,则 $\tau = R_4C_2 = 39\ ms$。VD_1、VD_2 选用 IN4148,$R_1 = 10\ k\Omega$。

③ 因脉冲群的最大宽度为 $9 \times 6.67 = 60\ ms$,因此单稳态电路暂稳脉宽应大于 60 ms 而小于 100 ms,取 $R_5 = 68\ k\Omega$,$C_3 = 1\ \mu F$,暂稳脉宽 $t_w = R_5C_3\ln3 = 74.8\ ms$,取 $C_4 = 0.01\ \mu F$。

④ C_5R_6 微分电路产生的微分脉冲既要有足够的宽度使 CC4017 复位,又不能影响 CC4017 的计数,因计数脉冲宽度为 6.67 ms,且下降沿触发计数,因此取 $R_6 = 10\ k\Omega$,$C_5 = 0.01\ \mu F$,微分脉冲宽度 $\tau = R_6C_5 = 0.1\ ms$。

10.12　红外反射光控延时灯

1. 概述

图 10-14 为红外反射光控延时灯电路,主要有 R_1、R_g 组成的光控电路,G_1、G_2、G_3、G_4 组成的间歇振荡器,G_5、G_6、G_7、VD_1 组成的红外发射电路,VD_2、G_8、G_9、G_{10} 组成的红外接收放大电路,D 触发器,R_8、C_4 组成的单稳态电路,R_9、R_{10}、三极管 V、双向晶闸管 VT 组成的电灯 EL 控制驱动电路和 R_{11}、C_6、VD_4、VS、C_5 组成的直流电源转换电路。

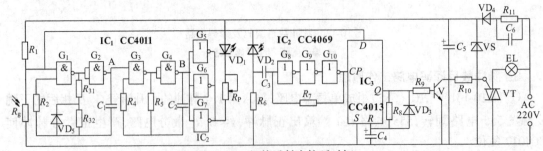

图 10-14　红外反射光控延时灯

在光线暗且有人经过时,VD_1 发射的红外线因人体反射,被 VD_2 接收,从而驱动电灯 EL 亮;无人经过时,VD_1 发射的红外线因反射较弱(可调节 R_P),VD_2 接收不到或灵敏度较低而无法驱动 EL 亮。有光照时,红外发光二极管停止发射红外线。

红外反射光控延时灯除用于自动控制楼道灯外,稍加改动,还可用于防盗报警等场合。

2. 工作原理

① R_1、R_g 组成光控电路。光敏电阻 R_g 有光照时电阻较小,与 R_1 分压后为低电平,使 G_1、G_2、G_3、G_4 组成的间歇振荡器停振;无光照或光线较暗时,电阻很大,与 R_1 分压后为高电平。该高电平的作用有两个:一是使 G_1、G_2 组成的多谐振荡器振荡;二是使 D 触发器 D 端信号高电平(有 CP 时,$Q=1$)。

② G_1、G_2 和 G_3、G_4 两个多谐振荡器组成间歇振荡器。其输出波形如图 10-15 所示。为了降低红外发射功率,G_1、G_2 组成的多谐振荡器应尽量减小占空比,即减小高电平时间,缩短 C_1 放电时间,将 R_3 分为 R_{31} 和 R_{32},$R_{32} > R_{31}$,且用 VD_5 在 C_1 放电时短路 R_{32},可达到上述目的。

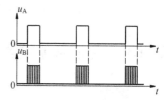

图 10-15　间隙振荡波形

③ G_5、G_6、G_7 并联是为了提高驱动能力。多谐振荡器停振时输出为低电平,经 G_5、G_6、G_7 反相为高电平,因此多谐振荡器停振时,红外发射二极管停上发射。只有在光线暗时,间隙发射(时间很短)红外线,因此红外发射功耗很小。调节 R_P,可调节红外发射二极管的电流,以有人经过反射时,VD_2 能有效接收;无人经过反射时,VD_2 不能有效接收为准。

④ G_8、G_9、G_{10} 组成线性放大器。门电路的线性区域很窄,但调节负反馈电阻 R_7 可使其工作在线性放大区域,由 VD_2、R_6 组成的红外线接收电路接收 VD_1 发射的红外线后,经 C_3 耦合,G_8、G_9、G_{10} 放大,可产生满足 D 触发器要求的 CP 脉冲。

⑤ D 触发器组成单稳态电路。当光线暗(D 触发器 $D=1$)且有人经过时,VD_2 接收红外发射信号,经 G_8、G_9、G_{10} 放大,产生 CP 脉冲,触发 D 触发器输出 D 端信号,$Q=1$,该信号一方面触发控制电灯 EL 通电点亮,同时通过 R_8 向 C_4 充电,当 C_4 上电压充至高电平阈值时,D 触发器复位,$Q=0$,电灯 EL 暗,且 C_4 通过 VD_3 放电。R_8C_4 充电时间常数即为电灯 EL 点亮延时时间。

⑥ R_9、R_{10}、三极管 V、双向晶闸管 VT 组成电灯 EL 控制驱动电路,R_9 为三极管基极限流电阻,R_{10} 为双向晶闸管控制极触发限流电阻。

⑦ R_{11}、C_6、VD_4、VS、C_5 组成直流电源转换电路(工作原理参阅 10.10 中图 10-12)。

⑧ 图 10-14 电路的缺点是抗干扰能力较差,若有接近红外光谱的信号被 VD_2 接收,会引起误动作。可靠的办法是对接收信号选频,只有符合既定频率的红外信号才是有效信号,如采用红外接收专用电路 CX20106 或锁相环音频译码电路 LM567 等,但该内容已超越本书内容范围,因此未予以展开。

3. 元器件选择

① IC_1 选用 CMOS 二输入端 4 与非门 CC4011,IC_2 选用 CMOS 六反相器 CC4069,IC_3 选用 CMOS 双 D 触发器 CC4013(本电路仅用其一组)。

② 选 $R_1 = 100\ \text{k}\Omega$,$R_g = 100\ \text{k}\Omega$ 光敏电阻。

③ 设间歇振荡器振荡周期为 10 ms,高电平时间为 1 ms;红外线发射频率为 40 kHz(周期为 0.025 ms),则取 $R_2 = 1\ \text{M}\Omega$,$R_{31} = 8.2\ \text{k}\Omega$,$R_{32} = 75\ \text{k}\Omega$,$C_1 = 0.1\ \mu\text{F}$,$VD_5$ 选用 IN4148。取 $R_4 = 100\ \text{k}\Omega$,$R_5 = 4.7\ \text{k}\Omega$,$C_2 = 4700\ \text{pF}$。

④ 红外发射二极管可选用 SE303A,红外接收二极管可选用 PH302, R_P 选用 1 kΩ, $R_6 = 10$ kΩ, $C_3 = 0.1$ μF。 R_7 的取值过大时会使 G_8、G_9、G_{10} 组成的线性放大器脱离线性放大区,过小时会增加门电路功耗,取 $R_7 = 390$ kΩ。

⑤ R_8、C_4 确定单稳电路暂稳时间,设 30 s 为宜,取 $R_8 = 620$ kΩ, $C_4 = 47$ μF, VD_3 选用 IN4001。

⑥ 双向晶闸管 VT 选用 97A6(1 A),三极管选用 9013,取 $R_9 = 10$ kΩ, $R_{10} = 220$ Ω。

⑦ 直流电源转换电路元器件参数同图 10-12。VD 选用 IN4004,VS 选用 6 V/1 W 稳压管;取 $C_5 = 470$ μF/16 V, $C_6 = 0.68$ μF/400 V(无极性), $R_{11} = 1$ MΩ/0.5 W。

10.13 定时电源插座

1. 概述

多量程定时电源插座电路如图 10-16 所示,主要由 14 级二进制计数/分频器 CC4060、交流电源降压电路、声光报警电路和继电器控制电源通断插座组成。可多量程选择定时时间(分 10 档),定时时间到,发出声光报警并接通或断开用电插座,可用于定时断开或定时接通交流电源。

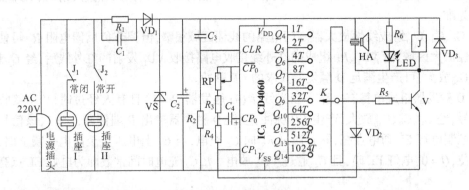

图 10-16　定时电源插座

2. 工作原理

① CC4060 为 14 级二进制串行计数/分频电路(参阅 5.3.4),外接阻容元件 R_3、R_4、R_P、C_4 与内部两个反相器组成自振荡电路。

② CC4060 有 10 个输出端: $Q_4 \sim Q_{10}$、$Q_{12} \sim Q_{14}$,分别对自振荡脉冲 $2^4 \sim 2^{10}$、$2^{12} \sim 2^{14}$ 分频,但应注意输出高电平时刻是对自振荡脉冲的 2^{N-1} 分频,如图 10-17 所示。若将 Q_4 输出作为基本定时单位 T,则 $Q_5 \sim Q_{10}$、$Q_{12} \sim Q_{14}$ 定时时间依次为 $2T \sim 64T$、$256T \sim 1024T$。切换开关 K 可按需输出定时时间。

③ C_3、R_2 构成微分电路,在接通电源时产生正微分脉冲,使 CC4060 复位。

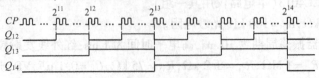

图 10-17　CC4060 分频输出波形图

④ CC4060 高电平使三极管 V 饱和导通,压电蜂鸣器 HA 发声,发光二极管 LED 亮,继电器 J 得电动作,继电器常闭触点 J_1 断开,常开触点 J_2 闭合。

VD$_3$ 提供继电器线圈储能释放通路,防止线圈电流切换时产生过压损坏三极管 V。

VD$_2$ 在定时时间到时导通,箝位 CP_1,使 CC4060 自振荡电路停振。

⑤ 电源插头接通 AC220V 电源,插座 I 用于定时断开电源;插座 II 用于定时接通电源。

⑥ R_1、C_1、VD$_1$、C_2、VS 组成交流电源降压稳压电路,工作原理同图 10-12。

3. 元器件选择

① 为延长定时时间,自振荡阻容元件时间常数取得较大。设 Q_4 输出为基本定时单位 $1T$ = 10 s,则可取 R_4 = 1 MΩ,R_3 = 100 kΩ,R_P = 100 kΩ,C_4 = 4.7 μF/50 V,调节 R_P 使 $1T$ = 10 s。其中 C_4 耐压取 50 V 的原因是电解电容耐压值越高,漏电流越小,定时越准确。

② 取复位元件 R_2 = 10 kΩ,C_3 = 0.01 μF。

③ 三极管选用 9013,取基极限流电阻 R_5 = 10 kΩ,LED 限流电阻 R_6 = 2 kΩ,VD$_2$、VD$_3$ 选用 IN4001,压电蜂鸣器 HA 选电压 12 V,继电器选用 12 V2 Z(2 Z 即 2 副转换触点),触点负载电流根据插座功率容量选用,一般可选 10 A,则可确保带动 1000 W 用电器。选用线圈电压 12 V 的原因是为了减小线圈驱动电流,电压越高,线圈电流越小(约 30 mA)。

④ 交流电源降压稳压电路的元器件参数与图 10-12 基本相同,但为增大电流负载能力,电容 C_1 选 1 μF/400 V,稳压管 VS 选 12 V/1 W,C_2 选 1000 μF/16 V,VD$_1$ 选 IN4001,R_1 = 1 MΩ。

10.14 数字钟

1. 概述

数字钟电路如图 10-18 所示,主要有变压器降压,桥式整流滤波电路,稳压电路 IC$_{16}$,32768 Hz 2^{14} 分频电路 IC$_{17}$,D 触发器组成的二分频电路 IC$_{18}$,三极管 V 和发光二极管 VD$_1$ ~ VD$_4$ 组成的秒闪烁电路,IC$_7$、IC$_8$ 组成的秒计数电路,IC$_1$、IC$_2$ 组成的秒译码显示驱动电路,IC$_9$、IC$_{10}$ 组成的分计数电路,IC$_3$、IC$_4$ 组成的分译码显示驱动电路,IC$_{11}$、IC$_{12}$ 组成的时计数电路,IC$_5$、IC$_6$ 组成的时译码显示驱动电路和 IC$_{13}$、IC$_{14}$、IC$_{15}$ 组成的进位和校时电路。

2. 工作原理

① CC4060(IC$_{17}$) 为 14 级二进制串行计数/分频电路(参阅 5.3.4),外接晶体 CRY32768 Hz,产生 32768 Hz 时钟脉冲,经内部 2^{14} 分频,从 Q_{14} 输出 2 Hz 方波,再经由 D 触发器(IC$_{18}$)组成的 T′触发器(参阅 4.2.3)二分频,输出 1 Hz 基准秒时钟。74LS74 为 TTL 双 D 触发器,用其一半。C_5、C_6 为滤波电容滤除经电源串入的干扰杂波。

② 三极管 V、R_2、R_3 组成秒闪烁驱动电路。1 Hz 基准时钟为 0.5 s 高电平,0.5 s 低电平,正好使 VD$_1$、VD$_2$、VD$_3$、VD$_4$ 产生秒闪烁,即 0.5 s 亮,0.5 s 暗。

③ 74LS160 为 10 进制计数器(参阅 5.3.4):计数脉冲从 CP 端输入;D_0 ~ D_3 为并行数据预置端,不用,接地;$\overline{LD}$ 为置数控制端,不用,接 +5 V;CT_T、CT_P 为计数允许控制端,$CT_T CT_P$ = 1 时,允许计数,因此 $CT_T = CT_P = 1$;$\overline{CLR}$(低电平有效)为清 0 端;74LS160 作为 10 进制计数时,满 10 后自动复 0,$\overline{CLR}$ 不用时,接 +5 V;74LS160 作为其他进制计数器时,$\overline{CLR}$ 接进位脉冲;Q_0 ~ Q_3 为计数输出端(BCD 码),接译码器 74LS248 A_0 ~ A_3。

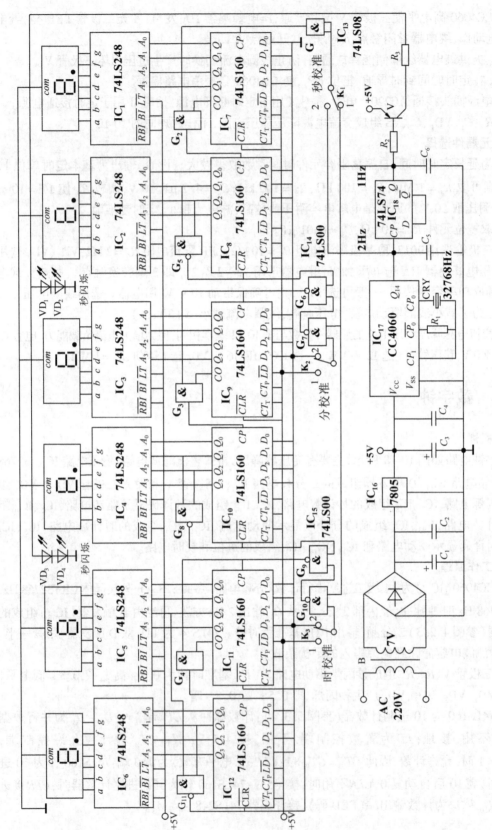

图 10-18 数字钟电路

1）秒计数时，K_1 应接 1 端（1 Hz），秒基准脉冲通过门 G_1 加到秒个位计数器 $IC_7 CP$ 端，满 10 后，进位脉冲 CO 和秒基准脉冲通过门 G_2 相与后，输入到秒十位计数器 $IC_8 CP$ 端，IC_8 构成 6 进制计数器，$Q_2 Q_1 = 11$ 时，通过与非门 G_5，全 1 出 0，使 IC_8 清 0，同时产生分基准脉冲。

2）分计数时，K_2 应接 2 端（接地），与非门 G_7 有 0 出 1，使与非门 G_6 打开，G_6 的另一个输入端来自于秒十位计数器（60 进制）进位，G_6 产生的分基准脉冲输入分个位计数器 IC_9 CP 端，满 10 后，进位脉冲 CO 和分基准脉冲通过门 G_3 相与后，输入到分十位计数器 IC_{10} CP 端，IC_{10} 构成 6 进制计数器，$Q_2 Q_1 = 11$ 时，通过与非门 G_8，全 1 出 0，使 IC_{10} 清 0，同时产生时基准脉冲。

3）时计数时，K_3 应接 2 端（接地），与非门 G_{10} 有 0 出 1，使与非门 G_9 打开，G_9 的另一个输入端来自分十位计数器（60 进制）进位，G_9 产生的时基准脉冲输入时个位计数器 IC_{11} CP 端，满 10 后，进位脉冲 CO 和时基准脉冲通过门 G_4 相与后，输入到时十位计数器 IC_{12} CP 端，IC_{11}、IC_{12} 构成 24 进位计数器，与非门 G_{11} 的一个输入端为 IC_{12} 的 Q_1 端，另一个输入端为 IC_{11} 的 Q_2 端，当 IC_{12} 的 $Q_1 = 1$、IC_{11} 的 $Q_2 = 1$ 时（即时 24），G_{11} 全 1 出 0，使 IC_{11}、IC_{12} 同时清 0。

④ 74LS248 与 74LS48 相同（参阅 3.2.3），区别是显示 6 和 9 的形式不同，74LS48 显示"$\lceil$"和"b"，74LS248 显示"b"和"q"，比较美观。$\overline{RBI}$ 和 $\overline{BI}/\overline{RBO}$（图中标为 $\overline{BI}$）端与消隐和灭零功能有关；$\overline{LT}$ 为灯测试端；不用，全接 $+5$ V。$A_0 \sim A_3$ 为 BCD 码输入端，a、b、c、d、e、f、g 为译码显示笔段驱动输出端，高电平有效，因此须接共阴数码管，数码管公共端 com 接地。因 74LS248 输出高电平时电流有限，因此直接与共阴数码管笔段 a、b、c、d、e、f、g 相接，不用限流电阻。

⑤ K_1、K_2、K_3 用于校时，校时应按秒、分、时次序校准，不可颠倒。

1）秒校准时，K_1 应接 2 端（2 Hz），因此 G_1 输出比正常秒计数时快一倍，待秒显示与实际时间相等时，迅速将 K_1 接 1 端，此时 G_1 输出 1 Hz，进入正常秒计数。

2）校准分时，将 K_2 接到 1 端（$+5$ V），秒基准脉冲能通过与非门 G_6、G_7 直接加至分个位计数器 IC_9 的 CP 端，待分显示与实际分时间相符，迅速将 K_2 拨向 2 端，转入正常分计数。

3）时校准时，将 K_3 接到 1 端（$+5$ V），秒基准脉冲能通过与非门 G_9、G_{10} 直接加至时个位计数器 IC_{11} 的 CP 端，待时显示与实际时时间相符，迅速将 K_3 拨向 2 端，转入正常时计数。

⑥ 本电路直流电源采用变压器降压、桥式整流、电容滤波、三端集成稳压、输出直流稳压 5 V。

⑦ 本电路采用振荡器、分频器、计数器和译码显示器，使得时钟电路较为复杂，主要是为了理解数字钟的工作原理，同时进一步熟悉这些集成电路的应用方法。实际上，早就有多种数字钟专用集成电路，比本例数字钟电路远为简单明了，且功能丰富。所以，实际需要数字钟时，应选用数字钟专用集成电路。

3. 元器件选择

① $IC_1 \sim IC_6$ 选用 74LS248；$IC_7 \sim IC_{12}$ 同步可预置选用十进制计数器 74LS160；IC_{13} 选用 2 输入端 4 与门 74LS08；IC_{14}、IC_{15} 选用 2 输入端 4 与非门 74LS00；IC_{16} 选用 7805；IC_{17} 选用 CMOS CD4060；IC_{18} 选用双 D 触发器 74LS74。

② 本电路因选用 TTL 集成电路，且 LED 数码管显示电流较大，因此变压器副边线圈取 7 V/1 A，桥式整流堆也选用 1 A，取电解电容 $C_1 = C_3 = 1000 \ \mu\mathrm{F}/16$ V，$C_2 = C_4 = 0.1 \ \mu\mathrm{F}$。三

端集成稳压电路选用7805,并加散热片。

③ 数码管选用红色高亮共阴数码管,发光二极管 $VD_1 \sim VD_4$ 选用红色,三极管 V 选用 9012,取 $R_1 = 2 \ \text{M}\Omega, R_2 = 10 \ \text{k}\Omega, R_3 = 100 \ \Omega, C_5 = C_6 = 1000 \ \text{pF}$。

10.15 数字钟/程控精密定时器

1. 概述

图 10-19 为数字钟/程控精密定时器电路,与图 10-18 相比,采用数字钟专用集成电路,因此使电路显得更简洁,功能更强大,操作更方便。同时,电路具有程控精密定时功能,在 24 小时内,每隔 2 分钟作为时间单位,控制 4 路负载(2 路交流负载、2 路直流负载)电源通断。

电路主要有 G_1、G_2 组成的 32768 Hz 振荡器,CC4040(IC_2)和 G_3、G_4 组成的分频电路(产生 60 Hz 时钟基准),数字钟专用集成电路 8361,共阴时钟显示屏 LT667 以及 K_1、K_2、K_3 组成的校时电路,G_5、G_6、G_7 组成的译码电路(取出 2 分钟时钟脉冲),CC4040(IC_5)组成的计数器电路,静态 RAM 2114 组成的程控数据存储器电路,$K_4 \sim K_9$ 组成的手动/自动、读/写控制电路,三极管 $V_0 \sim V_3$,光耦合器 IC_8、IC_9,双向晶闸管 VT_0、VT_1,继电器 J_1、J_2 组成的 4 路负载控制电路和变压器 B、三端稳压集成电路 7805 组成的直流电源电路。

本电路既可用作数字钟,又可用于 4 路负载通断精密定时控制。

2. 工作原理

① G_1、G_2 和晶振 32768 Hz 组成多谐振荡器,产生 32768 Hz 脉冲方波,输入至 IC_2(12 位串行计数/分频器 CC4040)CP 端,IC_2 Q_9 端对该 CP 脉冲进行 $2^9 = 512$ 分频,输出 64 Hz 脉冲信号。但数字钟专用集成电路 8361 要求输入 50 Hz/60 Hz 时基,Q_5、Q_1 输出和 R_2、VD_1、VD_2、G_3、G_4 组成的电路能使 Q_9 输出从 64 Hz 降至 60 Hz。

② 8361 的分个位、分十位、时个位、时十位(只显示 1)、AM(上午)、PM(下午)和秒闪烁输出端分别与显示屏 LT667 相应端连接。

为减小 8361 功耗,显示屏 com 端串接 4 个二极管 $VD_3 \sim VD_6$,则 8361 两端电压 $V_{DD} = V_+ - 4U_D \approx 9 \ \text{V} - 0.65 \times 4 \ \text{V} = 6.4 \ \text{V}$。显示屏 LT667 为共阴数码管,8361 输出高电平时,相应笔段亮显示,否则暗。

正常显示时,8361 CP 端从 IC_2(CC4040)Q_9 端输入 60 Hz 时基脉冲;校正时,从 IC_2 Q_6 端输入 512 Hz 脉冲,可分别按 K_2 快校或按 K_3 慢校(按一下,加一秒,手动脉冲输入)。C_5、C_6 的作用是消除按键弹性抖动。

③ 本电路以 2 分钟为时间单位,控制 4 路负载电源通断,因此必须先取出 2 分钟时钟脉冲。分个位显示笔段真值表如表 10-1 所示,观察表 10-1:当分显示值为偶数(除 4 外)时,$e = 1$;而显示 4 时,$\overline{d + f} = 1$。因此 2 分钟时钟脉冲的逻辑表达式可写为 $Y = e + \overline{d + f}$,有关笔段译码输出波形图如图 10-20 所示。

上述 2 分钟时钟逻辑表达式用 2 输入端 4 或非门 G_5、G_6、G_7 组成译码电路,经 C_8、R_3 微分电路,取出下跳变微分脉冲输入计数器 IC_5(CC4040)CP 端计数,VD_9 的作用是箝位正微分脉冲,使其不超过 0.7 V,防止过电压损坏 IC_5。IC_5(CC4040)每 24 小时由 8361 PM(下午)端输出的高电平脉冲经微分电路 C_9、R_4 产生正微分脉冲复位清 0。

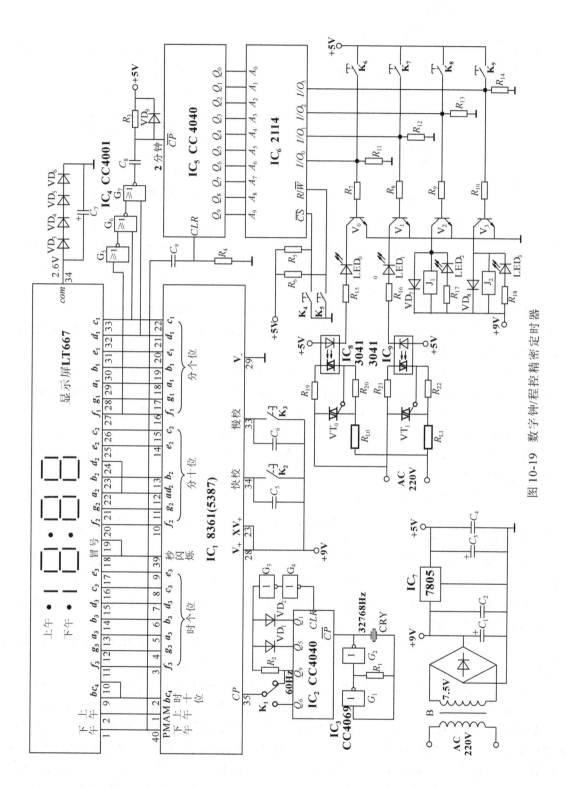

图 10-19 数字钟程控精密定时器

237

表 10-1　表段输出真值表

显示数	笔段							
	a	b	c	d	e	f	$\bar{f}$	g
0	1	1	1	1	1	1	0	0
1	0	1	1	0	0	0	1	0
2	1	1	0	1	1	0	1	1
3	1	1	1	1	0	0	1	1
4	0	1	1	0	0	1	0	1
5	1	0	1	1	0	1	0	1
6	1	0	1	1	1	1	0	1
7	1	1	1	0	0	0	1	0
8	1	1	1	1	1	1	0	1
9	1	1	1	1	0	1	0	1

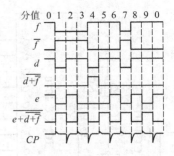

图 10-20　笔段译码输出波形图

8361 输出高电平时,直接加到显示屏发光二极管上。设显示屏发光二极管 $U_{\text{LED}} = 1.7\ \text{V}$,则输出高电平 $U_{\text{OH}} = U_{\text{LED}} + 4U_{\text{D}} = 1.7\ \text{V} + 4 \times 0.65\ \text{V} = 4.3\ \text{V}$,大于 CMOS 电路最低输入高电平 $U_{\text{IHmin}} = 3.5\ \text{V}$,正好用于 G_5、G_6、G_7 门输入高电平。为使高电平更加平稳,将 C_7 并联在 $VD_3 \sim VD_6$ 两端,以免显示屏电流波动使 $4U_{\text{D}}$ 波动。

④ IC_5($CC4040$)计数值 $Q_0 \sim Q_9$ 输入到静态 RAM 2114(IC_6)的地址输入端 $A_0 \sim A_9$。2114 容量为 $1\,\text{k} \times 4$ 位,IC_5($CC\,4040$)每 2 分钟输入一个计数脉冲,24 小时共 $30 \times 24 = 720$,未超出 2114 存储单元容量 $1\ \text{kB} = 1024\ \text{B}$。

2114 每个存储单元有 4 位,即 4 个输入/输出端 $I/O_0 \sim I/O_3$,因此可控制 4 路负载的电源通断。若某 2 分钟时段(地址)存储单元位存储 1,则驱动该路三极管 V 导通,该路被控负载接通电源;若该存储单元位存储 0,则该路三极管 V 截止,该路被控负载断开电源。

电路中驱动负载的方式有两种:一种是通过光耦合器触发双向晶闸管通断。例如,I/O_0 输出高电平时,V_0 饱和导通,LED_0 发光(作通断指示),IC_8 导通,触发双向晶闸管 VT_0 导通,负载 R_{L0} 通电,其中 R_{19} 和 R_{20} 为光耦合器限流电阻。

另一种是通过继电器控制负载通断。例如,I/O_2 输出高电平时,V_2 饱和导通,LED_2 发光(作通断指示),继电器 J_1 线圈得电动作,其触点负载可采用图 10-16 中常开或常闭从通→断或从断→通。R_{17} 为 LED_2 限流电阻,VD_7 为保护二极管。

⑤ K_4 用于手动/自动控制,K_4 闭合时,2114 $\overline{CS} = 0$,4 路负载控制处于自动状态;K_4 断开时,$\overline{CS} = 1$,2114 停止工作,此时可操作 $K_6 \sim K_9$,手动控制 4 路负载的通断。

在 K_4 闭合条件下,2114 可进行读/写操作。K_5 闭合时,2114 处于写操作状态,即设置某一时段自动控制 4 路负载的通断。具体操作步骤如下:

1)断开 4 路负载;K_4、K_5 闭合、$K_6 \sim K_9$ 全部断开,K_1 接至 IC_2($CC\,4040$)Q_6 端,按下 K_2 先快速运行 24 小时(实际时间只需几分钟),存储器 1024 单元全部清 0。

2)断开 K_4、K_5 仍闭合,$K_6 \sim K_9$ 按要求设置:闭合为 1,断开为 0。

3)K_1 接至 IC_2($CC\,4040$)Q_6(接 Q_9 也可,接 Q_9 稍慢些),按下快校键 K_2,时钟飞速运行,接近控制既定时段时,可松开 K_2,按慢校键 K_3 至既定时段,按下 K_4,写入设定数据。例如,若要求在 $8{:}00 \sim 9{:}00$ 时段负载 R_{L1}、R_{L3} 通电,负载 R_{L0}、R_{L2} 断电,则 $I/O_0 \sim I/O_3$ 应为 0101,K_6、K_8 断开,K_7、K_9 闭合。此时 LED_1、LED_3 亮(表示 1),LED_0、LED_2 暗(表示 0)。至时钟运行到 $8{:}00$,按下 K_4,直至时钟运行到 $9{:}00$,断开 K_4。则代表 $8{:}00 \sim 9{:}00$ 时段的 30×2 分钟,

即30个存储单元已被写入0101。下次正常运行时,时钟运行至该8:00~9:00时段,I/O_0~I/O_3输出0101。

K_5断开时,2114处于读操作状态。读操作可校验上述设定是否正确。断开4路负载;K_4闭合,K_5、K_6~K_9全部断开,K_1接至IC_2(CC 4040)Q_6端,按下K_2快速运行至8:00~9:00时段,观测LED_0~LED_3亮暗状态,即4路负载至时通断状态。

正常运行时,K_4闭合,K_2、K_3、K_5、K_6~K_9全部断开,K_1接至IC_2(CC 4040)Q_9端。

3. 元器件选择

① IC_1选用8361或5387;显示屏选用共阴数字钟显示屏LT667;IC_2、IC_5选用12级串行计数/分频器CC 4040;IC_3(G_1~G_4)选用CMOS 6反相器4069;IC_4(G_5~G_7)选用2输入端4或非门CC4001;IC_6选用1 k×4 b静态RAM 2114;IC_7选用三端稳压7805;IC_8、IC_9选用二极管–晶闸管光耦合器3041(可自动过零触发)。

② 变压器副边选7.5 V/1 A,经桥式整流滤波后约9 V、整流桥选1 A,取C_1 = C_3 = 1000 μF/16 V,C_2 = C_4 = 0.1 μF。

③ 取R_1 = 3.3 MΩ,R_2 = 22 kΩ,选VD_1、VD_2、VD_9为IN4148,选VD_3~VD_8为IN4001,取C_5 = C_6 = 0.01 μF,C_7 = 100 μF/6.3 V,C_8 = C_9 = 0.1 μF,取R_3~R_{14}为10 kΩ,R_{15} = R_{16} = 100 Ω,R_{17} = R_{18} = 1.5 kΩ,R_{19} = R_{21} = 100 Ω/0.5 W,R_{20} = R_{22} = 300 Ω/0.5 W,V_0~V_3选用9013(I_{CM} = 500 mA),VT_0、VT_1选用MRC BTA 16双向晶闸管(I_{TM} = 16 A);继电器选用9 V线圈电压,触点容量根据需要确定。

10.16 $3\frac{1}{2}$位数字式直流电压表

1. 概述

图10-21为由7107组成的5量程$3\frac{1}{2}$位数字式直流电压表,可测量0~1999 V直流电压。经扩展还可用于测量电流、电阻或其他模拟信号,适用于多种数字化测量仪表。

7107为$3\frac{1}{2}$位双积分A/D转换CMOS集成电路,具有输入阻抗高、功耗低、测量精度高的特点,采用双电源供电,输出级为大电流反相器,可驱动发光二极管数码显示器,满量程显示值为1999,另有负值显示。

2. 工作原理

① 7107片内有两个反相器,输出端分别为OSC_1、OSC_2、OSC_3,外接R_1C_1组成多谐振荡器;作为A/D转换的时钟脉冲,当取R_1 = 20 kΩ,C_1 = 100 pF时,转换速率(测量刷新显示)约为2.5次/秒。

② 7107需要正负双电源供电,正电源从V_+输入,负电源从V_-输入,Gnd和com均为接地端。实际使用时,只用一组正电源,负电源一般采用负电源转换器产生负极性电压。图10-21中,从OSC_3端取出振荡脉冲,经6个并联使用的6反相器4069,增大驱动能力,再经VD_1、VD_2、C_6、C_7组成的负极性整流电路,输出约 – 3.5 V的负电压,加到7107 V_-端。

负极性整流电路的工作原理:当6反相器输出高电平时,通过VD_1向C_6充电(VD_2截止),C_6上电压极性为左正右负;6反相器输出低电平时,C_6上的电压通过VD_2向C_7充电,

C_7 上电压极性为上负下正。

③ 7107 为双积分 A/D 转换器,积分 RC 需外接,INT 端(27P)接积分电容 C_2,BUF 端(28P)接积分电阻 R_2,AZ 端(29P)接自动调零电容 C_3。

④ A/D 转换的基准电压从 U_{REF+}、U_{REF-} 端输入,图 10-21 中将 5 V 电源电压由 R_3、R_P 分压得到的 200 mV 作为基准电压。要求较高时,可由精密稳定的电压源分压取得。C_{REF+}、C_{REF-} 外接基准电容 C_5。

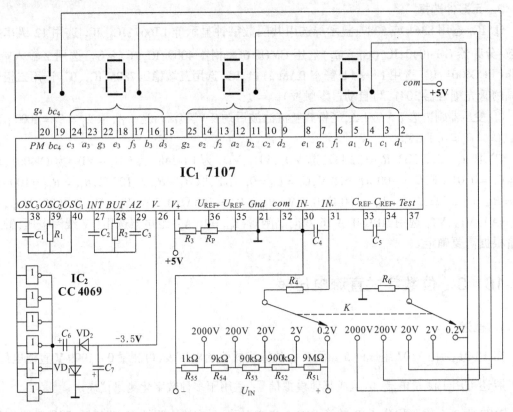

图 10-21 $3\frac{1}{2}$ 位数字直流电压表

⑤ 7107 为 CMOS 电路,输入阻抗极高,被测电压从 IN_+、IN_- 输入。为了提高抗干扰能力,外接 R_4C_4 阻容滤波电路。同时为扩展量程,引入由 $R_{51}\sim R_{55}$ 组成的电阻分压网络。满量程分别为 200 mV、2 V、20 V、200 V 和 2000 V。但分压后的净输入电压均应小于 U_{REF+} =200 mV。

⑥ 7107 称为 $3\frac{1}{2}$ 位 A/D 转换器,能显示的最大值为 1999,最高位只能显示 1(bc_4)或不显示,因此称为 $3\frac{1}{2}$ 位。7107 的 $3\frac{1}{2}$ 位 7 段段码输出分别为 a_1、b_1、c_1、d_1、e_1、f_1、g_1,a_2、b_2、c_2、d_2、e_2、f_2、g_2,a_3、b_3、c_3、d_3、e_3、f_3、g_3 和 bc_4,反码输出,应接共阳数码管。另有极性显示位 PM,正极性时输出高电平(不显示),负极性时输出低电平(显示),可与 7 段数码管中 g 段连接。

7107 没有专门的小数点驱动信号,可通过双刀五掷连动转换开关 K 切换量程实现,当需要该位小数点亮时,通过 R_6 接地。

3. 元器件选择

7107 组成数字式电压表时,其典型应用元器件数值为: $R_1 = 120$ kΩ, $C_1 = 100$ pF, $R_2 = 47$ kΩ, $C_2 = 0.22$ μF, $C_3 = 0.47$ μF, $R_3 = 24$ kΩ, $R_P = 1$ kΩ, $R_4 = 1$ MΩ, $C_4 = 0.01$ μF, $C_5 = 0.1$ μF, $R_{51} = 9$ MΩ, $R_{52} = 900$ kΩ, $R_{53} = 90$ kΩ, $R_{54} = 9$ kΩ, $R_{55} = 1$ kΩ。另外,可取 $R_6 = 820$ Ω, $C_6 = C_7 = 10$ μF, VD_1、VD_2 选用 IN4148。

附 录

附录 A　74 系列数字集成电路型号索引
（LSTTL、ASTTL、ALSTTL、FAST、HC、HCT、AC、ACT 品种）

代号	集成电路名称	代号	集成电路名称
00	四 2 输入与非门	39	四 2 输入与非缓冲器（OC）
01	四 2 输入与非门（OC）	40	双 4 输入与非缓冲器
02	四 2 输入或门	42	4 线-10 线译码器（BCD 输入）
03	四 2 输入与非门（OC）	43	4 线-10 线译码器（余 3 码输入）
04	六反相器	44	4 线-10 线译码器（余 3 格雷码输入）
05	六反相器（OC）	45	BCD-十进制译码器/驱动器（OC）
06	六反相缓冲/驱动器（OC）	46	4 线-七段译码器/驱动器（BCD 输入，开路输出）
07	六缓冲/驱动器（OC）	47	4 线-七段译码器/驱动器（BCD 输入，开路输出）
08	四 2 输入与门	48	4 线-七段译码器/驱动器（BCD 输入，上拉电阻）
09	四 2 输入与门（OC）	49	4 线-七段译码器/驱动器（BCD 输入，OC 输出）
10	三 3 输入与非门	50	双 2 路 2-2 输入与或非门（一门可扩展）
11	三 3 输入与门	51	双 2 路 2-2(3) 输入与或非门
12	三 3 输入与非门（OC）	52	4 路 2-3-2-2 输入与或门（可扩展）
13	双 4 输入与非门（施密特触发）	53	4 路 2-2-2(3)-2 输入与或非门（可扩展）
14	六反相器（施密特触发）	54	4 路 2-2(3)-2(3)-2 输入与或非门
15	三 3 输入与门（OC）	55	2 路 4-4 输入与或非门（可扩展）
16	六高压输出反相缓冲/驱动器（OC）	56	1/50 分频器
17	六高压输出缓冲/驱动器（OC）	57	1/60 分频器
18	双 4 输入与非门（施密特触发）	58	2 路 2-2 输入，2 路 3-3 输入与或门
19	六反相器（施密特触发）	60	双 4 输入与扩展器
20	双 4 输入与非门	61	三 3 输入与扩展器
21	双 4 输入与门	62	4 路 2-3-3-2 输入与或扩展器
22	双 4 输入与非门（OC）	63	六电流读出接口门
23	可扩展双 4 输入或非门（带选通）	64	4 路 4-2-3-2 输入与或非门
24	四 2 输入与非门（施密特触发）	65	4 路 4-2-3-2 输入与或非门（OC）
25	双 4 输入或非门（带选通）	68	双 4 位十进制计数器
26	四 2 输入高压输出与非缓冲器（OC）	69	双 4 位二进制计数器
27	三 3 输入或非门	70	与门输入上升沿 JK 触发器（有预置和消除）
28	四 2 输入或非缓冲器	71	与或门输入主从 JK 触发器（有预置）
30	8 输入与非门	72	与门输入主从 JK 触发器（预置和消除）
31	延迟元件	73	双 JK 触发器（有消除）
32	四 2 输入或门	74	双上升沿 D 触发器（有预置、清除）
33	四 2 输入或非缓冲器（OC）	75	4 位双稳态锁存器
34	六跟随器	76	双 JK 触发器（有预置和清除）
35	六跟随器（OC）（OD）	77	4 位双稳态锁存器
36	四 2 输入或非门	78	双主从 JK 触发器（有预置和公共清除和公共时钟）
37	四 2 输入与非缓冲器	80	门控全加器
38	四 2 输入与非缓冲器（OC）	81	16 位随机存取存储器（OC）

代号	集成电路名称	代号	集成电路名称
82	2 位二进制全加器	142	计数器/锁存器/译码器/驱动器(OC)
83	4 位二进制全加器(带快速进位)	143	计数器/锁存器/译码器/驱动器(7 V,15 mA)
85	4 位数值比较器	144	计数器/锁存器/译码器/驱动器(15 V,20 mA)
86	四 2 输入异或门	145	BCD-十进制译码器/驱动器(驱动灯、继电器、MOS)
87	4 位正/反码、0/1 电路	147	10 线-4 线优先编码器
90	十进制计数器	148	8 线-3 线优先编码器
91	8 位移位寄存器	150	16 选 1 数据选择器/多路转换器(反码输出)
92	十二分频计数器	151	8 选 1 数据选择器/多路转换器(原、反码输出)
93	4 位二进制计数器	152	8 选 1 数据选择器/多路转换器(反码输出)
94	4 位移位寄存器(双异步预置)	153	双 4 线-1 线数据选择器/多路转换器
95	4 位移位寄存器(并行存取,左移/右移,串联输入)	154	4 线-16 线译码器/多路转换器
96	5 位移位寄存器	155	双 2 线-4 线译码器/多路分配器(图腾柱输出)
97	同步 6 位二进制(比例系数)乘法器	156	双 2 线-4 线译码器/多路分配器(OC 输出)
98	4 位数据选择器/存储寄存器	157	双 2 选 1 数据选择器/多路转换器(原码输出)
99	4 位双向通用移位寄存器	158	双 2 选 1 数据选择器/多路转换器(反码输出)
100	8 位双稳态锁存器	159	4 线-16 线译码器/多路分配器(OC 输出)
101	与或门输入下降沿 JK 触发器(有预置)	160	4 位十进制同步可预置计数器(异步清除)
102	与门输入下降沿 JK 触发器(有预置和清除)	161	4 位二进制同步可预置计数器(异步清除)
103	双下降沿 JK 触发器(有清除)	162	4 位十进制同步计数器(同步清除)
106	双下降沿 JK 触发器(有预置和清除)	163	4 位二进制同步可预置计数器(同步清除)
107	双主从 JK 触发器(有清除)	164	8 位移位寄存器(串行输入,并行输出,异步清除)
108	双下降沿 JK 触发器(公共清除、公共时钟、有预置)	165	8 位移位寄存器(并联置数,互补输出)
109	双上升沿 JK 触发器(有预置和清除)	166	8 位移位寄存器(并/串行输入,串行输出)
110	与门输入主从 JK 触发器(有预置、清除、数据锁定)	167	十进制同步比例乘法器
111	双主从 JK 触发器(有预置、清除、数据锁定)	168	4 位十进制可预置加/减同步计数器
112	双下降沿 JK 触发器(有预置和清除)	169	4 位二进制可预置加/减同步计数器
113	双下降沿 JK 触发器(有预置)	170	4×4 寄存器阵(OC)
114	双下降沿 JK 触发器(有预置、公共清除、公共时钟)	171	四 D 触发器(有清除)
116	双 4 位锁存器	172	16 位寄存器阵(8×2 位,多端口,3 S)
120	双脉冲同步驱动器	173	4 位 D 型寄存器(3S,Q 端输出)
121	单稳态触发器(有施密特触发器)	174	六上升沿 D 型触发器(Q 端输出,公共清除)
122	可重触发单稳态触发器(有清除)	175	四上升沿 D 型触发器(互补输出,公共清除)
123	双可重触发单稳态触发器(有正、负输入,直接清除)	176	可预置十进制/二、五混合进制计数器
124	双压控振荡器(有允许功能)	177	可预置二进制计数器
125	四总线缓冲器(三态输出)	178	4 位通用移位寄存器(Q 输出)
126	四总线缓冲器(3S)	179	4 位通用移位寄存器(直接清除,Q_D 互补输出)
128	四 2 输入或非线驱动器	180	9 位奇偶产生器/校验器
131	3 线-8 线译码器/多路分配器(有地址寄存)	181	4 位算术逻辑单元/函数发生器
132	四 2 输入与非门(有施密特触发器)	182	超前进位产生器
133	13 输入与非门	183	双进位保留全加器
134	12 输入与非门(3S)	184	BCD-二进制代码转换器
135	四异或/异或非门	185	二进制-BCD 代码转换器(译码器)
136	四 2 输入异或门(OC)	189	64 位随机存取存储器(3 S,反码)
137	3 线-8 线译码器/多路分配器(有地址锁存)	190	4 位十进制可预置同步加/减计数器
138	3 线-8 线译码器/多路分配器	191	4 位二进制可预置同步加/减计数器
139	双 2 线-4 线译码器/多路分配器	192	4 位十进制可预置同步加/减计数器(双时钟、有清除)
140	双 4 输入与非线驱动器(线阻抗为 50 Ω)	193	4 位二进制可预置同步加/减计数器(双时钟、有清除)
141	BCD-十进制译码器/驱动器(OC)	194	4 位双向通用移位寄存器(并行存取)

代号	集 成 电 路 名 称	代号	集 成 电 路 名 称
195	4 位移位寄存器(JK 输入，并行存取)	278	4 位可级联优先寄存器(输出可控)
196	可预置十进制/二、五混合进制计数器/锁存器	279	四 RS 锁存器
197	可预置二进制计数器/锁存器	280	9 位奇偶产生器/校验位
198	8 位双向通用移位寄存器(并行存取)	281	4 位并行二进制累加器
199	8 位移位寄存器(JK 输入，并行存取)	282	超前进位发生器(有选择进位输入)
200	256 位随机存取储器(256×1,3 S)	283	4 位二进制超前进位全加器
202	256 位读/写存储器(256×1,3 S)	284	4 位×4 位并行二进制乘法器(OC，产生高位积)
207	256×4 随机存取存储器(边沿触发写控制)	285	4 位×4 位并行二进制乘法器(OC，产生低位积)
208	256×4 随机存取存储器(边沿触发写控制,3 S)	286	9 位奇偶产生器/校验器(有总线驱动，奇偶 I/O 接口)
214	1024×1 随机存取存储器(片选端 S 简化扩展,3 S)	290	十进制计数器（÷2、÷5）
215	1024×1 随机存取存储器(片选端 E 简化扩展,3 S)	292	可编程分频/数字定时器(最大 2^{31})
219	64 位随机存储器(3 S)	293	四位二进制计数器(÷2、÷8)
221	双单稳态触发器	294	可编程分频/数字定时器(最大 2^{15})
225	异步先入先出存储器(16×5)	295	4 位双向通用移位寄存器(3 S)
226	4 位并行锁存总线收发器(3 S)	297	数字锁相环滤波器
230	八缓冲器/线驱动器(3 S)	298	四 2 输入多路转换器(有储存)
231	八缓冲器/线驱动器(3 S)	299	8 位双向通用移位/存储寄存器
237	3 线-8 线译码器/多路分配器(地址锁存)	320	晶体控制振荡器
238	3 线-8 线译码器/多路分配器	321	晶体控制振荡器(附 F/2、F/4 输出端)
239	双 2 线-4 线译码器/多路分配器	322	8 位移位寄存器(有信号扩展,3 S)
240	八反相缓冲器/线驱动器/线接收器(3 S)	323	8 位双向移位/存储寄存器(3 S)
241	八缓冲器/线驱动器/线接收器(3 S)	347	BCD-七段译码器/驱动器(OC)
242	四总线收发器(反相,3 S)	348	8 线-3 线优先编码器(3 S)
243	四总线收发器(3 S)	350	4 位移位器(3 S)
244	八缓冲器/线驱动器/线接收器(3 S)	351	双 8 选 1 数据选择器/多路转换器(3 S)
245	八双向总线发送器/接线器(3 S)	352	双 4 选 1 数据选择器/多路转换器(反码输出)
246	4 线-七段译码器/高压驱动器(BCD 输入，OC)	353	双 4 选 1 数据选择器/多路转换器(反码,3 S)
247	4 线-七段译码器/高压驱动器(BCD 输入，OC)	354	8 选 1 数据选择器/多路转换器/透明寄存器(3 S)
248	4 线-七段译码器/驱动器(BCD 输入，上拉输出)	355	8 选 1 数据选择器/多路转换器/透明寄存器(OC)
249	4 线-七段译码器/驱动器(BCD 输入，OC)	356	8 选 1 数据选择器/多路转换器/边沿触发存储器(3 S)
250	16 选 1 数据选择器/多路转换器(3 S)	357	8 选 1 数据选择器/多路转换器/边沿触发存储器(OC)
251	8 选 1 数据选择器/多路转换器(3 S，原、反码输出)	363	八 D 型透明锁存器和边沿触发器(3 S，公共控制)
253	双 4 选 1 数据选择器/多路转换器(3 S)	364	八 D 型透明锁存器和边沿触发器(3 S，公共控制时钟)
256	8 位寻址锁存器	365	六总线驱动器(同相，3 S，公共控制)
257	四 2 选 1 数据选择器/多路转换器(3 S)	366	六总线驱动器(反相，3 S，公共控制)
258	四 2 选 1 数据选择器/多路转换器(3 S，反相)	367	六总线驱动器(3 S，两组控制)
259	8 位寻址锁存器	368	六总线驱动器(反相，3 S，两组控制)
260	双 5 输入或非门	373	八 D 型锁存器(3 S，公共控制)
261	2 位×4 位并行二进制乘法器(锁存器输出)	374	八 D 型锁存器(3 S，公共控制、公共时钟)
264	超前进位发生器	375	4 位 D 型(双稳态)锁存器
265	四互补输出单元	376	四 JK 触发器(公共时钟，公共清除)
266	四 2 输入异或非门(OC)	377	八 D 型触发器(Q 端输出，公共允许，公共时钟)
268	六 D 型锁存器(3 S)	378	六 D 型触发器(Q 端输出，公共允许，公共时钟)
269	8 位加/减计数器	379	四 D 型触发器(互补输出，公共允许，公共时钟)
273	八 D 型触发器	381	4 位算术逻辑单元/函数发生器(8 个功能)
274	4 位×4 位并行二进制乘法器(3 S)	382	4 位算术逻辑单元/函数发生器(脉动进位、溢出输出)
275	7 位位片式华莱士树乘法器(3 S)	384	8 位×1 位补码乘法器
276	四 JK 触发器	385	四串行加法器/减法器

代号	集 成 电 路 名 称	代号	集 成 电 路 名 称
386	四2输入异或门	528	熔断型可编程12位数字比较器
390	双二-五-十进制计数器	533	八D型透明锁存器
393	双4位二进制计数器(异步清除)	534	八D型上升沿触发器(3S,反相)
395	4位可级联移位寄存器(3S,并行存取)	537	4线-10线译码器/多路分配器
396	八进制存储寄存器	538	3线-8线译码器
398	四2输入多路转换器(倍乘器)(有存储、互补输出)	539	双2线-4线译码器/多路分配器(3S)
399	四2输入多路转换器(倍乘器)(有存储)	540	八缓冲器/驱动器(3S,反相)
401	循环冗余校验产生器/检测器	541	八缓冲器/驱动器(3S)
402	扩展循环冗余校验产生器/检测器	543	八接收发送双向锁存器(3S,原码输出)
403	16字×4位先进先出(FIFO型)缓冲型存储寄存器	544	八接收发送双向锁存器(3S,反码输出)
407	数据地址寄存器	545	八接收发送双向锁存器(3S)
410	寄存器堆——16×4RAM(3S)	547	3线-8线译码器(输入锁存,有应答功能)
411	先进先出RAM控制器	548	3线-8线译码器/多路分配器(有应答功能)
412	多模式8位缓冲锁存器(3S,直接清除)	550	八寄存器接收发送器(带状态指示)
422	可重触发单稳态多谐振器	551	八寄存器接收发送器(带状态指示)
423	双重触发单稳态多谐振器	552	八寄存器接收发送器(带奇偶及特征指示)
424	2相时钟发生器/驱动器	557	8位×8位乘法器(3S,带锁存)
425	四总线缓冲器(3S,低允许)	558	8位×8位乘法器
426	四总线缓冲器(3S,高允许)	560	四位十进制同步计数器(3S,同步或异步清零)
432	8位多模式反相缓冲锁存器(3S)	561	四位二进制同步计数器(3S,同步或异步清零)
436	线驱动器/存储器驱动电路-MOS存储器接口电路	563	八D型透明锁存器(反相输出,3S)
437	线驱动器/存储器驱动电路-MOS存储器接口电路	564	八D型上升沿锁存器(反相输出,3S)
440	四总线收发器(OC,三方向传输,同相)	568	4位十进制同步加/减计数器(3S)
441	四总线收发器(OC,三方向传输,反相)	569	4位二进制同步加/减计数器
442	四总线收发器(3S,三方向传输,同相)	573	八D型透明锁存器
443	四总线收发器(3S,三方向传输,反相)	574	八D型上升沿触发器(3S)
444	四总线收发器(3S,三方向传输,反相和同相)	575	八D型上升沿触发器(3S,有清除)
445	BCD-十进制译码器/驱动器(OC)	576	八D型上升沿触发器(3S,反相)
446	四总线收发器(3S,双向传输,反码)	577	八D型上升沿锁存器(3S,反相,有清除)
447	BCD-七段译码器/驱动器(OC)	579	8位双向二进制计数器(3S)
448	四总线收发器(OC,三方向传输)	580	八D型透明锁存器(3S,反相输出)
449	四总线收发器(3S,双向传输,原码)	582	4位BCD算术逻辑单元
465	八缓冲器(3S,原码)	583	4位BCD加法器
466	八缓冲器(3S,反码)	588	八双向收发器(3S,IEEE488)
467	双四缓冲器(3S,原码)	589	8位移位寄存器(输入锁存,3S)
468	双四缓冲器(3S,反码)	590	8位二进制计数器(有输出寄存器,3S)
484	BCD-二进制代码转换器	591	8位二进制计数器(有输出寄存器,OC)
485	二进制-BCD代码转换器	592	8位二进制计数器(有输出寄存器)
490	双4位十进制计数器	593	8位二进制计数器(有输出寄存器,并行三态I/O)
518	8位数字比较器(OC)	594	8位移位寄存器(有输出锁存)
519	8位数字比较器(OC)	595	8位移位寄存器(有输出锁存,3S)
520	8位数字比较器(反码)	596	8位移位寄存器(有输出锁存,OC)
521	8位数字比较器(反码)	597	8位移位寄存器(有输入锁存)
522	8位数字比较器(反码,OC)	598	8位移位寄存器(有输入锁存,并行三态输入/输出)
524	8位可寄存比较器(可编程,3S,I/O,OC输出)	599	8位移位寄存器(有输出锁存,OC)
525	16位状态可编程计数器/分频器	600	存储器刷新控制器(4K或16K)
526	熔断型可编程16位数字比较器(反相输入)	601	存储器刷新控制器(64K)
527	熔断型可编程8位数字比较器和4位比较器(反相)	602	存储器刷新控制器(4K或16K)

代号	集 成 电 路 名 称	代号	集 成 电 路 名 称
603	存储器刷新控制器(64 K)	657	八双向收发器(8 位奇偶产生/检测,3 S 输出)
604	八 2 输入多路复用寄存器(3 S)	658	八总线收发器(有奇偶,反码,3 S)
605	八 2 输入多路复用寄存器(OC)	659	八总线收发器(有奇偶, 3 S)
606	八 2 输入多路复用寄存器(3 S,消除脉冲尖峰)	664	八总线收发器(反码,3 S,有奇偶)
607	八 2 输入多路复用寄存器(OC,消除脉冲尖峰)	665	八总线收发器(原码,3 S,有奇偶)
608	存储器周期控制器	666	8 位 D 型透明的重复锁存器(3 S)
610	存储器映象器(有锁存输出,3 S 映象输出)	667	8 位 D 型透明的重复锁存器(3 S,反相)
611	存储器映象器(有锁存输出,映象输出为 OC)	668	4 位十进制可预置加/减同步计数器
612	存储器映象器(3 S 映象输出)	669	4 位二进制可预置加/减同步计数器
613	存储器映象器(OC 映象输出)	670	4×4 位寄存器阵(3 S)
618	三 4 输入与非门施密特触发器	671	4 位通用移位寄存器/锁存器(3 S,直接清除)
619	可逆施密特触发器	672	4 位通用移位寄存器/锁存器(3 S,同步清除)
620	八总线收发器(3 S,反相)	673	16 位移位寄存器(串入,串/并出,3 S)
621	八总线收发器(OC)	674	16 位移位寄存器(并/串入,串出,3 S)
622	八总线收发器(OC,反相)	675	16 位移位寄存器(串入,串/并出)
623	八总线收发器(3 S)	676	16 位移位寄存器(串/并入,串出)
624	压控振荡器(有允许,互补输出)	677	16 位-4 位地址比较器(有允许)
625	双压控振荡器(互补输出)	678	16 位-4 位地址比较器(有锁存)
626	双压控振荡器(有允许,互补输出)	679	12 位-4 位地址比较器(有允许)
627	双压控振荡器(反相输出)	680	12 位-4 位地址比较器(有锁存)
628	压控振荡器(有允许,互补输出,外接电阻 R_r)	681	4 位并行二进制累加器
629	双压控振荡器(有允许,反相输出)	682	双 8 位数值比较器(上拉)
630	16 位误差检测及校正电路(3 S)	683	双 8 位数值比较器(OC、上拉)
631	16 位误差检测及校正电路(OC)	684	双 8 位数值比较器
632	32 位并行误差检测和校正电路(3 S)	685	双 8 位数值比较器(OC)
633	32 位并行误差检测和校正电路(OC)	686	双 8 位数值比较器
634	32 位并行误差检测和校正电路(3 S)	687	双 8 位数值比较器(OC,有允许)
635	32 位并行误差检测和校正电路(OC)	688	双 8 位数值比较器(有允许)
636	8 位并行误差检测和校正电路(3 S)	689	双 8 位数值比较器(OC,有允许)
637	8 位并行误差检测和校正电路(OC)	690	十进制同步计数器(有输出寄存器、3 S、直接清除)
638	八总线收发器(双向,3 S,互补)	691	二进制同步计数器(有输出寄存器、3 S、直接清除)
639	八总线收发器(双向,3 S)	692	十进制同步计数器(有输出寄存器、3 S、同步清除)
640	八总线收发器(3 S,反码)	693	二进制同步计数器(有输出寄存器、3 S、同步清除)
641	八总线收发器(OC,原码)	696	十进制同步加/减计数器(输出寄存器、3 S、直接清除)
642	八总线收发器(OC,反码)	697	二进制同步加/减计数器(输出寄存器、3 S、直接清除)
643	八总线收发器(3 S,原、反码)	698	十进制同步加/减计数器(输出寄存器、3 S、同步清除)
644	八总线收发器(OC,原、反码)	699	二进制同步加/减计数器(输出寄存器、3 S、同步清除)
645	八总线收发器(3 S,原码)	756	双四缓冲器/线驱动器/线接收器(OC,反码)
646	八双向总线收发器和寄存器(3 S、原码)	757	双四缓冲器/线驱动器/线接收器(OC,原码)
647	八双向总线收发器和寄存器(OC、原码)	758	四路总线收发器(OC,反码)
648	八双向总线收发器和寄存器(3 S、反码)	759	四路总线收发器(OC,原码)
649	八双向总线收发器和寄存器(OC、反码)	760	双四缓冲器/线驱动器/线接收器(OC,原码)
650	八双向总线收发器和寄存器(3 S、反码)	762	双四缓冲器/线驱动器(OC,原、反码)
652	八双向总线收发器和寄存器(3 S、原码)	763	双四缓冲器/线驱动器(OC,反码)
653	八总线收发器/寄存器(3 S,反向)	779	8 位双向二进制计数器(3 S)
654	八总线收发器/寄存器(正向 3 S、反向 OC)	784	8 位串并行乘法器(带加/减)
655	八缓冲器/线驱动器(有奇偶、反相、3 S)	793	八锁存器(有回读、3 S)
656	八缓冲器/线驱动器(有奇偶、同相、3 S)	800	三 4 输入与/与非驱动器

246

代号	集成电路名称	代号	集成电路名称
802	三4输入或/或非线驱动器	870	双16×4位寄存器阵列(3 S)
804	六2输入与非驱动器	871	双16×4位寄存器阵列(3 S、双向)
805	六2输入或非驱动器	873	双4位D型锁存器(3 S)
808	六2输入与驱动器	874	双4位D型正沿触发器(3 S)
810	四2输入异或非门	876	双4位D型正沿触发器(3 S,反相)
811	四2输入异或非门(OC)	877	8位通用收发器/通道控制器(3 S)
821	10位总线接口触发器(3 S)	878	双4位D型正沿触发器(3 S,同相)
822	10位总线接口触发器(3 S、反码)	879	双4位D型正沿触发器(3 S,反相)
823	9位总线接口触发器(3 S)	880	双4位D型锁存器(3 S,反相)
824	9位总线接口触发器(3 S,反码)	881	算术逻辑单元/函数发生器
825	8位并联寄存器(正沿D触发器,同相输出)	882	32位超前进位发生器
826	8位并联寄存器(正沿D触发器,反相输出)	885	8位数值比较器
827	10位缓冲器/线驱动器(3 S,同相输出)	1000	四2输入与非缓冲/驱动器
828	10位缓冲器/线驱动器(3 S,反相输出)	1002	四2输入或非缓冲门
832	六2输入或驱动器	1003	四2输入与非缓冲门(OC)
841	10位并行透明锁存器(3 S、同相)	1004	六驱动器(反码)
842	10位并行透明锁存器(3 S、反相)	1641	八总线收发器(OC,原码)
843	9位并行透明锁存器(3 S、同相)	1642	八总线收发器(OC,反码)
844	9位并行透明锁存器(3 S、反相)	1643	八总线收发器(3 S,反码/原码)
845	8位并行透明锁存器(3 S、同相)	1644	八总线收发器(OC,反码/原码)
846	8位并行透明锁存器(3 S、反相)	1645	八总线收发器(3 S,原码)
850	16选1数据选择器/多路分配器(3 S)	2620	八总线收发器/MOS驱动器(3 S,反码)
851	16选1数据选择器/多路分配器(3 S)	2623	八总线收发器/MOS驱动器(3 S)
852	8位通用收发器/通道控制器(3 S、双向)	2640	八总线收发器/MOS驱动器(3 S,反码)
856	8位通用收发器/通道控制器(3 S、双向)	2643	八总线收发器/MOS驱动器(3 S,原码/反码)
857	六2选1通用多路转换器(3 S)	2645	八总线收发器/MOS驱动器(3 S,原码)
866	8位数值比较器	3037	四2输入与非30 Ω传输线驱动器
867	8位同步加/减计数器(异步清除)	3038	四2输入与非30 Ω传输线驱动器(OC)
869	8位同步加/减计数器(同步清除)	3040	双4输入与非30 Ω传输线驱动器)

附录 B 4000 系列数字集成电路型号索引

代号	集成电路名称	代号	集成电路名称
4000	双 3 输入或非门及反相器	4051	模拟多路转换器/分配器(8 选 1 模拟开关)
4001	四 2 输入或非门	4052	模拟多路转换器/分配器(双 4 选 1 模拟开关)
4002	双 4 输入正或非门	4053	模拟多路转换器/分配器(三 2 选 1 模拟开关)
4006	18 位静态移位寄存器(串入,串出)	4054	4 段液晶显示驱动器
4007	双互补对加反相器	4055	4 线-七段译码器(BCD 输入,驱动液晶显示器)
4008	4 位二进制超前进位全加器	4056	BCD-七段译码器/驱动器(有选通,锁存)
4009	六缓冲器/变换器(反相)	4059	程控 1/N 计数器(BCD 输入)
4010	六缓冲器/变换器(同相)	4060	14 位同步二进制计数器和振荡器
4011	四 2 输入与非门	4061	14 位同步二进制计数器和振荡器
4012	双 4 输入与非门	4063	4 位数值比较器
4013	双上升沿 D 触发器	4066	四双向开关
4014	8 位移位寄存器(串入/并出,串出)	4067	16 选 1 模拟开关
4015	双 4 位移位寄存器(串入,并出)	4068	8 输入与非/与门
4016	四双向开关	4069	六反相器
4017	十进制计数器/分频器	4070	四异或门
4018	可预置 N 分频计数器	4071	四 2 输入或门
4019	四 2 选 1 数据选择器	4072	双 4 输入或门
4020	14 位同步二进制计数器	4073	三 3 输入与门
4021	8 位移位寄存器(异步并入,同步串入/串出)	4075	三 3 输入或门
4022	八计数器/分频器	4076	四 D 寄存器(3 S)
4023	三 3 输入与非门	4077	四异或非门
4024	7 位同步二进制计数器(串行)	4078	8 输入或/或非门
4025	三 3 输入或非门	4081	四 2 输入与门
4026	十进制计数器/脉冲分配器(七段译码输出)	4082	双 4 输入与门
4027	双上升沿 JK 触发器	4085	双 2-2 输入与或非门(带禁止输入)
4028	4 线-10 线译码器(BCD 输入)	4086	四路 2-2-2-2 输入与或非门(可扩展)
4029	4 位二进制/十进制加/减计数器(有预置)	4089	4 位二进制比例乘法器
4030	四异或门	4093	四 2 输入与非门(有施密特触发器)
4031	64 位静态移位寄存器	4094	8 位移位和储存总线寄存器
4032	三级加法器(正逻辑)	4095	上升沿 JK 触发器
4033	十进制计数器/脉冲分配器(七段译码输出,行波消隐)	4096	上升沿 JK 触发器(有 $\overline{JK}$ 输入端)
4034	8 位总线寄存器	4097	双 8 选 1 模拟开关
4035	4 位移位寄存器(补码输出,并行存取,$\overline{JK}$ 输入)	4098	双可重触发单稳态触发器(有清除)
4038	三级加法器(负逻辑)	4099	8 位可寻址锁存器
4040	12 位同步二进制计数器(串行)	40100	32 位双向静态移位寄存器
4041	四原码/反码缓冲器	40101	9 位奇偶发生器/校验器
4042	四 D 锁存器	40102	8 位可预置同步减法计数器(BCD)
4043	四 RS 锁存器(3 S,或非)	40103	8 位可预置同步减法计数器(二进制)
4044	四 RS 锁存器(3 S,与非)	40104	4 位双向通用移位寄存器(3 S)
4045	21 级计数器	40105	先进先出寄存器
4046	锁相环	40106	六施密特反相器
4047	非稳态/单稳态多谐振荡器	40107	2 输入端双与非缓冲/驱动器(3 S)
4048	8 输入多功能门(3 S,可扩展)	40108	4×4 多端寄存器
4049	六反相器	40109	4 低到高电平移位器(3 S)
4050	六同相缓冲器	40110	十进制加减计数/译码/锁存/驱动器

代号	集 成 电 路 名 称	代号	集 成 电 路 名 称
40147	10 线-4 线 BCD 优先编码器	4527	BCD 比例乘法器
40160	非同步复位 BCD 计数器 (可预置)	4529	双 4 通道模拟数据选择器
40161	非同步复位二进制计数器 (可预置)	4530	双 5 输入多功能逻辑门
40162	同步复位 BCD 计数器 (可预置)	4531	12 输入奇偶校验器/发生器
40163	同步复位二进制计数器 (可预置)	4532	8 线-3 线优先编码器
40174	六 D 触发器	4534	时分制 5 位十进制计数器
40175	四 D 触发器	4536	程控定时器
40181	4 位算术逻辑单元/函数发生器	4538	双精密单稳多谐振荡器 (可重置)
40182	超前进位发生器	4539	双 4 路数据选择器/多路开关
40192	BCD 可预置可逆计数器 (双时钟)	4541	程控定时器
40193	4 位二进制可预置可逆计数器 (双时钟)	4543	BCD-七段锁存/译码/LCD 驱动
40208	4×4 多端口寄存器阵 (3 S)	4544	BCD-七段译码/驱动器 (带消隐)
40257	四 2 线-1 线数据选择器	4547	BCD-七段锁存/译码/驱动器 (大电流)
4316	四双向开关	4549	逐级近似寄存器
4351	模拟信号多路转换器/分配器 (8 路) (地址锁存)	4551	四 2 输入模拟多路开关
4352	模拟信号多路转换器/分配器 (双 4 路) (地址锁存)	4553	3 位数 BCD 计数器
4353	模拟信号多路转换器/分配器 (3×2 路) (地址锁存)	4554	2×2 并行二进制乘法器
4495	4 位-七段十六进制锁存/译码/驱动器	4555	双 2 线-4 线译码器
4501	三组门电路	4556	双 2 线-4 线译码器 (反码输出)
4502	六反相器/缓冲器 (3 S, 有选通端)	4557	1-64 位可变时间移位寄存器
4503	六缓冲器 (3 S)	4558	BCD-七段译码器
4504	六 TTL/CMOS 电平移位器	4559	逐级近似寄存器
4506	双二组 2 输入可扩展与或非门	4560	BCD 全加器
4508	双 4 位锁存器 (3 S)	4561	"9" 补码电路
4510	十进制同步加/减计数器 (有预置端)	4562	128 位静态移位寄存器
4511	BCD-七段译码器/驱动器 (锁存输出)	4566	工业时基发生器
4512	8 通道数据选择器	4568	相位比较器/可编程计数器
4513	BCD-七段锁存/译码/驱动器	4569	双可预置 BCD/二进制计数器
4514	4 线-16 线译码器/多路分配器 (有地址锁存)	4572	六门
4515	4 线-16 线译码器/多路分配器 (反码输出, 地址锁存)	4580	4×4 多端寄存器
4516	4 位二进制同步加/减计数器 (有预置端)	4581	4 位算术逻辑单元
4517	双 64 位静态移位寄存器	4582	超前进位发生器
4518	双十进制同步计数器	4583	双施密特触发器
4519	四 2 选 1 数据选择器	4584	六施密特触发器
4520	双 4 位二进制同步计数器	4585	4 位数值比较器
4521	24 位分频器	4597	8 位总线相容计数/锁存器
4522	可预置 BCD 1/N 计数器	4598	8 位总线相容可寻址锁存器
4526	二-N-十六进制减计数器	4599	8 位双向可寻址锁存器

附录 C 本书常用符号说明

一、电压

u_I	输入电压(相对于电路公共参考点的电压)
U_{IH}	输入高电平
U_{IL}	输入低电平
u_O	输出电压(相对于电路公共参考点的电压)
U_{OH}	输出高电平
U_{OL}	输出低电平
V_{CC}	电源电压(一般用于双极型半导体器件)
V_{DD}	电源电压(一般用于单极型半导体器件)
U_{TH}	门电路阈值电压
U_{TH+}	门电路正向阈值电压
U_{TH-}	门电路负向阈值电压
U_{REF}	参考电压(基准电压)
U_{NH}	高电平噪声容限
U_{NL}	低电平噪声容限
U_{CES}	三极管饱和压降

二、电流

i_I	输入电流
I_{IH}	高电平输入电流
I_{IL}	低电平输入电流
i_O	输出电流
I_{OH}	高电平输出电流
I_{OL}	低电平输出电流

三、脉冲参数

f	周期性脉冲的重复频率
q	脉冲占空比
T	脉冲周期
t_w	脉冲宽度
t_r	脉冲上升时间
t_f	脉冲下降时间
t_{re}	二极管反向恢复时间
t_{on}	三极管非门开启时间
t_{off}	三极管非门关闭时间
t_{pd}	门电路传输延迟时间

四、器件符号

VD	二极管

SBD	肖特基二极管
VS	稳压二极管
LED	发光二极管
V	晶体三极管
VT	晶闸管
IC	集成电路
G	门电路
OC（OD）	集电（漏）极开路门
TSL	三态门
FF	触发器
HA	压电蜂鸣器
EL	电灯
K	按键
S	开关
R	电阻
RP	电位器或可变电阻
C	电容

五、控制符号

CP、*CLK*	时钟脉冲输入端
EN	允许（使能）端
OE	输出允许端
LE	数据输入允许端
LD	置数控制端
G	门控端
BI	消隐控制端
LT	灯测试端
CLR、*R*	复位控制端
CO	进位输出端
BO	借位输出端
INH	禁止控制端
COM	公共端
Gnd	接地端

六、其他符号

B	二进制数尾缀
H	十六进制数尾缀
A、*B*、*C*	输入变量
D	输入数据信号
Q	输出变量
F、*Y*、*Z*	输出变量或逻辑函数

参 考 文 献

[1] 阎石. 数字电子技术基础[M]. 5 版. 北京:高等教育出版社. 2006.
[2] 唐竞新. 数字电子电路[M]. 北京:清华大学出版社. 2003.
[3] 沈任元. 数字电子技术基础[M]. 北京:机械工业出版社. 2005.
[4] 陈传虞. 脉冲与数字电路[M]. 3 版. 北京:高等教育出版社. 1999.
[5] 陈传虞. 脉冲与数字电路习题集[M]. 北京:高等教育出版社. 1997.
[6] 张志良. 模拟电子技术基础[M]. 北京:机械工业出版社. 2006.
[7] 张志良. 单片机原理与控制技术[M]. 2 版. 北京:机械工业出版社. 2005.
[8] 沈任元. 常用电子元器件简明手册[M]. 北京:机械工业出版社. 2004.